Numerische Methoden für Ingenieure

Bilen Emek Abali · Celal Çakıroğlu

Numerische Methoden für Ingenieure

mit Anwendungsbeispielen in Python

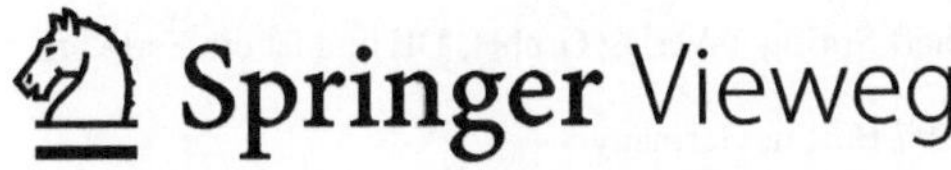

Bilen Emek Abali
Technische Universität Berlin
Berlin, Deutschland

Celal Çakıroğlu
Türk-Alman Üniverstesi
Istanbul, Türkei

ISBN 978-3-662-61324-5 ISBN 978-3-662-61325-2 (eBook)
https://doi.org/10.1007/978-3-662-61325-2

Die Deutsche Nationalbibliothek verzeichnet diese Publikation in der Deutschen Nationalbibliografie; detaillierte bibliografische Daten sind im Internet über http://dnb.d-nb.de abrufbar.

Planung/Lektorat: Michael Kottusch
Springer Vieweg ist ein Imprint der eingetragenen Gesellschaft Springer-Verlag GmbH, DE und ist ein Teil von Springer Nature.
Die Anschrift der Gesellschaft ist: Heidelberger Platz 3, 14197 Berlin, Germany

Vorwort

Ingenieure erfinden Ansätze, um Systeme zu beschreiben, modellieren, simulieren und dadurch Designs zu verbessern. Viele Systeme werden mit komplizierten Gleichungen beschrieben, deren Lösungen nur noch mit numerischen Methoden berechnet werden können. Da die Systeme nicht mit einer einzigen Gleichung zu modellieren sind – wir bemühen uns, die „Weltformel" im nächsten Buch herauszugeben – entstehen durch die Kreativität von uns Menschen zahlreiche Methoden, die in der Praxis benutzt werden. Oft werden solche numerischen Methoden von Mathematikern erfunden, von Informatikern implementiert und von Ingenieuren angewandt. Transdisziplinäre Entwicklungen und Anwendungen zahlreicher Methoden bilden eine didaktische Herausforderung, die der Anlass für dieses Buch ist. Dieses Buch ist von Ingenieuren für Ingenieure mit konkreten Anwendungsbeispielen.

Wir haben dieses Buch mithilfe „versteckter Protagonist*innen" gestaltet. Insbesondere die Feedbackrunden von den Student*innen der Technischen Universität Berlin und Türkisch-Deutschen Universität in Istanbul haben uns geholfen, ein gutes Verhältnis zwischen Theorie und Anwendung zu finden. Die Fachsprache haben wir möglichst schlicht aber auch nicht zu vereinfacht gehalten, um eine korrekte Vorbereitung mit lückenlosem Verständnis zu generieren. Dabei geht ein herzlicher Dank an Elisabeth Kindler-Abali fürs Korrekturlesen. Ohne die Unterstützung von Holm Altenbach wäre dieses Buch nicht entstanden, weshalb ihm ein besonderer Dank gebührt. Selbstverständlich geht ein großer Dank an das Springer Vieweg Team, insbesondere an Michael Kottusch, Corinna Pogan und Lisa Burato, für die ausgezeichnete Zusammenarbeit.

Brüssel
Istanbul
Januar 2020

B. E. Abali
C. Çakıroğlu

Inhaltsverzeichnis

Teil II Übungen zu den Methoden

Teil III Computerübungen mit konkreten Anwendungen

Teil I

Numerische Methoden zur Lösung mathematischer Probleme

Einleitung

1

Ein Zahlensystem scheint eine sehr natürliche Darstellung zur Angabe der Quantität zu sein. Interessanterweise hat es Jahrtausende gedauert, bis das heutzutage übliche System sich etabliert hat. In Indien haben Mathematiker ca. im 5. Jahrhundert ein modernes Zahlensystem angewandt, welches durch Mathematiker aus arabischen Ländern nach Europa gelangt ist. Erst im 13. Jahrhundert hat sich Leonardo Fibonacci in Italien mit einem Zahlensystem beschäftigt, welches für das Bestimmen der Anzahl der Ware von Kaufleuten benutzt wurde. Ab dem 16. Jahrhundert wurde der Rechenschieber – dies ist ein Analogrechner, mit welchem die Lösung einer Grundoperation wie Addition und Multiplikation durch mechanische Bewegung herausgefunden wird – von Physikern und Mathematikern wie Isaac Newton benutzt und entwickelt.

Alle numerischen Methoden benutzen Operationen zur Berechnung eines Rechenschrittes. Wenn wir 2 mal 2 ist gleich 4 wissen, haben wir dies auswendig gelernt. Heutzutage besitzen wir Rechner mit genügend großem Speicherplatz, sodass die Rechner 2 mal 2 ist gleich 4 auch auswendig lernen können. In der Tat sind die Rechner nicht so schnell wie wir, sodass eine andere Methode als das Auswendiglernen besser geeignet ist. Dieses Verfahren nennen wir die numerische Methode, die wir als analoge Strategie zur mechanischen Bewegung beim Rechenschieber visualisieren können.

1.1 Entwicklung des Rechnens

Die Automatisierung von mechanischen Rechenschritten wurde schon im 17. Jahrhundert von Blaise Pascal und Gottfried Wilhelm Leibniz erstellt. Leibniz hat dazu das gewöhnliche Zehnersystem mit einem binären Zahlensystem ersetzt. Wir lernen in der Schule das Zehnersystem, sodass wir über die Jahre ein gewisses „Bauchgefühl“ bekommen. Ein binäres Zahlensystem ist aber für eine Maschine einfacher zu adaptieren. Es gibt nur null und eins, die in einer elektrischen Schaltung als zu und offen gelten. Dies wurde im 19. Jahrhundert

B.E. Abali und C. Çakıroğlu, *Numerische Methoden für Ingenieure*,
https://doi.org/10.1007/978-3-662-61325-2_1

durch Lochkarten erfüllt, eine Karte mit Löchern an verschiedenen Positionen. Wo ein Loch ist, fließt elektrischer Strom und der Wert ist 1.

Mathematische Logik und insbesondere die BOOLEsche Algebra hat die Entwicklungen vorangetrieben. Darüber hinaus haben die technologischen Entwicklungen ermöglicht, verschiedene Konzepte vorzuschlagen. Konrad Zuse, John von Neumann, Alan Mathison Turing sind nur einige Wissenschaftler, die geniale Ideen hatten und Implementierungen machten. In den 50ern des 20. Jahrhunderts ist der erste auf einen Transistor basierende Chip entstanden. Insbesondere Firmen wie Bell Labs haben angefangen Patente abzuschließen. Diffusionsprozesse sind benutzt worden, um schnelle Transistoren zu entwickeln. Morris Tanenbaum (Bell Labs) entwickelte den Silikon-Transistor und Texas Instruments baute daraus kommerzielle Rechner.

Silikon ist ein Halbleiter, *wafer*, der nur dann den elektrischen Strom leitet, wenn der Strom größer als den Grenzwert ist. Somit kann man null oder eins durch Steuerung von kontinuierlichem Strom generieren. Jules Andrus und Walter Bond benutzten 1955 Lithographie, um mit der Lichtstrahlung Wege auf Silikon-Halbleiter zu ätzen. Dabei wird eine (Licht undurchlässige) Maske erstellt und die Halbleiterscheibe kurz mit Licht bestrahlt. An den Stellen, an denen in der Maske Linien sind, entstehen Lücken, die man auch Fenster oder Rahmen nennt. Obwohl kein mechanischer Kontakt herrscht, wird dies als Druckmethode angesehen. Dieser Prozess wird Photolithographie genannt und heutzutage werden alle Chips mit dieser Methode gedruckt. Silikon wird an verschiedenen Stellen mit einem zusätzlichen Elektron bereichert, sodass nach dem Drucken zwischen den Stellen mit zusätzlichem Elektron und fehlendem Elektron eine elektrische Spannung herrscht. Mit dieser Idee hatte Jack Kilby 1958 eine Mikroschaltung demonstriert und Leo Esaki eine Diode hergestellt. Kurz danach wurde das Epitaxialwachstum in der Kristallographie zur Herstellung der Transistoren angewandt.

John Atalla, Dawon Kahng und Frank Wanlass entwickelten den MOS *metal oxide semiconductor*. 1964 hatte General Microelectronics MOS benutzt und einen, für damalige Zeiten, sehr dichten Chip erstellt. Dies bedeutete eine enorme Erhöhung der Leistung. Gordon E. Moore (Mitbegründer von Intel) hatte vorausgesetzt, dass man für den gleichen Preis die doppelte Leistung in 18 Monaten kaufen werde. Diese Abschätzung hängt selbstverständlich stark von dem Herstellungsverfahren ab. Zur gleichen Zeit entwickelte IBM eine *SLT packaging* Technologie, mit der Chips günstig produziert werden konnten. Sogar heute noch spricht man von der Moores Abschätzung, d. h. davon, dass mit den gleichen Kosten die doppelte Leistung in 18 Monaten erreicht werden kann.

1974 entwickelte Microma eine digitale Uhr, die zum ersten Mal die gesamte elektronische Schaltung auf einem einzigen Chip sammelte. Die Uhr benutzte einen LCD, *liquid crystal display*. Bildschirm und System werden SOC, *system-on-chip*, genannt. Heutzutage benutzen wir Chips mit tausenden von Transistoren und Schaltungen. Diese Chips werden sogar miteinander durch Benutzung einer Leiterplatte verbunden. Eine Leiterplatte verbindet die Chips durch Kupferwege. Diese sogenannten Schaltwege laufen in mehreren Ebenen der

Leiterplatte. Design von Schaltplänen und Herstellung der Schaltwege sind eine Industrie für sich.

1.2 Unterschiede zwischen analytischen und numerischen Methoden

Eine analytische Lösung gilt oft als die exakte Darstellung. Am Anfang kann diese Bezeichnung Missverständnisse verursachen, deshalb geben wir ein Beispiel. Die Zahl π ist uns bekannt. Somit können wir zum Beispiel den Umfang eines Kreises berechnen, $2\pi r$. Hierbei ist der Radius r. Diese Darstellung des Umfangs ist exakt.

Wenn wir eine Messung von einem echten Kreis durchführen, werden wir anfangen, Fehler zu machen. Wenn wir ein Lineal benutzen und somit den Radius messen, werden wir bis zu einem Millimeter exakt messen können. Wenn der Kreis einen Radius von $r = 1\,\mathrm{m}$ hat, ist die Messung $\pm 1\,\mathrm{mm}$ sehr zufriedenstellend. Wenn aber der Radius im Millimeterbereich liegt, müssen wir ein präziseres Messinstrument benutzen. Wichtig dabei ist zu realisieren, dass wir stets einen Fehler bei der Messung haben werden. Somit hängt die Genauigkeit der Angabe r von der Messung ab. Anders ausgedrückt: ab dem Moment, wenn wir den numerischen Wert von r einsetzen, haben wir einen gewissen Fehler eingeführt. Die analytische Angabe $2\pi r$ ist exakt, aber die numerische Darstellung ist eine Approximation.

Es ist durchaus möglich, dass man die eine Annahme trifft und behauptet, dass die Messung fehlerfrei gewesen ist. Dann ist der numerische Wert von dem Radius exakt. Wir brauchen jedoch den numerischen Wert der Zahl π. Die exakte Zahl hat unendlich viele Kommastellen, d. h. wir brauchen ein unendlich langes Blatt, um sie aufzuschreiben, oder wir benötigen unendlich viel Speicherplatz, um sie in einem Rechner darzustellen. Von der unendlich langen Zeit die Zahl aufzuschreiben oder darzustellen ist nicht mal die Rede!

Eine analytische Methode benutzt Symbole, um Gleichungen darzustellen. Eine numerische Methode ersetzt sie durch numerische Werte. Durch die Darstellung wird ein Fehler eingeführt. Das Ziel ist Methoden zu entwickeln, bei denen der Fehler klein bleibt und auch abgeschätzt werden kann. Wenn der Fehler klein bleibt, d. h. nicht wächst, dann ist die Methode stabil. Wenn wir auch den Fehler (vor oder nach der Berechnung) abschätzen können, ist die Methode zuverlässig.

2 Darstellung und Fehler

Wenn wir 2 kg Tomaten kaufen, kaufen wir ungefähr 2 kg, aber nicht exakt 2 kg. Der Fehler ist meistens gering, ob wir 100 g mehr oder weniger kaufen, macht keinen großen preislichen Unterschied. Der Stromzähler misst den Strom mit mehreren Kommastellen. Dabei ist der Fehler so abgestimmt, dass es preislich keinen großen Unterschied macht. Wenn wir eine Atomuhr bauen möchten, kostet sie deswegen so viel, da die Genauigkeit sehr hoch ist. Wir können die Wahl einer Konstruktion unter zwei Punkten betrachten:

- Die Darstellung entscheidet die Genauigkeit.
- Der Fehler nimmt mit der erhöhten Genauigkeit ab.

Eine hohe Genauigkeit bedeutet auch einen hohen Wert sowie einen hohen Preis. Als Ingenieure müssen wir uns immer wieder die Frage stellen, welche Genauigkeit gefordert ist.

Eine numerische Berechnung hat immer einen Fehler. Der Fehler kommt aus drei unterschiedlichen Gründen zustande. Erstens ist die Abrundung einer Zahl notwendig, da der Speicherplatz eines Rechners begrenzt ist. Zweitens führt jede Operation wie Addition, Subtrahieren, Multiplikation, Division einen Fehler ein. Die Operationen sind aus analogem Grund niemals exakt, da die Rechenschritte zwischengespeichert werden müssen. Drittens ist eine Darstellung der Zahlen aus einer Menge von Zahlen notwendig, um weitere Zahlen zu berechnen. Die endliche Menge beschränkt die möglichen Operationen. Wenn wir z. B. $\{0, 1, 2, 3, 4, 5\}$ als eine Menge definieren und dann eine Addition $2+3=5$ definieren, ist alles in Ordnung. Die Eingaben 2, 3 so wie die Ausgabe 5 sind aus dieser Menge. Falls wir $3+5=?$ definieren möchten, haben wir das Problem, dass die Menge die Antwort nicht beinhaltet. Wenn wir $(2+4)/2=3$ definieren, scheint alles zu klappen, da alle auftretenden Zahlen aus dieser Menge sind. Allerdings ist diese Schlussfolgerung falsch. Die Numerik hat dabei ein merkwürdiges Problem. Die Addition $2+4$ ist gar nicht möglich, da sich die Antwort außerhalb der Menge befindet.

B.E. Abali und C. Çakıroğlu, *Numerische Methoden für Ingenieure*,
https://doi.org/10.1007/978-3-662-61325-2_2

Ein anderes Problem wird erkennbar, wenn wir in der gleichen Menge $\{0, 1, 2, 3, 4, 5\}$ die Operation $(1+2)/2$ auswerten. Diesmal ist $1+2=3$ definiert, dennoch ist die Antwort nicht Teil der Menge. Abrunden oder Aufrunden macht die Antwort zu einem Teil der Menge, wobei diesmal ein Rundungsfehler erzeugt wird. Somit erkennen wir den wichtigen Rechenfehler als Konsequenz der Operation in einer diskreten Basis an. Zunächst abstrahieren wir die Zahlenmenge, indem wir die Zahlendarstellung besprechen.

Die gelernte und deshalb auch gewöhnliche Zahldarstellung basiert auf dem Zehnersystem. Vielleicht ist dies aus dem Grund entstanden, da die meisten Menschen 10 Finger haben und somit man dieses System einfacher lernen und akzeptieren kann. Im Zehnersystem können wir eine beliebige Zahl wie folgt zerlegen:

$$233\,705 = 2 \cdot 10^5 + 3 \cdot 10^4 + 3 \cdot 10^3 + 7 \cdot 10^2 + 0 \cdot 10^1 + 5 \cdot 10^0. \tag{2.1}$$

Dabei haben wir als Basis 10 benutzt und die Zahl Z durch die Koeffizienten $k_i = \{5, 0, 7, 3, 3, 2\}$ in der Basis $\phi = 10$ durch eine Summe aufgeschrieben:

$$Z = \sum_i k_i \phi^i. \tag{2.2}$$

Wir benutzen den Index i gleichzeitig als Komponente der Koordinaten k_i sowie auch als Potenz für die Basis ϕ. Die Darstellung der Zahl durch eine Basis hat wichtige Eigenschaften, die aus der linearen Algebra bekannt sind. Diese Auflistung der Koeffizienten k_i legt einen Vektor dar, der im Raum $\{\phi^0, \phi^1 \ldots \phi^5\}$ definiert ist. Dieses Wort „Raum" ist ein mathematisches Konstrukt und bedeutet, dass jeweils zum Beispiel ϕ^0 und ϕ^2 voneinander unabhängig sind. Diese Unabhängigkeit wird im mathematischen Jargon Orthogonalität genannt. Anders ausgedrückt sind zwei unabhängige Funktionen orthogonal. Das beste Beispiel sind Raumkoordinaten, x, y, z. Alle Koordinaten sind orthogonal zueinander. Wenn entlang der x-Achse etwas verändert wird, kann die y Koordinate konstant bleiben. Die Definition der Orthogonalität ist also: Wenn eine Koordinate konstant gehalten und andere verändert werden können, sind sie unabhängig voneinander und somit orthogonal zueinander. Dies ist nämlich der Fall in der in Gl. (2.2) gegebenenen Darstellung. Alle Koeffizienten k_i können unabhängig voneinander verändert werden. Somit sind sie Koordinaten im gespannten Raum durch ϕ^i. In einem binären System ist die Basis $\phi = 2$ und die gleiche Zahl durch $k_i = \{1, 1, 1, 0, 0, 1, 0, 0, 0, 0, 1, 1, 1, 0, 1, 0, 0, 1\}$ gegeben.

2.1 Rundungsfehler

Die Grundregeln der Mathematik – Addieren, Subtrahieren, Multiplizieren und Dividieren – können mit einem Schaltkreis entworfen werden. Dabei werden logische Verknüpfungen wie XOR- und AND-Gatter angewandt. Ein Gatter kann wie ein Tor verstanden werden, das die Signale entweder zulässt oder nicht, und wodurch die Koeffizienten auf der Basis

$\phi = 2$ repräsentiert werden können. Somit können Operationen implementiert werden. Man könnte meinen, dass die Operationen exakt implementiert sind. Dies ist leider eine Illusion. Um diese Tatsache besser zu erklären, berechnen wir folgende Zahl: $1/3 = 0{,}3333333\ldots$ im Zehnersystem. Es ist recht einfach zu verstehen, dass diese Operation im Zehnersystem nicht exakt dargestellt werden kann. In analoger Weise kann man nun verstehen, dass viele Dezimalbrüche nicht exakt in der Basis $\phi = 2$ dargestellt werden. Ein Beispiel ist $1/10$, die Antwort ist $0{,}1$ in $\phi = 10$ und $0{,}00011001100110011\ldots$ in $\phi = 2$. In einem Rechner mit 64 Bit Betriebssystem werden ziemlich viele Koeffizienten benutzt, trotzdem ist die Zahl nicht exakt darstellbar, weil sie periodisch ist. Dieses Problem taucht insbesondere dann auf, wenn die Maschine[1] auswerten muss:

```
>>> 0.1 + 0.1 + 0.1==0.3
False
```

Dabei hat der Darstellungsfehler zu einem Fehler in der Addition geführt:

```
>>> 0.1+0.1+0.1
0.30000000000000004
```

Deshalb gibt die Maschine die Antwort, dass $0{,}1 + 0{,}1 + 0{,}1$ ungleich 0,3 sei. Dazu gibt es auch noch einen weiteren Fehler bei der Operation $+$. Dies kann man mithilfe der Funktion *round()* zeigen. Die Funktion bekommt 2 Argumente: das erste Argument ist die Zahl und das zweite Argument ist die Anzahl der gewünschten Kommastellen. Nun können wir überprüfen:

```
>>> round(0.1,1) + round(0.1,1) + round(0.1,1)==round(0.3,1)
False
```

und feststellen, dass die Algebra auch einen Fehler einführt. Selbstverständlich ist:

```
>>> round(0.1 + 0.1 + 0.1 , 1)==round(0.3 , 1)
True
```

die Lösung, wobei die Darstellungsfehler so wie die Rechenfehler geglättet werden.

2.2 Fehlerfortpflanzung

Die numerischen Fehler sind immer vorhanden. Darüber hinaus erzeugt die Aufgabe an sich einen Fehler, der sich sogar auch fortpflanzt, wenn die zu lösende Aufgabe schlecht

[1] Wir benutzen Python als Umgebung zur numerischen Berechnung, eine Einleitung ist auf Kap. 15 zu finden.

konditioniert ist. Die Konditionierung ist die Verstärkung der relativen Rundungsfehler. Man betrachte eine Aufgabe:

$$y = f(x) \tag{2.3}$$

wobei *input* als x und *output* als y notiert sind. Diese Werte sind exakt. Die Rundungsfehler schreiben wir nun aus, so dass die Maschine $x + \Delta x$ und $y + \Delta y$ ausgibt. Nun ist die Ausgabe in der Maschine:

$$y + \Delta y = f(x + \Delta x), \tag{2.4}$$

wobei $\Delta x/x$ der relative Fehler der Eingabe und $\Delta y/y$ der relative Fehler der Ausgabe bedeuten. Die Kondition der Funktion ist das Verhältnis zwischen der relativen Fehler:

$$K = \left|\frac{\Delta y/y}{\Delta x/x}\right|. \tag{2.5}$$

Wir benutzen die TAYLOR Entwicklung zur Annäherung der Funktion um den Wert x

$$y + \Delta y = f(x + \Delta x) = f(x) + \frac{\partial f}{\partial x}\Delta x + \mathcal{O}\big((\Delta x)^2\big), \tag{2.6}$$

wobei wir die quadratischen Terme $\mathcal{O}\big((\Delta x)^2\big)$ vernachlässigen, so dass die Entwicklung linear ist. Durch die Benutzung der Gl. (2.3) erhalten wir

$$\begin{aligned} \Delta y &= \frac{\partial f}{\partial x}\Delta x, \\ K &= \left|\frac{x\Delta y}{y\Delta x}\right| = \left|\frac{x}{y}\frac{\partial f}{\partial x}\right|. \end{aligned} \tag{2.7}$$

Somit erkennen wir, dass die Rundungsfehler keine Rolle dabei spielen, ob die Kondition groß oder klein ist. Die Operation $f(x) = y$ und deren Ableitung sind dafür verantwortlich. Wenn die Kondition größer als eins ist, bedeutet dies, dass der Eingabefehler vergrößert wird. Dies ist nicht wunderlich und oft der Fall. So lange die zu lösende Aufgabe gut konditioniert ist, wird K nah zu eins bleiben, so dass der Ausgabefehler in der gleichen Größenordnung wie der Eingabefehler ist. Ein typisches Beispiel ist $f(x) = 80x$ mit der Kondition:

$$K = \left|\frac{x}{80x}80\right| = 1. \tag{2.8}$$

Dabei sehen wir, dass die Multiplikation keine Vergrößerung des Eingabefehlers verursacht. Nun studieren wir ein Kontrabeispiel mit $f(x) = x^{-10}$ und berechnen deren Konditionszahl:

$$K = \left|\frac{x}{x^{-10}}(-10)x^{-11}\right| = 10. \tag{2.9}$$

Selbstverständlich wird die Kondition sogar noch größer, wenn die Potenz noch kleiner wird. Die Konditionierung einer Operation ist die Veränderung der Ausgabe bei einer kleinen Änderung der Eingabe, so dass sie auch als Sensitivität gekennzeichnet wird. Weil K von der Funktion abhängt, ist nun eine Definition der numerischen Methode möglich, die zur Berechnung dieser Funktion angewandt wird. Für eine gut konditionierte Funktion ist eine numerische Methode stabil, wenn der relative Fehler der Eingabe nicht vergrößert wird. Somit ist eine stabile Methode nur für eine gut konditionierte Funktion sinnvoll. Eine schlechte Konditionierung kann auch nicht mit einem stabilen Lösungsverfahren gelöst werden.

Wir haben Rundungsfehler aufgrund der Darstellung und Algebra eingeführt. Dabei soll die numerische Methode solche Algorithmen benutzen, in denen die Fehler sich nicht fortpflanzen. Eine wichtige Bedingung ist die Stabilität des Algorithmus bei einer gut konditionierten Funktion, die numerisch zu lösen ist.

3 Lösung von Gleichungen mit einer Variable

Eine Gleichung mit einer Variable ist eine Funktion $f(x)$ mit dem Argument x und mit der Ausgabe $y = f(x)$ für die Eingabe x. Die Aufgabe ist die Bestimmung der Eingabe x, die eine gegebene Ausgabe y generiert. Ein einfaches Beispiel ist

$$f(x) = 8x, \tag{3.1}$$

wir suchen x, welche $y = 16$ erzeugt. Selbstverständlich ist die Lösung $x = 2$. Für diese Aufgabe ist eine numerische Methode überflüssig. Nun möchten wir die Aufgabe allgemein formulieren: Für die gegebene y, finde $x = \hat{x}$, die $y = f(x = \hat{x})$ erfüllt. Ein typisches Beispiel ist die Bestimmung der Nullstelle x_{N}, die $f(x = x_{\mathrm{N}}) = 0$ erzeugt. Dazu ist die Funktion $f(x)$ ein quadratisches Polynom:

$$f(x) = c_2 x^2 + c_1 x + c_0, \tag{3.2}$$

wobei $c_{\times}$ reelle Zahlen sind.

3.1 Intervallschachtelung

Wir beginnen die Suche nach der Lösung in einem[1] Intervall $[a, b]$, wobei $f(a)$ und $f(b)$ unterschiedliche Vorzeichen haben. Somit ist sichergestellt, dass (mindestens) eine Lösung in diesem Intervall existiert. Die numerische Methode fängt in der ersten Iteration mit $a_1 = a$, $b_1 = b$ an, berechnet den Mittelpunkt:

$$m = a_1 + \frac{b_1 - a_1}{2} \tag{3.3}$$

[1] Eckige Klammer bedeuten, dass die Ränder zum Intervall gehören. Wir schreiben immer von links nach rechts als von klein nach groß, sodass in $[a, b]$ $a < b$ bedeutet.

B.E. Abali und C. Çakıroğlu, *Numerische Methoden für Ingenieure*,
https://doi.org/10.1007/978-3-662-61325-2_3

und wertet die Funktion $f(m)$ aus. Es gibt drei Fälle:

- Falls $f(m) = 0$ ist, dann ist m die Lösung.
- Falls $f(m)$ das gleiche Vorzeichen wie $f(a_1)$ hat, werden $a_2 = m$ und $b_2 = b_1$ gewählt.
- Falls $f(m)$ das gleiche Vorzeichen wie $f(b_1)$ hat, werden $b_2 = m$ und $a_2 = a_1$ gewählt.

Mehrere Iterationen führen zu einer Lösung. Wir schreiben nun den Algorithmus, in dem $a := b$ eine Überführung von a mit dem Wert von b bedeutet. In der Logik wird dies mit $a \leftarrow b$ geschrieben. Es ist wichtig zu beachten, dass $a := b$ keine mathematische Gleichung, sondern eine Umschreibung ist, sodass wir $a := a + 1$ schreiben dürfen. Dabei ist gemeint, dass der Wert a als $a + 1$ aktualisiert wird. Der Algorithmus für die Intervallschachtelung hat eine endlose Schleife *solange*, die ausgeführt wird, bis $f(x) = 0$ erreicht wird. Aufgrund der Rundungsfehler werten wir den Betrag aus und versuchen, die Gleichung in einer Schranke zu erfüllen. Die Schranke ist $\pm TOL$ und der Wert von TOL muss gegeben werden.

Algorithmus 1: Intervallschachtelung

Ziel: Finde x für $f(x) = 0$ für alle $x \in [a, b]$
Eingabe: Funktion $f(x)$, Intervall $[a, b]$, Toleranz $TOL = 10^{-5}$
Ausgabe: Die Nullstelle x_N, in der $f(x = x_\mathrm{N}) = 0$ erfüllt wird

Beginn
- **wenn** $\dfrac{f(x=a)}{|f(x=a)|} == \dfrac{f(x=b)}{|f(x=b)|}$ **dann**
  - **Ergebnis:** Fehler! Das Intervall beinhaltet die Lösung nicht.
- **sonst**
  - **solange** $|f(x=p)| > TOL$ **tue**
    - Finde den Mittelpunkt: $p = a + \dfrac{b-a}{2}$
    - **wenn** $\dfrac{f(x=p)}{|f(x=p)|} == \dfrac{f(x=a)}{|f(x=a)|}$ **dann** $a := p$
    - **wenn** $\dfrac{f(x=p)}{|f(x=p)|} == \dfrac{f(x=b)}{|f(x=b)|}$ **dann** $b := p$
  - **Ergebnis:** Lösung gefunden! Nullstelle: $x_\mathrm{N} = p$

Diese numerische Methode benutzt nur das Vorzeichen an bestimmten Stellen und nicht den numerischen Wert. Darüber hinaus hat sie den Vorteil, dass sie immer zu einer Lösung konvergiert. Die Lösung muss sich in dem gegebenen Intervall befinden, sonst startet die Iteration nicht. Die Iteration kann sehr lange dauern, insbesondere im Fall einer schlecht konditionierten Aufgabe. Immerhin ist das Verfahren stabil und zuverlässig, d. h. es gibt immer eine Lösung.

3.2 Sekantenverfahren

Die Beschleunigung der Methode von Intervallschachtelung ist möglich, wenn der Mittelpunkt anders bestimmt wird. Eine alternative Methode ist das Sekantenverfahren, bei dem zwischen den Werten an den Intervallgrenzen eine gerade Linie generiert und die Nullstelle dieser Linie als die neue Intervallgrenze benutzt wird. Zuerst wird wieder mit der Angabe des Intervalls $[p_0, p_1]$ angefangen. Die gerade Linie $g(x)$ ist eine Polynomfunktion erster Ordnung zwischen $f(p_0)$ und $f(p_1)$ wie folgt:

$$g(x) = f(p_0) + \frac{f(p_1) - f(p_0)}{p_1 - p_0}(x - p_0). \tag{3.4}$$

An der Nullstelle $g(x = p_2) = 0$ wird die Intervallgrenze neu definiert $[p_1, p_2]$. Wenn wir nun $i = 1$ umschreiben:

$$\begin{aligned} g(x) &= f(p_{i-1}) + \frac{f(p_i) - f(p_{i-1})}{p_i - p_{i-1}}(x - p_{i-1}), \\ 0 = g(p_{i+1}) &= f(p_{i-1}) + \frac{f(p_i) - f(p_{i-1})}{p_i - p_{i-1}}(p_{i+1} - p_{i-1}), \\ p_{i+1}(f(p_i) - f(p_{i-1})) &= p_{i-1}(f(p_i) - f(p_{i-1})) - f(p_{i-1})(p_i - p_{i-1}), \\ p_{i+1} &= \frac{p_{i-1}f(p_i) - p_i f(p_{i-1})}{f(p_i) - f(p_{i-1})}, \end{aligned} \tag{3.5}$$

erhalten wir die Iteration zur Bestimmung $f(p_{i+k}) = 0$ in k-Schritten. Diese iterative Methode wird wieder durch Benutzung der Überführung $:=$ mit dem folgenden Algorithmus programmiert. Dabei benutzen wir eine Liste $\boldsymbol{p} = \{p_0, p_1, \dots\}$ zur einfachen Implementierung. Eine Liste kann erweitert werden.

Algorithmus 2: Sekantenverfahren

Ziel: Finde x für $f(x) = 0 \ \forall x \in [p_0, p_1]$

Eingabe: Funktion $f(x)$, Intervall $[p_0, p_1]$ mit der Liste $\boldsymbol{p} = \{p_0, p_1\}$, Toleranz $TOL = 10^{-5}$, maximale Iterationsschritte $i^{\max} = 10^4$

Ausgabe: Die Nullstelle x_{N}, in der $f(x = x_{\mathrm{N}}) = 0$ erfüllt wird

Beginn
- **wenn** $f(p_0) \cdot f(p_1) > 0$ **dann**
  - **Ergebnis:** Fehler! Das Intervall beinhaltet die Lösung nicht.
- **sonst**
  - i=1 **solange** $|f(p_i)| > TOL \wedge i < i^{max}$ **tue**
    - Finde die neue Grenze: $p_{i+1} = \dfrac{p_{i-1}f(p_i) - p_i f(p_{i-1})}{f(p_i) - f(p_{i-1})}$
    - i := i+1
  - **Ergebnis:** Lösung gefunden mit dem Toleranz $|f(p_i)|$, Nullstelle: $x_{\mathrm{N}} = p_i$

Die Erneuerung der Intervallgrenze ist somit optimiert worden. Zusätzlich ist die Methode viel schneller als die Intervallschachtelung. Leider ist das Verfahren nicht mehr zuverlässig, d. h. die Konvergenz zu einer Lösung ist nicht immer gewährleistet. Um zu verhindern, den Rechner in eine Endlosschleife zu bringen, haben wir $i^{\max}$ eingeführt. Wenn in $i^{\max}$ Iterationsschritten keine Lösung gefunden wird, wird die Lösung der letzten Iteration ausgegeben. Das Problem an dieser Methode ist die Erwartung der Grenze zwischen den letzten Mitgliedern der Liste $\boldsymbol{p}$. Dies ist nur dann möglich, wenn die neue Grenze p_{i+1} jedes Mal das Vorzeichen $f(p_{i+1})$ wechselt. Anders ausgedrückt muss $f(p_i) \cdot f(p_{i+1}) < 0$ immer erfüllt werden. Sonst konvergiert die Methode nicht.

3.3 Regel vom falschen Ansatz – *Regula Falsi*

Eine Methode, die Intervallschachtelung und Sekantenverfahren miteinander vermischt, ist als *Regula Falsi* bekannt. Dabei wird die Herangehensweise der Intervallschachtelung benutzt, wobei die Grenze durch den Ansatz des Sekantenverfahrens übernommen wird. Selbstverständlich ist dies falsch, die Methode funktioniert jedoch gut. Erstens ist die Konvergenz schneller als die Intervallschachtelung, und zweitens konvergiert sie immer zu einer Lösung. Der Algorithmus ist wie folgt:

Algorithmus 3: Regel vom falschen Ansatz

Ziel: Finde x für $f(x) = 0 \; \forall x \in [a, b]$
Eingabe: Funktion $f(x)$, Intervall $[a, b]$, Toleranz $TOL = 10^{-5}$
Ausgabe: Die Nullstelle x_N, in der $f(x = x_\mathrm{N}) = 0$ erfüllt wird

Beginn
- **wenn** $f(a) \cdot f(b) > 0$ **dann**
  - **Ergebnis:** Fehler! Das Intervall beinhaltet die Lösung nicht.
- **sonst**
  - **solange** $|f(p)| > TOL$ **tue**
    - Finde den Mittelpunkt mit dem falschen Ansatz: $p = \dfrac{af(b) - bf(a)}{f(b) - f(a)}$
    - **wenn** $f(p) \cdot f(a) > 0$ **dann** $a := p$
    - **wenn** $f(p) \cdot f(b) > 0$ **dann** $b := p$
  - **Ergebnis:** Lösung gefunden! Nullstelle: $x_\mathrm{N} = p$

3.4 Das Newton–Raphson Verfahren

Alle bisher aufgezeigten Methoden benötigen ein Intervall als Startbedingung. Das Intervall muss die Lösung beinhalten. Das NEWTON–RAPHSON Verfahren oder auch die sogenannte NEWTONsche Methode braucht nur einen Startwert und kein Intervall. Die Methode basiert auf der Idee, dass der Startwert als eine Abschätzung gesehen wird und durch die Tangente an dieser Stelle eine neue Abschätzung getroffen wird. Die erste Abschätzung sei p_0 und die Tangente der Funktion sei $f'(p_0)$. Hierzu ist es wichtig zu betonen, dass zuerst die Ableitung gefunden und dann der Wert berechnet wird,

$$f'(p_0) = \left.\frac{\partial f}{\partial x}\right|_{x=p_0} . \tag{3.6}$$

Die Stelle wird nun erneuert, indem eine lineare Gleichung erstellt wird,

$$y(x) = f(p_0) + f'(p_0)(x - p_0), \tag{3.7}$$

und die Nullstelle gefunden wird,

$$\begin{aligned} y(x = p_1) = 0 &= f(p_0) + f'(p_0)(p_1 - p_0), \\ p_1 &= p_0 - \frac{f(p_0)}{f'(p_0)} . \end{aligned} \tag{3.8}$$

Dabei muss $f'(p_0) \neq 0$ erfüllt werden. Die Lösung hängt stark von der ersten Abschätzung ab, insbesondere wenn mehrere Lösungen existieren. Ansonsten ist diese Methode zuverlässig und auch viel schneller als die vorherigen Methoden. Eine allgemeine Darstellung ist wie folgt:

$$p_{i+1} = p_i - \frac{f(p_i)}{f'(p_i)} . \tag{3.9}$$

Der Algorithmus braucht die Funktion und ihre Ableitung. Wir schreiben den Algorithmus, so dass die Funktion und ihre Ableitung eingegeben werden. Jedoch ist zu beachten, dass der Algorithmus die Werte der Ableitung berechnet. Deswegen ist es sogar möglich, eine numerische Methode zur Bestimmung dieser Werte zu implementieren. Die numerische Berechnung der Ableitung werden wir in einem späteren Abschnitt besprechen.

Algorithmus 4: NEWTONsches Verfahren

Ziel: Finde x für $f(x) = 0$

Eingabe: Funktion $f(x)$, ihre Ableitung $f'(x)$, Startwert p_0 in der Liste $\boldsymbol{p} = \{p_0\}$, Toleranz $TOL_1 = 10^{-5}$ und $TOL_2 = 10^{-4}$, maximale Iterationsschritte $i^{\max} = 10^4$

Ausgabe: Die Nullstelle x_N, in der $f(x = x_\mathrm{N}) = 0$ erfüllt wird

Beginn
  i=1
  solange $|f(p_i)| > TOL_1 \wedge i < i^{max}$ **tue**
    wenn $|f'(p_i)| < TOL_2$ **dann**
      Fehler! Die Methode konvergiert nicht, den Startwert ändern.
    sonst
      Finde die Stelle: $p_{i+1} = p_i - \dfrac{f(p_i)}{f'(p_i)}$
      i := i+1
  Ergebnis: Lösung ist mit der Toleranz $|f(p_i)|$ gefunden! Nullstelle: $x_\mathrm{N} = p_i$

Diese Methode zeigt eine quadratische Konvergenz, die wir nun darstellen werden. Die Zielgröße ist die Nullstelle x_N, wir benutzen eine TAYLOR Entwicklung um den letzten Iterationspunkt:

$$f(x_\mathrm{N}) = f(p_i) + f'(p_i)(x_\mathrm{N} - p_i) + \frac{1}{2} f''(\tilde{x})(x_\mathrm{N} - p_i)^2, \tag{3.10}$$

wobei die zweite Ableitung an einer (unbekannten) Stelle $\tilde{x}$ ausgewertet wird, sodass die obere Entwicklung exakt ist. Die Forderung $f(x_\mathrm{N}) = 0$ wird benutzt, um aus der Entwicklung durch die Benutzung der Gl. (3.9) folgende Beziehung zu bekommen:

$$\begin{aligned} x_\mathrm{N} - p_i + \frac{f(p_i)}{f'(p_i)} &= -\frac{1}{2}\frac{f''(\tilde{x})}{f'(p_i)}(x_\mathrm{N} - p_i)^2, \\ x_\mathrm{N} - p_{i+1} &= -\frac{1}{2}\frac{f''(\tilde{x})}{f'(p_i)}(x_\mathrm{N} - p_i)^2, \end{aligned} \tag{3.11}$$

Betragsmäßig erkennen wir,

$$\left|x_\mathrm{N} - p_{i+1}\right| = \left|\frac{1}{2}\frac{f''(\tilde{x})}{f'(p_i)}\right| \left|x_\mathrm{N} - p_i\right|^2, \tag{3.12}$$

dass die Iteration quadratisch konvergiert. Wenn der Startwert in der Nähe der Nullstelle gewählt wird, ist diese Methode das beste Verfahren zur Lösung einer Gleichung mit einer Variable.

Interpolation und Approximation 4

Eine kontinuierliche Funktion $f(x)$ hat für jeden Wert x eine (einzige) Ausgabe $y = f(x)$ in einem Intervall $[a, b]$. Wir können an mehreren Stellen $x_0, x_1, \dots x_n$ die Auswertung durchführen und die Ausgaben berechnen, $y_0 = f(x_0), y_1 = f(x_1), \dots y_n = f(x_n)$. Somit wird die Tab. 4.1 erstellt. Selbstverständlich liegen die Wertepaare auf der Kurve, die wir durch die Funktion an einer xy-Fläche zeichnen können. Nun nehmen wir an, dass die Stützstellen x_i und die Werte y_i gegeben sind, aber nicht die Funktion. Dies bedeutet, dass wir die Funktion suchen, die alle Wertepaare erfüllt und auch die sich zwischen den Stützpunkten befindenden Werte ausgibt. Diese sogenannte Interpolationsfunktion wird insbesondere in Messungen gebraucht, bei denen diskrete Werte aufgenommen sind. Dabei ist eine Interpolation notwendig, um Werte zwischen den gemessenen Werten zu bestimmen.

4.1 Interpolation mit Polynomen

Die meist benutzte Methode ist die Interpolation mit Polynomen. Ein intuitives Beispiel ist, wenn nur 2 Punkte gegeben sind, x_0, x_1 und y_0, y_1. Dann kann man den Wert $\hat{y}$ an einer Stelle $\hat{x}$ zwischen den Intervallgrenzen $[x_0, x_1]$ durch eine lineare Interpolation bestimmen. Dies kann man visualisieren, indem zwischen y_0 und y_1 eine Gerade gelegt wird, und der Wert auf dieser Gerade bei $\hat{x}$ bestimmt wird. Dies ist eine Interpolation mit einem Polynom ersten Grades. Nun wollen wir dies verallgemeinern.

4.1.1 Lagrangesche Polynominterpolation

Für den Fall von 2 Wertepaaren suchen wir eine Polynomfunktion $P(x)$, die im Intervall $[x_0, x_1]$ durch eine lineare Interpolation alle Werte abbildet. Selbstverständlich muss die Polynomfunktion die folgenden Bedingungen erfüllen:

B.E. Abali und C. Çakıroğlu, *Numerische Methoden für Ingenieure*,
https://doi.org/10.1007/978-3-662-61325-2_4

Tab. 4.1 Wertepaare in endlich vielen Stellen, aus der Auswertung einer Funktion $y = f(x)$

i	0	1	2	...	n
x_i	x_0	x_1	x_2	...	x_n
y_i	y_0	y_1	y_2	...	y_n

$$P(x = x_0) = y_0 \wedge P(x = x_1) = y_1 . \tag{4.1}$$

Ein einfacher Vorschlag ist nun durch die sogenannten LAGRANGE Funktionen L_0 und L_1 gegeben:

$$\begin{aligned} P(x) &= L_0(x)y_0 + L_1(x)y_1, \\ L_0(x_0) &= 1 \wedge L_1(x_0) = 0 \Rightarrow P(x_0) = y_0, \\ L_0(x_1) &= 0 \wedge L_0(x_1) = 1 \Rightarrow P(x_1) = y_1 . \end{aligned} \tag{4.2}$$

Da wir eine lineare Polynomfunktion erzielen, sollen L_i Funktionen linear in x sein. Die LAGRANGE Polynome sind definiert als

$$L_0(x) = \frac{x - x_1}{x_0 - x_1}, \; L_1(x) = \frac{x - x_0}{x_1 - x_0}. \tag{4.3}$$

Statt 2 wollen wir nun 3 Stützpunkte haben. In diesem Fall soll die Interpolation:

$$P(x) = L_0(x)y_0 + L_1(x)y_1 + L_2(x)y_2, \tag{4.4}$$

durch 3 LAGRANGE Polynome mit der Bedingung:

$$L_i(x_k) = \begin{cases} 1 & \text{wenn } i = k \\ 0 & \text{sonst} \end{cases} \tag{4.5}$$

entstehen. Die Polynome sind quadratisch

$$\begin{aligned} L_0(x) &= \frac{(x - x_1)(x - x_2)}{(x_0 - x_1)(x_0 - x_2)}, \; L_1(x) = \frac{(x - x_0)(x - x_2)}{(x_1 - x_0)(x_1 - x_2)}, \\ L_2(x) &= \frac{(x - x_0)(x - x_1)}{(x_2 - x_0)(x_2 - x_1)}. \end{aligned} \tag{4.6}$$

Für mehrere Stützpunkte ist die Verallgemeinerung

$$P(x) = \sum_i L_i(x)y_i, \; L_i(x_j) = \begin{cases} 1 & \text{wenn } i = j \\ 0 & \text{sonst} \end{cases}, \tag{4.7}$$

sodass die LAGRANGE Polynome vom n-ten Grad mit $n + 1$ Stützpunkten folgendermaßen interpoliert:

$$L_i(x) = \prod_{i \neq j} \frac{x - x_j}{x_i - x_j}. \tag{4.8}$$

Die LAGRANGE Polynome sind einfach zu konstruieren, und die Stützpunkte liegen auf den Polynomen. Eine Funktion mit 20 Stützpunkten wird dann in der Regel mit LAGRANGE Polynomen vom Grad 19 interpoliert. Dieses Polynom wird dann 19 Extremalstellen haben. Deshalb wird diese Interpolationsmethode mit wachsenden Stützstellen problematisch. Eine Lösung dessen ist das gesamte Intervall in Bereiche zu unterteilen. Die gesamte Interpolation wird z. B. aus 5 Bereichen bestehen, die jeweils mit 4 Stützpunkten erstellt werden. Wir können sogar 10 Bereiche definieren, in jedem 2 Stützpunkte linear verbunden sind. Somit entsteht ein Polygon. An den Übergangspunkten sind die Funktionswerte gleich, da die beiden Interpolationen den Wert des Stützpunktes am Übergang haben. Deshalb ist die zusammengestellte Interpolation stetig (kontinuierlich). Jedoch sind die Ableitungen beider Bereiche unterschiedlich, weshalb die Funktion nicht differenzierbar sein wird. Als Konsequenz ist die Kurve nicht glatt.

4.1.2 Newtonsche Polynominterpolation

Die gleiche Problemstellung können wir in folgender Form abstrahieren:

$$P(x) = \sum_{i=0}^{m} N_i(x) K_i, \tag{4.9}$$

wobei nun die NEWTONschen Funktionen $N_i(x)$ und die dazugehörigen Koeffizienten K_i gesucht sind. Es ist möglich N_i als Basis zu sehen, sodass K_i die Koordinaten in diesem mathematisch abstrakten Raum sind. Die Basisfunktionen müssen unabhängig voneinander sein. Die NEWTONsche Polynominterpolation hat folgende m-dimensionale Basis:

$$\begin{aligned}
N_0(x) &= 1, \\
N_1(x) &= x - x_0, \\
N_2(x) &= N_1(x)(x - x_1), \\
N_3(x) &= N_2(x)(x - x_2), \\
&\vdots \\
N_m(x) &= N_{m-1}(x)(x - x_{m-1}).
\end{aligned} \tag{4.10}$$

Man sieht die rekursive Darstellung der Basis. Der Index i in Gl. (4.9) geht bis m, deswegen sind $m + 1$ Stützpunkte gegeben – man bildet ein Polynom bis zum Grad m. Wir geben nun ein konkretes Beispiel mit 3 Stützpunkten, mit denen eine quadratische Polynomfunktion ermittelt wird. Weil die Polynominterpolation $P(x)$ die Stützpunkte exakt wiedergibt, ermitteln wir die Koeffizienten aus 3 Gleichungen für $j = 1, 2, 3$

$$\begin{aligned} y_j = P(x_j) &= \sum_i^2 N_i(x_j)K_i = N_0K_0 + N_1K_1 + N_2K_2 \\ &= K_0 + (x_j - x_0)K_1 + (x_j - x_0)(x_j - x_1)K_2, \end{aligned} \tag{4.11}$$

und die 3 Unbekannten K_0, K_1, K_2 werden durch Einsetzen der Stützpunkte wie folgt bestimmt:

$$\begin{aligned} &y_0 = K_0, \\ &y_1 = K_0 + (x_1 - x_0)K_1 \Rightarrow K_1 = \frac{y_1 - K_0}{(x_1 - x_0)}, \\ &y_2 = K_0 + (x_2 - x_0)K_1 + (x_2 - x_0)(x_2 - x_1)K_2 \Rightarrow K_2 = \frac{y_2 - K_0 - (x_2 - x_0)K_1}{(x_2 - x_0)(x_2 - x_1)}. \end{aligned}$$

Analog zu den LAGRANGE Polynomen können die NEWTONschen Polynome auch in Serien geschrieben werden:

$$N_i(x) = \prod_{j<i}(x - x_j). \tag{4.12}$$

4.1.3 Hermitesche Polynome

In den besprochenen Methoden haben wir die Bedingung erfüllt, dass das Interpolationspolynom über die Stützpunkte verläuft. Mit 3 Stützpunkten wird eine quadratische Funktion generiert. Wenn nun 2 Stützpunkte sehr nah aneinander liegen, könnte man sie sogar zusammenführen und mit 2 Stützpunkten eine lineare Funktion erzeugen. Allerdings werden 3 Stützpunkte eine quadratische Funktion einführen. Dies führt zu Problemen wie das der oszillierenden Funktion. Eine mögliche Lösung wäre, dass nicht nur die Werte der Funktion an den Stützpunkten, sondern auch die Ableitung der Funktion an diesen Stellen erfüllt werden. Diese zusätzliche Bedingung kann analog zum vorigen Beispiel erklärt werden. Statt x_0, x_1 und x_2 haben wir nun x_0 und x_1, sodass die letzten zwei Stützpunkte ineinander überführt wurden: $x_1 = x_2$. Nun sieht die Polynomfunktion so aus:

$$y_j = P(x_j) = K_0 + (x_j - x_0)K_1 + (x_j - x_0)(x_j - x_0)K_2. \tag{4.13}$$

Zur Bestimmung der 3 Konstanten sollen die Bedingungen erfüllt werden:

$$P(x_0) = y_0,\ P(x_1) = y_1,\ P'(x_1) = y_1'. \tag{4.14}$$

Die Werte und auch die dazugehörige Ableitung sind gegeben. Dazu benötigen wir die Ableitung der Polynomfunktion:

$$P'(x_j) = K_1 + 2(x_j - x_0)K_2. \tag{4.15}$$

Zusammengefasst haben wir 3 Gleichungen für 3 Unbekannte K_0, K_1, K_2 wie folgt:

$$K_0 = y_0, K_0 + (x_1 - x_0)K_1 + (x_1 - x_0)^2 K_2 = y_1,$$
$$K_1 + 2(x_1 - x_0)K_2 = y_1'. \tag{4.16}$$

Die Lösung dieser Gleichungen lautet:

$$K_0 = y_0, K_1 = \frac{-y_1' - 2y_1 + 2y_0}{x_1 - x_0}, K_2 = \frac{y_1' - y_1 + y_0}{(x_1 - x_0)^2}. \tag{4.17}$$

Die erreichte Polynominterpolation hat bessere Eigenschaften. Die Polynomfunktion ist im gesamten Gebiet differenzierbar. Im oberen Beispiel ist sie einmal differenzierbar, sodass sie zur Klasse C^1 gehört.

Die gleiche Herangehensweise kann auch für Polynome höherer Grade benutzt werden, sodass als Bedingung nicht nur die erste Ableitung, sondern auch die höheren Ableitungen abgebildet werden. Dies ist im Prinzip nicht problematisch, solange wir die Werte der Ableitungen kennen. Oft sind die Stützpunkte gegeben, jedoch nicht die Ableitungen. Konkret ausgedrückt: es ist schwierig y_1' zu kennen, ohne die Funktion $f(x)$ an sich zu haben. Selbstverständlich ist $f(x)$ nicht gegeben. Sonst brauchen wir keine Interpolation.

4.2 Spline Interpolation

Eine Alternative zur Interpolation mit Polynomen ist die Interpolation mit einer Spline-Funktion. Die Polynome sind nur begrenzt differenzierbar. An den Übergangsstellen ist es nicht einmal möglich, die Differenzierbarkeit abzubilden. Bei den HERMITEschen Polynomen haben wir zusätzliche Bedingungen gefordert, sodass eine gewählte Differenzierbarkeit erreicht wird. Die Spline-Funktion ist eine bessere Variante, in der nicht nur die Stützpunkte (oder auch Knoten), sondern auch die maximale Anzahl der Differenzierbarkeit erreicht wird. Eine Spline Funktion $S(x)$ des Grades k ist stetig im Intervall $[x_0, x_n]$ und $k - 1$-mal stetig differenzierbar an allen Punkten. Anders ausgedrückt, ist die Spline-Funktion eine stückweise Polynomfunktion, bei der die maximale Differenzierbarkeit an allen Knoten gewährleistet wird. Somit ist die direkte Abhängigkeit zwischen der Anzahl der Knoten und dem Polynomgrad aufgehoben, sodass die Spline-Funktion der Interpolation mehr Freiheit bietet.

Wir können uns ein Beispiel überlegen, indem 20 Knoten vorkommen. Unabhängig von dieser Anzahl können wir nun $k = 3$ deklarieren. Somit ist in jedem Bereich $[x_i, x_{i+1}]$ mit $i \in [0, 20)$ eine stückweise Spline-Funktion des dritten Grades zu erwarten:

$$S_i(x) = a_i + b_i(x - x_i) + c_i(x - x_i)^2 + d_i(x - x_i)^3. \tag{4.18}$$

Nun werden in einem beliebigen Bereich mit der Länge $\ell_i = x_{i+1} - x_i$ folgende Bedingungen erfüllt:

$$\begin{aligned}
y_i &= a_i, \\
y_{i+1} &= a_i + b_i \ell_i + c_i \ell_i^2 + d_i \ell_i^3, \\
y_i' &= b_i, \\
y_{i+1}' &= b_i + 2c_i \ell_i + 3d_i \ell_i^2, \\
y_i'' &= 2c_i, \\
y_{i+1}'' &= 2c_i + 6d_i \ell_i.
\end{aligned}$$

Das Ziel ist die Bestimmung der 4 Konstanten a_i, b_i, c_i, d_i. Dazu sind 4 Gleichungen notwendig; wir haben aber 6 Gleichungen. Dies bedeutet, dass wir viele Lösungen bestimmen können. Somit werden wir die zusätzliche Bedingung der Differenzierbarkeit durch Benutzung der 2 Gleichungen erfüllen, und mit den anderen 4 Gleichungen werden wir die 4 Konstanten bestimmen. Durch Benutzung und Umformulierung der 1., 2., 5. und 6. Gleichungen bekommen wir:

$$\begin{aligned}
a_i &= y_i, \\
b_i &= \frac{y_{i+1} - y_i}{\ell_i} - \frac{y_{i+1}'' + 2y_i''}{6} \ell_i, \\
c_i &= \frac{y_i''}{2}, \\
d_i &= \frac{y_{i+1}'' - y_i''}{6\ell_i}.
\end{aligned}$$

Darüber hinaus werden sie eingesetzt, sodass die Bedingung der ersten Ableitung:

$$\begin{aligned}
y_i' = b_i &= \frac{y_{i+1} - y_i}{\ell_i} - \frac{y_{i+1}'' + 2y_i''}{6} \ell_i, \\
y_{i+1}' = b_i + 2c_i \ell_i + 3d_i \ell_i^2 &= \frac{y_{i+1} - y_i}{\ell_i} + \frac{2y_{i+1}'' + y_i''}{6} \ell_i,
\end{aligned} \tag{4.19}$$

erreicht wird. Nun können wir aus der zweiten Bedingung durch Substitution $i \to i - 1$ ermitteln:

$$y_i' = \frac{y_i - y_{i-1}}{\ell_{i-1}} + \frac{2y_i'' + y_{i-1}''}{6} \ell_{i-1}. \tag{4.20}$$

Aus den übrigen Gleichungen haben wir nun eine zusätzliche Bedingung,

$$\frac{y_{i+1} - y_i}{\ell_i} - \frac{y_{i+1}'' + 2y_i''}{6} \ell_i = \frac{y_i - y_{i-1}}{\ell_{i-1}} + \frac{2y_i'' + y_{i-1}''}{6} \ell_{i-1}, \tag{4.21}$$

so dass die Ableitungen von Nachbarbereichen identisch sind. Obwohl nicht sofort ersichtlich, gibt es nur y'' an gewissen Knoten in dieser Gleichung, der Rest ist ja bekannt. Für das Beispiel mit 20 Knoten kann die obere Gleichung 18 Mal geschrieben werden. Dies ist die Anzahl der inneren Knoten. Dadurch können wir alle 18 y'' Werte an den inneren Knoten bestimmen. Am Anfang $i = 0$ und am Ende $i = 19$ wird meistens $y''_0 = y''_{19} = 0$ angenommen. Durch die Angabe von y'' können a_i, b_i, c_i, d_i an allen Knoten bestimmt werden.

4.3 Trigonometrische Interpolation

Alle bisherigen Interpolationen benutzen Funktionen aus C^n, wobei n die Anzahl der stetigen Differenzierbarkeit bedeutet. Eine quadratische Funktion $5x^2$ können wir zweimal ableiten. Die dritte und alle weiteren Ableitungen führen zu null. Eine Funktion, die unendlich oft ableitbar ist, wird analytische Funktion genannt. Sie gehört zur Klasse C^∞. Alle trigonometrischen Funktionen sind analytische Funktionen.

Insbesondere können periodische Funktionen mit einer trigonometrischen Funktion interpoliert werden. Für eine Funktion mit der Periode 2π ist es:

$$f(x) = f(x + 2\pi). \tag{4.22}$$

Eine trigonometrische Interpolation ist die FOURIER Entwicklung:

$$T(x) = \frac{a_0}{2} + \sum_{k=1}^{\ell} \left(a_k \cos(kx) + b_k \sin(kx)\right). \tag{4.23}$$

Falls $\ell \to \infty$ wird $f(x) = T(x)$ exakt abgebildet. Eine analytische Funktion wird durch eine Reihe von anderen analytischen Funktionen exakt dargestellt. Es ist wichtig zu bemerken, dass die trigonometrischen Funktionen analytische Funktionen sind. Eine Reihe mit unendlich vielen Funktionen können wir numerisch nicht berechnen. Wir werden ℓ endlich groß wählen, sodass $T(x)$ eine Interpolation für $f(x)$ sein wird. Die Werte an den Knoten werden exakt abgebildet. Zwischen den Knoten werden die Werte approximiert, wobei die Genauigkeit von der Anzahl ℓ abhängig ist. Zur Bestimmung der Koeffizienten a_k, b_k benutzen wir die Orthogonalitätsbedingung:

$$\int_0^{2\pi} \sin(kx)\cos(kx)\,\mathrm{d}x = 0. \tag{4.24}$$

Im mathematischen Jargon sind zwei Funktionen voneinander unabhängig, falls die Multiplikation im Sinne eines Integrales null ergibt. Diese Funktionen sind orthogonal (senkrecht, normal) zueinander. Orthogonale Funktionen werden benutzt, um einen mathematisch abstrakten Raum zu spannen. Durch diese Orthogonalitätsbedingung ermitteln wir die Koeffizienten:

$$
\begin{aligned}
a_k &= \frac{1}{\pi}\int_0^{2\pi} f(x)\cos(kx)\,\mathrm{d}x,\, k=0,1,2,\dots m \\
b_k &= \frac{1}{\pi}\int_0^{2\pi} f(x)\sin(kx)\,\mathrm{d}x,\, k=1,2,\dots m
\end{aligned}
\tag{4.25}
$$

Diese Herangehensweise ist nur dann möglich, wenn die Funktion $f(x)$ bekannt ist. Oft ist dies nicht der Fall, und wir haben (x_i, y_i) Paare an mehreren Stellen. Es ist möglich, diese Integration durch Benutzung der Stützpunkte auszuwerten. Für das Gebiet $[a, b]$ benutzen wir wieder eine äquidistante Verteilung in n-Bereichen:

$$
x_i = i\frac{2\pi}{n}. \tag{4.26}
$$

Die Funktionswerte $y_i = f(x_i)$ sind bekannt, allerdings ist die Funktion an sich nicht gegeben. In Kap. 5 werden wir die numerische Integration besprechen. Im Allgemeinen ist die Idee, $f(x)$ zu interpolieren und in jedem Bereich die Interpolation zu integrieren. Wenn dies für die Bestimmung der Konstante a_k, b_k benutzt wird, ermitteln wir:

$$
\hat{a}_k = \sum_{i=0}^{n-1} y_i \sin(kx_i),\, \hat{b}_k = \sum_{i=0}^{n-1} y_i \cos(kx_i). \tag{4.27}
$$

Dies ist die diskrete FOURIER Entwicklung. Nun schreiben wir die diskrete FOURIER Entwicklung durch die EULERsche Formel:

$$
\exp(\imath\omega x) = \cos(\omega x) + \imath\sin(\omega x), \tag{4.28}
$$

mit der imaginären Zahl $\imath = \sqrt{-1}$ um:

$$
\begin{aligned}
c_k &= \sum_{i=0}^{n-1} z_i \exp(-\imath x_i k) = \sum_{i=0}^{n-1} z_i w_{ik},\, w_{ik} = \exp(-\imath x_i k), \\
z_i &= \frac{1}{n}\sum_{k=0}^{n-1} c_k w_{ki}^{-1},\, w_{ki}^{-1} = \exp(\imath x_i k).
\end{aligned}
\tag{4.29}
$$

Wir benutzen eine weitere Umschreibung und schreiben die Knoten in verteilter Art und Weise als eine komplexe Zahl:

$$
z_i = y_{2i} + \imath y_{2i+1} = f(x_{2i}) + \imath f(x_{2i+1}) \quad \forall i = 0, 1, \dots m = \frac{n}{2} - 1. \tag{4.30}
$$

Wir geben ein Beispiel, um die Umschreibung zu konkretisieren. Das Beispiel ist mit den gegebenen (bekannten) Stützpunkten für $n = 8$ wie folgt:

$$
\{x_0, x_1, x_2, \dots x_7\}, \{y_0, y_1, y_2, \dots y_7\}. \tag{4.31}
$$

Dies lässt sich schreiben:

$$\{z_0 = y_0 + \imath y_1, z_1 = y_2 + \imath y_3, z_2 = y_4 + \imath y_5, z_3 = y_6 + \imath y_7\}, \tag{4.32}$$

sodass wir daraus die Koeffizienten durch die Gl. (4.29) berechnen können. Wir haben nun:

$$w_{ik} = \exp(-\imath x_i k) = \exp\left(-\imath i \frac{2\pi}{n} k\right) = \hat{w}^{i\cdot k},\ \hat{w} = \exp\left(-\imath \frac{2\pi}{n}\right), \tag{4.33}$$

die in der Matrixschreibweise wie folgt aussieht:

$$\begin{pmatrix} c_0 \\ c_1 \\ c_2 \\ c_3 \end{pmatrix} = \begin{pmatrix} 1 & 1 & 1 & 1 \\ 1 & \hat{w}^1 & \hat{w}^2 & \hat{w}^3 \\ 1 & \hat{w}^2 & \hat{w}^4 & \hat{w}^6 \\ 1 & \hat{w}^3 & \hat{w}^6 & \hat{w}^9 \end{pmatrix} \begin{pmatrix} z_0 \\ z_1 \\ z_2 \\ z_3 \end{pmatrix}. \tag{4.34}$$

Mittels der linearen Algebra durch Zeilenvertauschungen und Faktorisierungen der Koeffizientenmatrix ermitteln wir:

$$\begin{pmatrix} c_0 \\ c_1 \\ c_2 \\ c_3 \end{pmatrix} = \begin{pmatrix} 1 & 1 & 0 & 0 \\ 1 & \hat{w}^2 & 0 & 0 \\ 0 & 0 & 1 & 1 \\ 0 & 0 & 1 & \hat{w}^2 \end{pmatrix} \begin{pmatrix} 1 & 0 & 1 & 0 \\ 0 & 1 & 0 & 1 \\ 1 & 0 & \hat{w}^2 & 0 \\ 0 & \hat{w}^1 & 0 & \hat{w}^3 \end{pmatrix} \begin{pmatrix} z_0 \\ z_1 \\ z_2 \\ z_3 \end{pmatrix}. \tag{4.35}$$

Die jeweiligen Matrizen weisen viele Nullen auf, sodass die Operation der Matrixmultiplikation viel schneller als die Operation mit vollen Komponenten läuft. Deswegen wird diese Methode *Fast Fourier Transformation* (FFT) genannt. Diese Methode ist in vielen Programmen mit numerischen Methoden implementiert. Wir werden FFT aus SciPy Paketen nutzen. Wenn die Koeffizienten c_k ermittelt sind, werden daraus die FOURIER Koeffizienten $\hat{a}_k$ und $\hat{b}_k$ berechnet:

$$\hat{a}_k - \imath \hat{b}_k = \frac{1}{2}(c_k + \bar{c}_{n-k}) + \frac{1}{2\imath}(c_k - \bar{c}_{n-k}) \exp\left(-\imath \frac{k\pi}{n}\right), \tag{4.36}$$

oder auch:

$$\hat{a}_{n-k} - \imath \hat{b}_{n-k} = \frac{1}{2}(\bar{c}_k + c_{n-k}) + \frac{1}{2\imath}(\bar{c}_k - c_{n-k}) \exp\left(\imath \frac{k\pi}{n}\right) \tag{4.37}$$

wobei $\bar{c}_k$ der konjugierte Teil der komplexen Zahl c_k ist. Wir können die Prozedere in Form eines Algorithmus zusammenstellen; den FFT Algorithmus nehmen wir wie erwähnt aus SciPy Paketen:

Algorithmus 5: FOURIER Transformation, FFT

Ziel: Interpoliere $f(x)$ mittels FFT
Eingabe: Funktionswerte $y_i = f(x_i)$, Anzahl der Teilung n
Ausgabe: Die Koeffizienten a_0, a_i, b_i für $i = 1, 2, \dots n$

Beginn
  wenn $n/2 \neq$ *ganze Zahl* **dann**
    Ergebnis: Die Anzahl n soll eine gerade Zahl sein.
  sonst
    Bestimme $z_i = y_{2i} + \imath y_{2i+1} = f(x_{2i}) + \imath f(x_{2i+1})\ \forall i = 0, 1, \dots m = \frac{n}{2} - 1$.
    Mittels FFT ermittle die komplexen Koeffizienten c_i
    Daraus finde die reellen Koeffizienten:
    $\hat{a}_k - \imath \hat{b}_k = \frac{1}{2}(c_k + \bar{c}_{n-k}) + \frac{1}{2\imath}(c_k - \bar{c}_{n-k}) \exp\Big(-\imath \frac{k\pi}{n} \Big)$,
  Ergebnis: Interpolationsfunktion: $T(x) = \dfrac{a_0}{2} + \sum_k^n \Big(a_k \cos(kx) + b_k \sin(kx) \Big)$

4.4 Approximation – die inverse Analyse

In einer Messung werden Daten gesammelt. Wegen der Messfehler sind die Stützpunkte nicht exakt. Deshalb ist eine Interpolation überflüssig. Statt einer Interpolation mit der exakten Darstellung an den Knoten suchen wir in diesem Fall nach einer Approximation, die die Messergebnisse so gut wie möglich wiedergeben kann. Die Approximation wird die Messwerte annähern, der Fehler soll möglichst klein sein. Dies wird oft Ausgleichsrechnung oder auch Fit genannt.

Überlegen wir uns ein Beispiel: In einem technischen System $f(t)$ werden diskrete Werte über die Zeit t gesammelt. Diese Werte sind in Tab. 4.2 gegeben. Wir suchen nach einer einfachen Funktion, die die oberen Daten in Abb. 4.1 möglichst gut wiedergibt.

Wenn wir die Punkte aufzeichnen, erkennen wir, dass eine lineare Funktion genügt:

$$f(t) = C + Dt. \tag{4.38}$$

Nun haben wir das Problem, dass die 2 Konstanten C, D von den 3 diskreten Daten in Tab. 4.2 nicht eindeutig bestimmt sind (siehe Abb. 4.2). Eine Interpolation über die gegebenen Werte mit einer linearen Funktion ist nicht möglich. Es gibt mehrere Lösungen, die die Werte approximieren. Nun taucht die Frage auf: Welche Lösung ist die beste Lösung?

Tab. 4.2 Diskrete Daten von einer Messung

t	0	1	3
f	1	2	3

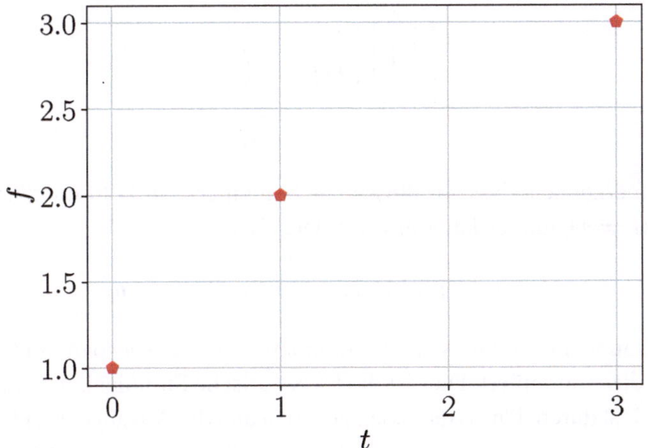

Abb. 4.1 Daten aus der Messung, um eine Fitfunktion zu bestimmen

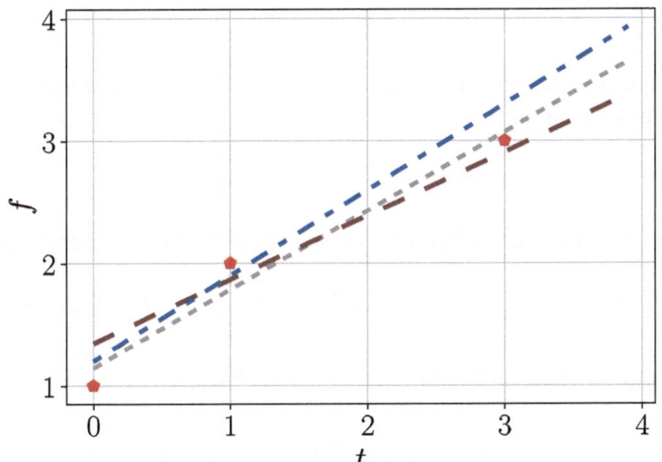

Abb. 4.2 Daten aus der Messung, verschiedene Möglichkeiten für die Fitfunktion

Wir können die Angabe in Tab. 4.2 aufschreiben:

$$\begin{aligned} t = 0,\ f = 1 &\Rightarrow C + D \cdot 0 = 1, \\ t = 1,\ f = 2 &\Rightarrow C + D \cdot 1 = 2, \\ t = 3,\ f = 3 &\Rightarrow C + D \cdot 3 = 3. \end{aligned} \tag{4.39}$$

Daraus können wir auch wie in der linearen Algebra eine Matrixform erstellen:

$$\underbrace{\begin{bmatrix} 1 & 0 \\ 1 & 1 \\ 1 & 3 \end{bmatrix}}_{A_{ij}} \underbrace{\begin{bmatrix} C \\ D \end{bmatrix}}_{u_j} = \underbrace{\begin{bmatrix} 1 \\ 2 \\ 3 \end{bmatrix}}_{b_i} . \tag{4.40}$$

Es ist wichtig zu erkennen, dass wir diese Gleichung nicht direkt lösen können. Da $\boldsymbol{A}$ nicht quadratisch ist ($i \neq j$), gibt es keine Inverse. Die obere Form:

$$A_{ij}u_j = b_i, i = 1, \ldots, m, \; j = 1, \ldots, n, \tag{4.41}$$

bedeutet eine Summe über j. Oft wird das Summenzeichen ausgespart, und es wird über die wiederholten Indizes summiert. Dies ist die EINSTEINsche Summenkonvention. Die Anzahl der Daten $m = 3$ ist durch den ersten Index gegeben und die Anzahl der Unbekannten $n = 2$ ist durch den zweiten Index gekennzeichnet. Deshalb suchen wir nicht nach der exakten Lösung sondern nach einer Fitfunktion, die alle Datenpunkte mit dem geringsten Fehler wiedergibt. Der Fehler für jeden Wert ist der Unterschied zwischen dem approximierten und tatsächlichen Wert:

$$e_i = b_i - A_{ij}u_j. \tag{4.42}$$

Wir finden nun die beste Lösung nach der Minimierung der Fehlerquadrate. Dazu berechnen wir zuerst die Fehlerquadrate:

$$||e_i||^2 = e_1^2 + e_2^2 + \cdots + e_m^2, \tag{4.43}$$

und suchen dann nach den besten Parametern (Unbekannten) $\hat{u}_i$, die den Fehler minimieren:

$$\hat{u}_i = \underset{\text{w.r.t. } u_i}{\text{arg min}} \left(||b_i - A_{ij}u_j||^2\right), i = 1, \ldots, m, \; j = 1, \ldots, n. \tag{4.44}$$

Die Bestimmung einer Extremalstelle wird durch die Nullstelle der ersten Ableitung:

$$\begin{aligned} \frac{\partial}{\partial u_o}\left(||b_i - A_{ij}u_j||^2\right)\Big|_{u=\hat{u}} &= 0, \\ \frac{\partial}{\partial u_o}\left((b_i - A_{ij}u_j)(b_i - A_{ik}u_k)\right)\Big|_{u=\hat{u}} &= 0, \\ \frac{\partial}{\partial u_o}\left(b_i b_i - 2b_i A_{ij}u_j + A_{ij}u_j A_{ik}u_k\right)\Big|_{u=\hat{u}} &= 0, \\ \left(0 - 2b_i A_{ij}\delta_{jo} + A_{ij}A_{ik}(\delta_{jo}u_k + u_j\delta_{ko})\right)\Big|_{u=\hat{u}} &= 0, \end{aligned} \tag{4.45}$$

und nach der Auswertung realisiert:

$$
\begin{aligned}
-2b_i A_{io} + A_{io} A_{ik} \hat{u}_k + A_{ij} A_{io} \hat{u}_j &= 0, \\
-2A^T_{oi} b_i + 2A^T_{oi} A_{ik} \hat{u}_k &= 0, \\
A^T_{oi} A_{ik} \hat{u}_k &= A^T_{oi} b_i, \\
\underbrace{\boldsymbol{A}^T \boldsymbol{A} \hat{\boldsymbol{u}} = \boldsymbol{A}^T \boldsymbol{b}}_{\text{Normale Gleichung}} \Rightarrow \hat{\boldsymbol{u}} &= (\boldsymbol{A}^T \boldsymbol{A})^{-1} \boldsymbol{A}^T \boldsymbol{b}.
\end{aligned}
\tag{4.46}
$$

In der Statistik wird die Lösung zu den besten Parametern nach der Methode der Fehlerquadrate „normale Gleichung" genannt. Der Grund dieses Namens liegt in der Tatsache, dass der kleinste Fehler durch die Unbekannten als Vektor in einem mathematisch abstrakten Raum senkrecht (normal) auf der Lösungsebene steht. Wir können nun das erwähnte Problem lösen:

$$
\begin{aligned}
&A_{ij} \quad u_j \quad = b_i \\
&\begin{bmatrix} 1 & 0 \\ 1 & 1 \\ 1 & 3 \end{bmatrix} \begin{bmatrix} C \\ D \end{bmatrix} = \begin{bmatrix} 1 \\ 2 \\ 3 \end{bmatrix} \\
&A^T_{ji} A_{ik} \quad \hat{u}_k \quad = A^T_{ji} b_i \\
&\begin{bmatrix} 3 & 4 \\ 4 & 10 \end{bmatrix} \begin{bmatrix} \hat{C} \\ \hat{D} \end{bmatrix} = \begin{bmatrix} 6 \\ 11 \end{bmatrix}
\end{aligned}
\tag{4.47}
$$

Es ist zu beachten, dass wir mit $\boldsymbol{A}^T \boldsymbol{A}$ eine quadratische Matrix mit $n \times n$ ermittelt haben. Somit kann die Inverse gefunden und nach den Unbekannten gelöst werden. Dies machen wir mit NumPy Paketen:

```
>>> import numpy as np
>>> from numpy import linalg as la
>>> AA = np.array([ [3,4],[4,10] ])
>>> Ab = np.array([6,11])
>>> np.dot(la.inv(AA), Ab)
array([ 1.14285714,  0.64285714])
```

Deshalb ist die Lösung:

$$
f(t) = C + Dt,\ C = 1{,}14285714,\ D = 0{,}64285714, \tag{4.48}
$$

geplottet in Abb. 4.3.

Das erwähnte Beispiel zeigt die Bestimmung der Koeffizienten in einer linearen Fitfunktion. Eine quadratische oder kubische Funktion würde das Verfahren nicht ändern. Beispielsweise nehmen wir an, dass eine Messung mit $m = 50$ Daten existiert und die Fitfunktion ein kubisches Polynom ist:

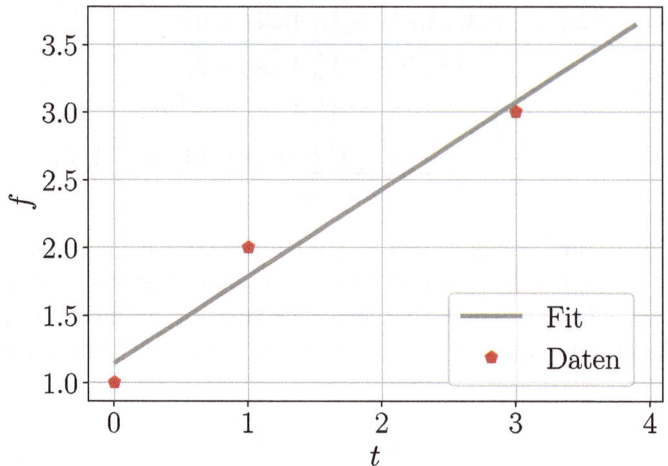

Abb. 4.3 Daten aus der Messung und die Fitfunktion nach der Methode der kleinsten Fehlerquadrate

$$f(t) = c_1 + c_2 t + c_3 t^2 + c_4 t^3. \tag{4.49}$$

In diesem Fall sind die Matrizen wie folgt:

$$\begin{bmatrix} A_{11} & A_{12} & A_{13} & A_{14} \\ A_{21} & A_{22} & A_{23} & A_{24} \\ A_{31} & A_{32} & A_{33} & A_{34} \\ & \vdots & & \\ A_{m1} & A_{m2} & A_{m3} & A_{m4} \end{bmatrix} \begin{bmatrix} c_1 \\ c_2 \\ c_3 \\ c_4 \end{bmatrix} = \begin{bmatrix} b_1 \\ b_2 \\ b_3 \\ \vdots \\ b_m \end{bmatrix}, \tag{4.50}$$

und die beste Lösung nach der Methode der Minimierung der kleinsten Fehlerquadrate wird wieder:

$$\hat{\boldsymbol{u}} = (\boldsymbol{A}^T \boldsymbol{A})^{-1} \boldsymbol{A}^T \boldsymbol{b}. \tag{4.51}$$

Auch höhere Polynomengrade sind einfach zu implementieren, sofern ausreichende Messdaten vorhanden sind. Dies ist oft der Fall.

Dieses Verfahren wird auch „lineare Regression" genannt. Die Linearität basiert auf der additiven Form der Unbekannten. Die Koeffizienten in einer Fitfunktion wie $f(t) = c_1 t^{c_2}$ sind in multiplikativer Form. Diese Koeffizienten können wir durch die lineare Regression nicht bestimmen und brauchen dazu die nichtlineare Regression, die wir in dieser Arbeit nicht im Detail besprechen. Wir werden jedoch Anwendungen zur nichtlinearen Regression sehen. Es gibt unterschiedliche Verfahren für die nichtlineare Regression. Das gängigste Verfahren ist die LEVENBERG–MARQUARDT Methode, die auch in SciPy implementiert ist.

4.5 Künstliche Intelligenz

In der Regression müssen wir die Funktion selbst wählen; die Methode bestimmt die Koeffizienten. Wenn die Daten in einem Diagramm geplottet werden, ist die Wahl des Grades für ein Polynom relativ einfach. Insbesondere bei Daten mit einem Argument (eindimensional) wie $f(t)$ ist dies adäquat. Es gibt aber Daten, die mehrere Argumente annehmen (mehrdimensional). Ein typisches Beispiel ist die Regenwahrscheinlichkeit bei der Wettervorhersage. Intuitiv wissen wir, dass Temperatur, Feuchtigkeit, Windgeschwindigkeit, Druck usw. eine Rolle spielen, ob es regnen wird, oder nicht. Durch statistische Daten, die historische Daten beinhalten, kann man eine Aussage treffen, ohne die funktionale Verbindung anzugeben. Dies ist sehr hilfreich, weil wir für die Wettervorhersage keine Polynomfunktion in diesem mehr-dimensionalen Raum definieren können.

Die sogenannte künstliche Intelligenz (KI, Engl.: *artificial intelligence, AI*) kommt durch die Methode zustande, dass zuerst statistische und historische Daten „gelehrt" oder „trainiert" werden, die dann selbständig zu einer Aussage führen. Wir sehen, wie die Methode funktioniert, indem wir das Beispiel der Wettervorhersage mit fiktiven Zahlen in Tab. 4.3 darstellen. Feuchtigkeit, Wind, Temperatur und Luftdruck an einem Tag werden mit dem Regen in Verbindung gesetzt. Dabei ist x_i^k die Eingangsvariable von i-ten Daten für k-te gemessene Größe. Die Anzahl $k = 4$ ist relativ gering. Die Wetterbedingungen wie Geschwindigkeit, Druck und Temperatur kann man mit Differentialgleichungen aus der Strömungsmechanik modellieren, allerdings ist es trotzdem schwierig herauszufinden, ob es regnet oder nicht. Dies wird statistisch gemacht, indem so eine Tabelle benutzt wird. Wenn nicht nur $i = 7$ Tage, sondern die letzten aufgenommenen 100 Jahre benutzt werden, korreliert das Ergebnis gut. Das approximative Ergebnis ist die Wahrscheinlichkeit. Am Einfachsten kann man die Tage mit den gleichen Bedingungen aus Daten der letzten 100 Jahre herausfiltern und aufzählen, an wie vielen Tagen es geregnet hat. Normiert auf die gesamte Anzahl der Daten mit den gleichen Bedingungen ergibt dies die Regenwahrscheinlichkeit. Mit ausreichenden Daten ist dies relativ akkurat, heutzutage wird die Regenwahrscheinlichkeit mit solchen statistischen Methoden berechnet. Aus dieser Überlegung taucht die Methode KI auf und geht noch einen Schritt weiter. Zwar ist die arithmetische Mittelung der Ergebnisse sehr intuitiv, aber die Effekte der Temperatur zur Veränderung des Luftdrucks werden ignoriert. Mit anderen Worten; die Eingaben x_i^k werden nur alleine oder isoliert betrachtet. Dies kann in einigen Systemen, bei denen die Eingabeparameter nicht korrelieren, gut funktionieren. Im Allgemeinen ist aber eine Methode notwendig, die diese Korrelation einbringen kann. Mit der Anwendung der KI kann man Systeme modellieren, bei denen die Eingabeparameter in Wechselbeziehung stehen und diese funktionale Relation zwischen denen nicht bekannt ist. Typische Anwendungsbeispiele sind Wahrscheinlichkeitsrechnungen für die Börsenbewegung, Wettbewerbe, Bilderkennung, usw. Die Methode ist relativ neu und hat noch so viele offene Stellen, dass immer neue Varianten vorgeschlagen werden. Wir betrachten die neuronalen Netze, die zum Verständnis solcher Algorithmen dienen.

Die Eingabeparameter x_i^k sind bekannt und wir möchten eine Aussage in Form einer Wahrscheinlichkeit des Regens mit der Ausgabe y_i finden. Eine berühmte Funktion aus der Statistik ist die sogenannte Sigmoid Funktion, weil die Form wie ein „S" aussieht. Es gibt mehrere Methoden solche Funktionen zu generieren. Wir benutzen folgende Form:

$$g(z) = \frac{1}{1 + \exp(-z)}, \tag{4.52}$$

welche zwischen null und eins eine differenzierbare Funktion erzeugt, siehe Abb. 4.4. Die einfachste Relation wäre nun eine lineare Funktion aus den Eingabeparametern wie folgt:

$$z_i = b_i + \sum_{k=1}^{4} w_k x_i^k, \tag{4.53}$$

welche dann durch die Sigmoidfunktion (manchmal auch Aktivierungsfunktion genannt) als $g(z)$ angegeben wird. Die Gewichte w_k sind die Koeffizienten zu den jeweiligen Eingabeparametern. Wir können noch ein $x_i^0 = 1$ definieren und $b_i = w_0 x_i^0$ schreiben, sodass

Tab. 4.3 Daten für die Wettervorhersage

i	1	2	3	4	5	6	7
x_i^1: Feuchtigkeit	0,3	0,2	0,1	0,7	0,8	0,6	0,3
x_i^2: Wind in km/h	23	11	7	28	17	10	9
x_i^3: Temperatur in °C	7	11	12	9	9	10	13
x_i^4: Luftdruck in mbar	1008,2	1007,4	1008,9	1011,2	1010,7	1007,1	1008,0
y_i: Regen	Nein	Nein	Nein	Nein	Ja	Ja	Nein

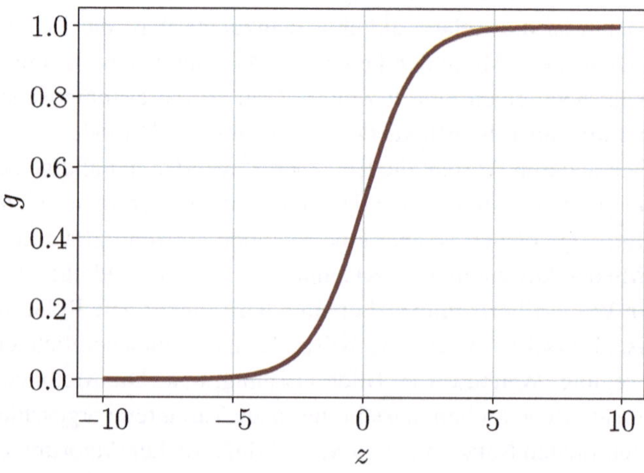

Abb. 4.4 Sigmoid Funktion $g(z)$ angewandt für Neuronen

$$g\left(\sum_{k=0}^{4} w_k x_i^k\right) \tag{4.54}$$

die Regenwahrscheinlichkeit für den Tag i approximiert wird. Weil der Wert zwischen null und eins, wie ein Signal oder elektrischer Impuls in Synapsen null oder eins ist, wird diese Funktion als Neuron bezeichnet. Viele Neuronen werden ein Netz bilden, wobei ein Neuron z als Eingabe bekommt und $g(z)$ zwischen null und eins ausgibt. Wir wissen die Gewichte w_k nicht und erzielen sie zu finden, indem die 7 Tage Daten benutzt werden. In der Praxis werden nicht nur 7, sondern hunderte, sogar tausende Input-Daten eingespeist, weshalb diese lineare Gewichtung von Vorteil ist. Dies wird gleich ersichtlich sein. Wir können auch die schematische Darstellung in Abb. 4.5 benutzen, um die Input-Daten (Engl.: *features*) x_i^k und Neuronen mit den Ausgaben y_i für i Daten wie ein Netz mit Knoten zu zeigen. Diese sogenannte Grundform (Engl.: *perceptron*) ist Basis der neuronalen Netze und KI. Die historische Darstellung von unten nach oben ist in den letzten Jahren modernisiert worden; sie wird nun öfter von links nach rechts gezeichnet. In dem dargestellten Netz gibt es eine Lage der Eingabeschicht und somit 5 Gewichte w_k zu bestimmen. Wir fangen mit beliebig gewählten Gewichten an (außer alle gleich null). Diese werden öfter zwischen -1 und 1 ausgewählt, aber diese Wahl ist unwichtig und reine Konvention. Mit zufällig generierten Gewichten berechnen wir für jeden Tag, z. B. für $i = 3$ die Ausgabe und finden den Fehler zwischen dem berechneten $g(z)$ Wert für $i = 3$ und dem dazugehörigen, tatsächlichen y Wert. Dieser Fehler $e = |y - g(z)|$ soll minimiert werden, indem die Gewichte korrigiert werden. Durch Einspeisen der Daten werden die Gewichte verbessert, dies nennt man das „betreute Lernen" (Engl.: *supervised learning*). Dabei erneuern wir die Gewichte:

$$w_k := w_k + \Delta w_k, \tag{4.55}$$

iterativ, bis der Fehler minimiert wird und der Korrekturwert Δw_k verschwindet. Um diesen Wert zu bestimmen, wird eine (numerisch) einfache, heuristische Methode angewandt und nach den Wert von Δw_k gesucht, der den Fehler verkleinert, d. h. minimiert. An dieser Extremalstelle verschwindet die Ableitung, sodass man

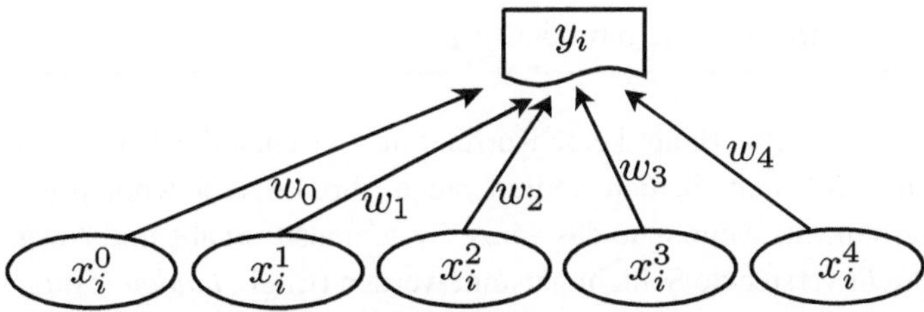

Abb. 4.5 Schematische Darstellung der Grundform eines neuronalen Netzes, x_i^k sind die Eingabeknoten zur Ausgabe y_i, dargestellt wie eine Schicht und verbunden durch die Gewichte w_k für $k = 0, 1, 2, 3, 4$ Input-Daten

$$\text{für } i\colon \Delta w_k = -\varepsilon \frac{\partial e}{\partial w_k}, \tag{4.56}$$

mit einer Lernrate ε berechnet. Da diese Methode heuristisch ist, muss die Lernrate geschätzt werden. Oft wird eine kleine Zahl wie 0,001 gewählt. Insbesondere spielt die Wahl der Sigmoidfunktion eine wichtige Rolle, sodass diese Methode numerisch einfach ist. Die Ableitung des Fehlers für i beträgt:

$$\frac{\partial e}{\partial w_k} = \operatorname{sign}(y - g(z)) \frac{\partial g(z)}{\partial w_k} = \operatorname{sign}(y - g(z)) \frac{\partial g(z)}{\partial z} \frac{\partial z}{\partial w_k}, \tag{4.57}$$

mit

$$\begin{aligned}\frac{\partial g(z)}{\partial z} &= \frac{\exp(-z)}{(1+\exp(-z))^2} = \left(\frac{1+\exp(-z)}{1+\exp(-z)} - \frac{1}{1+\exp(-z)}\right)\frac{1}{1+\exp(-z)}\\ &= (1-g(z))\,g(z),\\ \frac{\partial g(z)}{\partial w_k} &= x^k.\end{aligned} \tag{4.58}$$

Somit werden die Gewichte mit den Daten gelernt:

$$\begin{aligned} w_k &:= w_k + \Delta w_k,\\ \Delta w_k &= -\varepsilon \operatorname{sign}(y - g(z))\,(1-g(z))\,g(z)x^k. \end{aligned} \tag{4.59}$$

Der Algorithmus kann wie folgt zusammengefasst werden:

Algorithmus 6: Lernen im neuronalen Netz, KI

Ziel: Betreutes Lernen mit i Daten

Eingabe: Eingabeschicht x_i^k und Ausgabeschicht y_i

Ausgabe: Gewichte w_k

Beginn
- Zufallsgenerator für w_k
- **solange** $\sum_k |\Delta w_k| > TOL$ **tue**
  - für $i = 1, 2, 3, \ldots$ $\Delta w_k = -\varepsilon \operatorname{sign}\big(y - g(z)\big)\big(1 - g(z)\big)g(z)x^k$
  - $w_k := w_k + \Delta w_k$
- **Ergebnis:** Gewichte sind gefunden: w_k

Diese einzelne Schicht erlaubt keine Korrelation zwischen den Eingabeknoten. Deshalb wird immer eine zusätzliche Schicht addiert, siehe Abb. 4.6. Alle Knoten x_i^k und ξ_i^n werden miteinander verbunden. Wenn man das ganze System als Eingabe und Ausgabe betrachtet, kann diese Schicht versteckte Schicht genannt werden (Engl.: *hidden layer*). Die Rolle dieser versteckten Knoten ist es, die Korrelation zwischen den Eingabeknoten zu ermöglichen. Je nach System kann die Anzahl der versteckten Knoten n beliebig gewählt werden. Für eine starke Korrelation können sogar hunderte versteckte Knoten nötig sein. Theoretisch

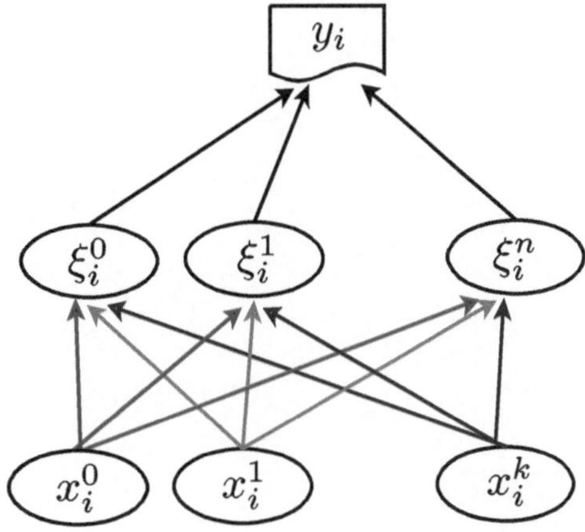

Abb. 4.6 Neuronales Netz mit versteckten Knoten

ist eine einzige, versteckte Schicht vollkommen ausreichend. Allerdings kann durch Einführung mehrerer Schichten mit einer geringen Gesamtzahl der Gewichte eine ähnlich gute Approximation wie mit einer einzigen versteckten Schicht ermöglicht werden. Netze mit mehreren versteckten Schichten heißen tiefe neuronale Netze (Engl.: *deep neural networks*). Die Bestimmung der Gewichte ist identisch. Die rechnerischen Kosten sind gering, weil wir durch die geschickte Wahl des logistischen Neurons mit der Sigmoid Funktion in Gl. (4.52) die Bestimmung Δw_k auf eine Addition und Multiplikation reduziert haben. Die Berechnung der Ableitung haben wir umgangen, was in hunderten Iterationen mit tausenden Daten eine signifikante Rolle spielt. Auch andere Funktionen sind denkbar. Deshalb gibt es viele Varianten der KI durch die Wahl der Funktion für das logistische Neuron, mit verschiedenen Methoden zur Steuerung der Lernrate und zur Bestimmung der Anzahl der versteckten Knoten mit semi-empirischen Ansätzen.

Integration und Differentiation

5

Eine symbolische Integration oder Differentiation bedeutet, dass die Grundregeln von der Maschine bekannt sind und die Funktionen an sich, statt des numerischen Wertes angegeben werden. Ein typisches Beispiel ist:

$$f(x) = \sin(ax), \quad f'(x) = a\cos(ax). \tag{5.1}$$

Wir können die Ableitung auch auswerten:

$$a = \frac{\pi}{2}, \quad x = \frac{1}{2}, \quad f'\Big(x = \frac{1}{2}\Big) = \frac{\pi\sqrt{2}}{4}. \tag{5.2}$$

Eine numerische Integration oder Differentiation erzielt den numerischen Wert der Funktion. Dabei wird aber der Zwischenschritt übergangen, d. h. die Antwort $\pi\sqrt{2}/4$ wird direkt ermittelt.

5.1 Numerische Integration

Für eine Funktion $f(x)$ mit einer Variable können wir die Operation der Integration entlang der x-Achse als Bestimmung der Fläche zwischen Funktion f und x-Achse visualisieren. Somit werden die Mittelpunktregel, die Trapezregel und die SIMPSONsche Regel motiviert. Darüber hinaus werden wir diese Methode abstrahieren und die sogenannten Quadraturverfahren wie NEWTON–COTES und GAUSS Verfahren kennenlernen. Jede Methode erzielt den numerischen Wert eines bestimmten Integrals, d. h. die Auswertung des Integrals in einem gegebenen Intervall $[a, b]$.

B.E. Abali und C. Çakıroğlu, *Numerische Methoden für Ingenieure*,
https://doi.org/10.1007/978-3-662-61325-2_5

Mittels RIEMANNscher Summen kann man das Integral annähernd umschreiben:

$$\int_a^b f(x)\,\mathrm{d}x \approx \sum_{i=1}^{n} \frac{y_{i-1}+y_i}{2}(x_i - x_{i-1}). \tag{5.3}$$

Diese Summendarstellung ist schnell verständlich. Wir teilen das Integral in n-diskrete Bereiche entlang der x-Achse. An der y-Achse wird ein Mittelwert ermittelt, der mit dem Abstand entlang der x-Achse multipliziert wird und mit dem wir die Fläche ermitteln können. Diese Fläche unterhalb der Kurve $f(x)$ ist das Integral. Wenn n gegen unendlich geht, wird diese Annäherung dem tatsächlichen Wert des Integrals exakt gleich. Es ist in der Tat möglich, die obere Gleichung zu nutzen und daraus einige Methoden abzuleiten.

5.1.1 Mittelpunkt- und Trapezregel

Die Teilung des Intervalls machen wir mit einem äquidistanten Schritt h wie folgt:

$$x_j = a + (j+1)h,\ h = \frac{b-a}{n+2}, \tag{5.4}$$

und somit ermitteln wir:

$$\int_a^b f(x)\,\mathrm{d}x \approx \sum_{i=1}^{n} \frac{y_{i-1}+y_i}{2}h. \tag{5.5}$$

Der Vorteil von dieser Methode ist die gleichbleibende Schrittweite h im Intervall. Dadurch kann n gewählt und h bestimmt werden. Diese Regel wird Trapezregel benannt. Eine ähnliche Überlegung erkennen wir per Umschreibung und mit folgender Annäherung:

$$\sum_{i=1}^{n} \frac{y_{i-1}+y_i}{2}h = \sum_{i=1}^{n} \frac{f(x_{i-1})+f(x_i)}{2}h \approx \sum_{i=1}^{n} f\Big(\frac{x_{i-1}+x_i}{2}\Big)h. \tag{5.6}$$

In dieser letzten Annäherung wird der Mittelwert der Funktion benutzt, weshalb die Methode Mittelpunktregel genannt wird.

Eine weitere Interpretation der Trapezregel ist die Abstraktion, die im Folgenden auf das NEWTON–COTES Verfahren führen wird. In jedem Bereich zwischen $[x_{i-1}, x_i]$ wird der Mittelpunkt berechnet und mit $h = x_i - x_{i-1}$ multipliziert. Wir können nun zwischen den Stützpunkten eine lineare Funktion interpolieren und diese lineare Funktion integrieren. Selbstverständlich ist das Integral der linearen Funktion identisch mit einer, in die Mitte des Bereiches gelegten, konstanten Funktion. Somit sehen wir, dass diese Regel eine lineare Interpolation zwischen den Punkten benutzt, um den numerischen Wert des Integrals zu berechnen. Wenn wir diese Abstraktion benutzen, ist auch eine quadratische oder kubische Funktion in dem Bereich möglich.

5.1.2 Newton–Cotes Quadratur

Mit der analogen Idee zur bereichsweisen Bestimmung der Integration entstand die Verallgemeinerung, die das NEWTON–COTES Quadraturverfahren genannt wird. In einem Bereich von x_i bis x_j mit $j > i$ wird der Wert aus dem Integral gesucht:

$$\int_{x_i}^{x_j} f(x)\,\mathrm{d}x. \tag{5.7}$$

Wenn wir $i = 5$ und $j = 8$ definieren, bedeutet dies, dass das Integral im Bereich $[x_5, x_8]$ mit den Stützpunkten x_5, x_6, x_7, x_8 und den zugehörigen Werten $f(x_5), f(x_6), f(x_7), f(x_8)$ interpoliert werden kann. Zur Interpolation benutzen wir die LAGRANGEsche Interpolation:

$$L_i(x) = \prod_{i \neq j} \frac{x - x_j}{x_i - x_j}, \tag{5.8}$$

sodass die Interpolation im Intervall $[x_i, x_j]$:

$$f(x) = \sum_{k=i}^{k=j} f(x_k) L_k(x), \tag{5.9}$$

zu dem folgenden Integral führt:

$$\int_{x_i}^{x_j} f(x)\,\mathrm{d}x = \sum_{k=i}^{j} f(x_k) \int_{x_i}^{x_j} L_k(x)\,\mathrm{d}x = (x_j - x_i) \sum_{k=i}^{j} f(x_k) w_k. \tag{5.10}$$

Die sogenannten Gewichte w_k der Quadraturformel:

$$w_k = \frac{1}{x_j - x_i} \int_{x_i}^{x_j} L_k(x)\,\mathrm{d}x \tag{5.11}$$

sind aus den LAGRANGE Polynomen $L_k(x)$ zu berechnen. Wenn wir nun das gesamte Intervall $[a, b]$ mit einer äquidistanten Stütztstellenverteilung: $x_0 = a, x_1 = a + h, x_2 = a + 2h, \ldots$ unterteilen, können wir das Verfahren für verschiedene LAGRANGE Polynome anwenden. Die einfachste Wahl ist für i und $j = i + 1$ zu wählen, sodass jeder Bereich nur 2 Stützstellen beinhaltet. Somit werden die 2 notwendigen LAGRANGE Polynome L_0 und L_1 lineare Funktionen. Die 2 dazugehörigen Gewichte werden:

$$\begin{aligned} w_{i+0} &= \frac{1}{x_j - x_i} \int_{x_i}^{x_j} L_0(x)\,\mathrm{d}x = \frac{1}{h} \int_{x_i}^{x_j} \frac{x - x_j}{x_i - x_j}\,\mathrm{d}x = -\int_{x_i}^{x_j} \frac{x - x_j}{h^2}\,\mathrm{d}x \\ &= -\frac{\left(x_j^2 - x_i^2\right) - 2\left(x_j^2 - x_i x_j\right)}{2h^2} = \frac{(x_i - x_j)^2}{2h^2} = \frac{1}{2}, \end{aligned}$$

$$
\begin{aligned}
w_{i+1} &= \frac{1}{x_j - x_i} \int_{x_i}^{x_j} L_1(x)\,\mathrm{d}x = \frac{1}{h} \int_{x_i}^{x_j} \frac{x - x_i}{x_j - x_i}\,\mathrm{d}x = \int_{x_i}^{x_j} \frac{x - x_i}{h^2}\,\mathrm{d}x \\
&= \frac{\left(x_j^2 - x_i^2\right) - 2\left(x_i x_j - x_i^2\right)}{2h^2} = \frac{\left(x_i - x_j\right)^2}{2h^2} = \frac{1}{2},
\end{aligned} \tag{5.12}
$$

und wir ermitteln in jedem Bereich:

$$
\int_{x_i}^{x_j} f(x)\,\mathrm{d}x = (x_j - x_i) \sum_{k=i}^{j} f(x_k) w_k = h\Big(\frac{1}{2} f(x_i) + \frac{1}{2} f(x_j)\Big). \tag{5.13}
$$

Die letzte Gleichung entspricht der Trapezregel.

Nun können wir quadratische Polynome in jedem Bereich erzielen. Anders ausgedrückt werden i und $j = i + 2$ zu 3 LAGRANGE Polynomen des 2. Grades führen. Für die einfachere Notation führen wir x_0, x_1, x_2 statt $x_{i+0}, x_{i+1}, x_{i+2}$ ein und benutzen wieder eine äquidistante Verteilung mit: x_0, $x_1 = x_0 + h$, $x_2 = x_0 + 2h$. Nach den Gewichten werden gesucht:

$$
\begin{aligned}
w_0 &= \frac{1}{x_2 - x_0} \int_{x_0}^{x_2} L_0(x)\,\mathrm{d}x = \frac{1}{2h} \int_{x_0}^{x_2} \frac{(x - x_1)(x - x_2)}{(x_0 - x_1)(x_0 - x_2)}\,\mathrm{d}x, \\
w_1 &= \frac{1}{x_2 - x_0} \int_{x_0}^{x_2} L_1(x)\,\mathrm{d}x = \frac{1}{2h} \int_{x_0}^{x_2} \frac{(x - x_0)(x - x_2)}{(x_1 - x_0)(x_1 - x_2)}\,\mathrm{d}x, \\
w_2 &= \frac{1}{x_2 - x_0} \int_{x_0}^{x_2} L_2(x)\,\mathrm{d}x = \frac{1}{2h} \int_{x_0}^{x_2} \frac{(x - x_0)(x - x_1)}{(x_2 - x_0)(x_2 - x_1)}\,\mathrm{d}x.
\end{aligned} \tag{5.14}
$$

Zur Berechnung der Gewichte führen wir eine Substitution ein:

$$
x = x_0 + 2h\xi, \tag{5.15}
$$

wobei $\xi \in [0, 1]$ ist. Das Differentialelement:

$$
\mathrm{d}x = 2h\,\mathrm{d}\xi, \tag{5.16}
$$

erlaubt die Umschreibung der Integrale zur Berechnung der Gewichte:

$$
\begin{aligned}
w_0 &= \int_0^1 \frac{(x_0 + 2h\xi - x_1)(x_0 + 2h\xi - x_2)}{(x_0 - x_1)(x_0 - x_2)}\,\mathrm{d}\xi = \int_0^1 \frac{(2h\xi - h)(2h\xi - 2h)}{(-h)(-2h)}\,\mathrm{d}\xi \\
&= \frac{1}{2} \int_0^1 \left(4\xi^2 - 6\xi + 2\right)\,\mathrm{d}\xi = \frac{1}{2}\Big(\frac{4}{3} - \frac{6}{2} + 2\Big) = \frac{1}{6}, \\
w_1 &= \int_0^1 \frac{2h\xi(2h\xi - 2h)}{h(-h)}\,\mathrm{d}\xi = \int_0^1 \left(-4\xi^2 + 4\xi\right)\,\mathrm{d}\xi = -\frac{4}{3} + \frac{4}{2} = \frac{2}{3}, \\
w_2 &= \int_0^1 \frac{2h\xi(2h\xi - h)}{2h^2}\,\mathrm{d}\xi = \int_0^1 (2\xi^2 - \xi)\,\mathrm{d}\xi = \frac{2}{3} - \frac{1}{2} = \frac{1}{6}.
\end{aligned} \tag{5.17}
$$

Dadurch erreichen wir die sogenannte KEPPLERsche oder SIMPSONsche Regel:

$$\int_{x_0}^{x_2} f(x)\,\mathrm{d}x = 2h\sum_{k=0}^{2} f(x_k)w_k = 2h\Big(\frac{1}{6}f(x_0) + \frac{2}{3}f(x_1) + \frac{1}{6}f(x_2)\Big),$$
$$\int_{x_i}^{x_{i+2}} f(x)\,\mathrm{d}x = \frac{h}{3}\Big(f(x_i) + 4f(x_{i+1}) + f(x_{i+2})\Big). \tag{5.18}$$

Selbstverständlich kann nun auch der Polynomgrad $n = 3$ berechnet werden. Die analogen Berechnungen liefern die Integration mit den 4 Stützstellen:

$$\int_{x_i}^{x_{i+3}} f(x)\,\mathrm{d}x = \frac{3h}{8}\Big(f(x_i) + 3f(x_{i+1}) + 3f(x_{i+2}) + f(x_{i+3})\Big). \tag{5.19}$$

Die letzte Formel wird oft NEWTONsche 3/8-Regel genannt.

Dabei ist ersichtlich, dass wir $n+1$ Stützstellen benötigen, um das Polynom des Grades n zu interpolieren. Wenn die zu integrierende Funktion $f(x)$ in einem Bereich eine Polynomfunktion von Grad n ist, kann man mit der NEWTON–COTES Formel durch $n+1$ Stützstellen exakt integrieren.

5.1.3 Gaußsche Quadratur

In der Polynominterpolation haben wir gesehen, dass die Oszillationen bei erhöhter Anzahl der Stützpunkte anfangen. Wenn wir nun die NEWTON–COTES Formel anwenden und die Genauigkeit verbessern, indem die Anzahl der Stützpunkte in jedem Bereich erhöht wird, erzeugen wir das Problem der Oszillation. Dies wird verhindert, wenn die Stützpunkte nicht äquidistant definiert sind. In der Tat wurde diese wichtige Erkenntnis Anfang des 19. Jahrhunderts von Johann Carl Friedrich Gauß gemacht, von Carl Gustav Jacobi bearbeitet und ist heutzutage die Standardmethode für die numerische Integration. Wir können nun das Ziel definieren:

$$\int_a^b f(x)\,\mathrm{d}x = \sum_{i=1}^{n} c_i f(x_i), \tag{5.20}$$

wobei diesmal weder die Stützpunkte noch die Koeffizienten definiert sind. Wir suchen nach c_i und x_i. Wir benutzen wieder eine Substitution:

$$x(\xi) = \frac{b-a}{2}\xi + \frac{b+a}{2}, \tag{5.21}$$

sodass das Intervall $\xi \in [-1, +1]$ umgeschrieben wird. Das Differentialelement wird:

$$\frac{\mathrm{d}x}{\mathrm{d}\xi} = \frac{b-a}{2} \Rightarrow \mathrm{d}x = \frac{b-a}{2}\,\mathrm{d}\xi. \tag{5.22}$$

Wir suchen nun:

$$\int_{-1}^{+1} f(\xi)\,\mathrm{d}\xi = \sum_{i=1}^{n} c_i f(\xi_i). \tag{5.23}$$

Wir fangen mit einer linearen Funktion:

$$f(\xi) = a_0 + a_1\xi \tag{5.24}$$

an, und stellen die Frage, wie groß n sein darf, dass wir die Integration exakt durchführen können. Die Antwort ist $n = 1$, und wir ermitteln aus dem Koeffizientenvergleich:

$$\begin{aligned}
\int_{-1}^{+1} f(\xi)\,\mathrm{d}\xi &= c_1 f(\xi_1),\\
a_0\int_{-1}^{+1} \mathrm{d}\xi + a_1\int_{-1}^{+1} \xi\,\mathrm{d}\xi &= c_1(a_0 + a_1\xi_1),\\
c_1 = \int_{-1}^{+1} \mathrm{d}\xi = 2,\quad \xi_1 &= \int_{-1}^{+1} \xi\,\mathrm{d}\xi = 0\,.
\end{aligned} \tag{5.25}$$

Dies bedeutet nichts anderes, als dass die lineare Funktion in der Mitte ausgewertet und mit dem Gewicht $c_1 = 2$ multipliziert wird.

Nun können wir eine quadratische Funktion wählen:

$$f(\xi) = a_0 + a_1\xi + a_2\xi^2, \tag{5.26}$$

und diesmal mit $n = 2$ einsetzen:

$$\begin{aligned}
\int_{-1}^{+1} f(\xi)\,\mathrm{d}\xi &= c_1 f(\xi_1) + c_2 f(\xi_2),\\
a_0\int_{-1}^{+1} \mathrm{d}\xi + a_1\int_{-1}^{+1} \xi\,\mathrm{d}\xi + a_2\int_{-1}^{+1} \xi^2\,\mathrm{d}\xi &= c_1\left(a_0 + a_1\xi_1 + a_2\xi_1^2\right) + c_2\left(a_0 + a_1\xi_2 + a_2\xi_2^2\right).
\end{aligned} \tag{5.27}$$

Aus dem Koeffizientenvergleich bekommen wir:

$$\begin{aligned}
c_1 + c_2 &= \int_{-1}^{+1} \mathrm{d}\xi = 2,\\
c_1\xi_1 + c_2\xi_2 &= \int_{-1}^{+1} \xi\,\mathrm{d}\xi = 0,\\
c_1\xi_1^2 + c_2\xi_2^2 &= \int_{-1}^{+1} \xi^2\,\mathrm{d}\xi = \frac{2}{3}.
\end{aligned} \tag{5.28}$$

Leider können wir nicht mit den ermittelten 3 Gleichungen die 4 Unbekannten c_1, c_2, ξ_1, ξ_2 eindeutig lösen. In der Tat ist eine weitere Gleichung nötig. Dies schaffen wir, indem eine kubische Gleichung eingesetzt wird:

$$f(\xi) = a_0 + a_1\xi + a_2\xi^2 + a_3\xi^3, \tag{5.29}$$

und wieder mit $n = 2$ ausgeschrieben wird:

$$\begin{aligned}
&\int_{-1}^{+1} f(\xi)\,\mathrm{d}\xi = c_1 f(\xi_1) + c_2 f(\xi_2),\\
&a_0 \int_{-1}^{+1} \mathrm{d}\xi + a_1 \int_{-1}^{+1} \xi\,\mathrm{d}\xi + a_2 \int_{-1}^{+1} \xi^2\,\mathrm{d}\xi + a_3 \int_{-1}^{+1} \xi^3\,\mathrm{d}\xi\\
&= c_1\left(a_0 + a_1\xi_1 + a_2\xi_1^2 + a_3\xi_1^3\right) + c_2\left(a_0 + a_1\xi_2 + a_2\xi_2^2 + a_3\xi_2^3\right).
\end{aligned} \tag{5.30}$$

Somit stehen 4 Gleichungen für 4 Unbekannte zur Verfügung:

$$\begin{aligned}
c_1 + c_2 &= \int_{-1}^{+1} \mathrm{d}\xi = 2, \quad c_1\xi_1 + c_2\xi_2 = \int_{-1}^{+1} \xi\,\mathrm{d}\xi = 0,\\
c_1\xi_1^2 + c_2\xi_2^2 &= \int_{-1}^{+1} \xi^2\,\mathrm{d}\xi = \frac{2}{3}, \quad c_1\xi_1^3 + c_2\xi_2^3 = \int_{-1}^{+1} \xi^3\,\mathrm{d}\xi = 0.
\end{aligned} \tag{5.31}$$

Das Gleichungssystem ist nichtlinear, aber es existiert eine eindeutige Lösung:

$$c_1 = 1, \quad c_2 = 1, \quad \xi_1 = -\frac{1}{\sqrt{3}}, \quad \xi_2 = +\frac{1}{\sqrt{3}}. \tag{5.32}$$

Dies bedeutet, dass wir mit $n = 2$ eine Polynomfunktion des Grades 3 exakt integrieren. Im Allgemeinen ist mit n Gaußpunkten ξ_i und mit n Gewichten c_i eine exakte (bis auf Rundungsfehler) Integration von einer Polynomfunktion des Grades $2n - 1$ zu ermitteln.

Eine alternative Methode zur Bestimmung der Gewichte (Koeffizienten) und Knoten (Stützpunkten) ist mit den sogenannten LEGENDRE Polynomen möglich. Diese sind orthogonale Polynome mit folgenden Eigenschaften:

- $P_n(\xi)$ ist ein Polynom des Grades n,
- Für $i \neq j$ gilt $\int_{-1}^{+1} P_i(\xi)P_j(\xi)\,\mathrm{d}\xi = 0$.

Diese Polynome sind 1782 von Adrien-Marie Legendre für die Lösung der sogenannten LAPLACE Gleichung entwickelt worden. Die LAPLACEsche Differentialgleichung ist für die Modellierung der Gravitation unter Eigenmasse von Isaac Newton ermittelt worden. Anders ausgedrückt sind die LEGENDRE Polynome die Lösung einer Differentialgleichung. Deswegen sind alle Polynome unabhängig voneinander. Es gibt verschiedene analytische Methoden, die diese Polynome exakt darstellen. Wir geben die LEGENDRE Polynome bis $n = 5$ wie folgt:

$$\begin{aligned}
P_0 &= 1,\\
P_1 &= \xi,
\end{aligned}$$

$$\begin{aligned}
P_2 &= \frac{1}{2}\left(3\xi^2 - 1\right), \\
P_3 &= \frac{1}{2}\left(5\xi^3 - 3\xi\right), \\
P_4 &= \frac{1}{8}\left(35\xi^4 - 30\xi^2 + 3\right), \\
P_5 &= \frac{1}{8}\left(63\xi^5 - 70\xi^3 + 15\xi\right).
\end{aligned} \tag{5.33}$$

Eine wichtige Eigenschaft, die wir nun zur Bestimmung der Knoten benutzen werden, besteht darin, dass die Wurzeln (Nullpunkte) der LEGENDRE Polynome zwischen $[-1, +1]$ liegen. Mit einem expliziten Beispiel konkretisieren wir dies. Für den Fall $n = 2$ suchen wir die Knoten für das GAUSS Verfahren. Diese sind die Nullstellen des Polynoms P_2, und wir ermitteln:

$$P_2 = 0 \Rightarrow \xi_{1,2} = \pm\sqrt{\frac{1}{3}}. \tag{5.34}$$

Nach der Bestimmung der Knoten werden die Gewichte durch die Integration der LAGRANGE Polynome bestimmt:

$$L_i(\xi) = \prod_{\substack{j=1 \\ i \neq j}} \frac{\xi - \xi_j}{\xi_i - \xi_j}, \quad c_i = \int_{-1}^{+1} L_i(\xi)\, \mathrm{d}\xi. \tag{5.35}$$

Diese werden nun angewandt, um für den Fall $n = 2$ die Koeffizienten c_1 und c_2 zu finden:

$$\begin{aligned}
c_1 &= \int_{-1}^{+1} \frac{\xi - \xi_2}{\xi_1 - \xi_2}\, \mathrm{d}\xi = \int_{-1}^{+1} \frac{\xi + \frac{1}{\sqrt{3}}}{\frac{1}{\sqrt{3}} + \frac{1}{\sqrt{3}}}\, \mathrm{d}\xi = \frac{\sqrt{3}}{2}\left(\frac{\xi^2}{2} + \frac{\xi}{\sqrt{3}}\right)\Bigg|_{-1}^{+1} = 1, \\
c_2 &= \int_{-1}^{+1} \frac{\xi - \xi_1}{\xi_2 - \xi_1}\, \mathrm{d}\xi = \int_{-1}^{+1} \frac{\xi - \frac{1}{\sqrt{3}}}{-\frac{1}{\sqrt{3}} - \frac{1}{\sqrt{3}}}\, \mathrm{d}\xi = -\frac{\sqrt{3}}{2}\left(\frac{\xi^2}{2} - \frac{\xi}{\sqrt{3}}\right)\Bigg|_{-1}^{+1} = 1.
\end{aligned} \tag{5.36}$$

Wir haben nun die Verallgemeinerung zur Bestimmung der Gewichte und Knoten für das GAUSS Verfahren mithilfe der LEGENDRE Polynome erreicht. Deshalb wird die Methode auch GAUSS–LEGENDREsche Quadratur genannt. Die Knoten und Gewichte für endlich viele GAUSSpunkte n. werden in Tab. 5.1 zusammengefasst.

Statt der LEGENDRE Polynome ist es möglich, andere Polynome zu implementieren. In der Tat ist hier die wichtige Eigenschaft die Orthogonalität der angewandten Polynome:

$$\int_{-1}^{+1} P_i(\xi) P_j(\xi) w(\xi)\, \mathrm{d}\xi = \delta_{ij}, \tag{5.37}$$

wobei die sogenannte KRONECKER Delta:

$$\delta_{ij} = \begin{cases} 1 & \text{falls } i = j \\ 0 & \text{sonst} \end{cases} \tag{5.38}$$

Tab. 5.1 Knoten oder Gaußpunkte ξ_i^n und Gewichte c_i^n für die GAUSS–LEGENDRE Quadratur mit der GAUSS Zahl n für die exakte Integration eines Polynoms bis zum Grad $2n - 1$

$n = 1$	ξ_i^1	c_i^1
$i = 1$	0	2
$n = 2$	ξ_i^2	c_i^2
$i = 1$	$-\sqrt{1/3} \approx -0{,}577350$	1
$i = 2$	$\sqrt{1/3} \approx 0{,}577350$	1
$n = 3$	ξ_i^3	c_i^3
$i = 1$	$-\sqrt{3/5} \approx -0{,}774597$	$5/9 \approx 0{,}555556$
$i = 2$	0	$8/9 \approx 0{,}888889$
$i = 3$	$\sqrt{3/5} \approx -0{,}774597$	$5/9 \approx 0{,}555556$
$n = 4$	ξ_i^4	c_i^4
$i = 1$	$-\sqrt{3/7 + 2/7\sqrt{6/5}} \approx$ $-0{,}861136$	$(18 - \sqrt{30})/36 \approx 0{,}347855$
$i = 2$	$-\sqrt{3/7 - 2/7\sqrt{6/5}} \approx$ $-0{,}339981$	$(18 + \sqrt{30})/36 \approx 0{,}652145$
$i = 3$	$\sqrt{3/7 - 2/7\sqrt{6/5}} \approx 0{,}339981$	$(18 + \sqrt{30})/36 \approx 0{,}652145$
$i = 4$	$\sqrt{3/7 + 2/7\sqrt{6/5}} \approx 0{,}861136$	$(18 - \sqrt{30})/36 \approx 0{,}347855$

bedeutet. Die neu eingeführte Funktion $w(x)$ ist für die Normierung der Ergebnisse verantwortlich. Falls $w(x) = 1$ ist, heißen die Polynome P_i orthonormal, da die integrierte Multiplikation eins oder null ergibt. Aus dieser Erkenntnis stammt sogar die Definition einer Norm auf w für eine Funktion $K(x)$ wie folgt:

$$\|K\|_w^2 = (K, K)_w = \int_a^b K(x)K(x)w(x)\,\mathrm{d}x. \tag{5.39}$$

Hier können P_i als Basis von einem mathematisch abstrakten Raum und w für die Normierung der Basen verstanden werden. Die Visualisierung für $n = 2$ ist auf einem xy-Diagramm möglich. Die Basen manipulieren den Wert, falls sie nicht normiert sind. Die Koeffizienten werden in den Baseneinheiten gewichtet, und die Normierung w korrigiert den Wert. Wir benutzen dies im Alltag. Ein kariertes Heft kann man für ein Diagramm benutzen. Dabei ist die Länge von einem Quadrat auf der karierten Seite vielleicht nicht genau 1 mm sondern 1,1 mm. Wenn wir die Anzahl der Quadrate zählen, sollen wir dann die berechnete Länge korrigieren, indem wir die Länge der Basen auf eins normieren. Nun können wir die GAUSSsche Quadratur verallgemeinern:

$$\int_{-1}^{+1} f(\xi)\,\mathrm{d}\xi = \int_{-1}^{+1} \hat{f}(\xi)w(\xi)\,\mathrm{d}\xi = \sum_{i=1}^{n} c_i \hat{f}(\xi_i), \tag{5.40}$$

wobei die Normierung w, die Gewichte c_i und die Knoten ξ_i von den orthogonalen Basen abhängen.

Die LEGENDRE Polynome sind doch *orthonormal,* d. h. sie sind orthogonal und normiert auf eins, sodass eine Normierung nicht notwendig ist, deswegen wird $w = 1$ benutzt. Eine bekannte Alternative zur GAUSS–LEGENDRE Methode ist die sogenannte GAUSS–TSCHEBYSCHEW Methode, indem die TSCHEBYSCHEW Polynome benutzt werden. Sie wurden wieder als Lösung einer Differentialgleichung ermittelt, da die Lösungen orthogonal sind. Die Quadratur ist durch folgende Funktionen gegeben:

$$w = \frac{1}{\sqrt{1-\xi^2}}, \quad c_i = \frac{\pi}{n}, \quad \xi_i = \cos\left(\frac{2i-1}{2n}\pi\right). \tag{5.41}$$

Die GAUSS–TSCHEBYSCHEW Methode ist zwar simpler, weil die Koeffizienten c_i konstant bleiben; sie hat aber nicht die Genauigkeit der GAUSS–LEGENDRE Methode. Deswegen wird sie seltener benutzt. Es gibt zahlreiche weitere GAUSS Quadraturverfahren, die alle auf der Orthogonalität der Polynome basieren. Wenn die Knoten und Gewichte berechnet und in einer Tabelle zusammengefasst sind, ist die numerische Integration relativ einfach zu implementieren. Wir beschreiben dies für die GAUSS–LEGENDRE Quadratur in Form eines Algorithmus:

Algorithmus 7: Die GAUSSsche Quadratur

Ziel: Finde den Integralwert: $\int_a^b f(x)\,\mathrm{d}x = \sum_{i=1}^{n} c_i f(x_i)$

Eingabe: Funktion $f(x)$, Intervall $[a, b]$, GAUSSpunkte n

Ausgabe: Der numerische Wert des Integrals

Beginn
- **wenn** $a > b$ **dann**
  - **Ergebnis:** Intervallgrenzen überprüfen oder umtauschen (und mit -1 multiplizieren).
- **sonst**
  - Transformiere $f(x)$ auf $f(\xi)$ mit
  - $x(\xi) = \frac{b-a}{2}\xi + \frac{b+a}{2}$, sodass
  - $f(\xi)$ ermittelt wird.
  - $i = 1$
  - $I = 0$
  - **solange** $i \le n$ **tue**
    - $I := I + c_i^n f(\xi_i^n)$
    - $i := i + 1$
  - **Ergebnis:** Integralwert I

5.1.4 Quadratur im mehrdimensionalen Raum

Die numerische Integration von $f(x)$ ist in einem eindimensionalen Raum x wie folgt gegeben:

$$\int_{x_a}^{x_b} f(x)\,\mathrm{d}x. \tag{5.42}$$

In einem zweidimensionalen Raum $f(x, y)$ ist die Integration auf analoge Weise gegeben:

$$\int_{x_a}^{x_b} \int_{y_a}^{y_b} f(x, y)\,\mathrm{d}x\,\mathrm{d}y. \tag{5.43}$$

Wir benutzen nun die Transformation:

$$x = x(\xi, \eta), \quad y = y(\xi, \eta), \tag{5.44}$$

von dem Raum (x, y) auf den GAUSSschen Raum (ξ, η) mit $\xi \in [-1, +1]$ und $\eta \in [-1, +1]$ als Integrationsgrenzen. Wir können diesen Raum wie ein Quadrat visualisieren, wobei die 4 Eckpunkte $(-1, -1)$, $(+1, -1)$, $(+1, +1)$, $(-1, +1)$ sind. In dem tatsächlichen Raum xy ist dies ein Trapez mit den Eckpunkten $e^1 = (x_a, y_a)$, $e^2 = (x_b, y_a)$, $e^3 = (x_b, y_b)$, $e^4 = (x_a, y_b)$. Wir benutzen folgende Darstellung:

$$x(\xi, \eta) = \sum_i e_x^i F_i(\xi, \eta), \quad y(\xi, \eta) = \sum_i e_y^i F_i(\xi, \eta), \tag{5.45}$$

mit folgenden Formfunktionen:

$$\begin{aligned} F_1 &= \frac{1}{4}(1-\xi)(1-\eta), \quad F_2 = \frac{1}{4}(1+\xi)(1-\eta), \\ F_3 &= \frac{1}{4}(1+\xi)(1+\eta), \quad F_4 = \frac{1}{4}(1-\xi)(1+\eta), \end{aligned} \tag{5.46}$$

die jeweils eins an den zugehörigen Eckpunkten sind. An allen anderen Eckpunkten sind sie null. Die Transformation von (x, y) auf (ξ, η) wird JACOBIsche Matrix genannt:

$$\frac{\partial(x, y)}{\partial(\xi, \eta)} = \boldsymbol{J} = \begin{pmatrix} \dfrac{\partial x}{\partial \xi} & \dfrac{\partial x}{\partial \eta} \\ \dfrac{\partial y}{\partial \xi} & \dfrac{\partial y}{\partial \eta} \end{pmatrix} \tag{5.47}$$

Das Integral wird nun wie folgt ermittelt:

$$\int_{x_a}^{x_b} \int_{y_a}^{y_b} f\,\mathrm{d}x\,\mathrm{d}y = \int_{-1}^{+1} \int_{-1}^{+1} f \det(\boldsymbol{J})\,\mathrm{d}\xi\,\mathrm{d}\eta, \tag{5.48}$$

wobei die Determinante der JACOBIschen Matrix ist:

$$\det(\boldsymbol{J}) = \begin{vmatrix} \frac{\partial x}{\partial \xi} & \frac{\partial x}{\partial \eta} \\ \frac{\partial y}{\partial \xi} & \frac{\partial y}{\partial \eta} \end{vmatrix} = \frac{\partial x}{\partial \xi}\frac{\partial y}{\partial \eta} - \frac{\partial x}{\partial \eta}\frac{\partial y}{\partial \xi}. \tag{5.49}$$

Die Funktion kann unmittelbar umgeschrieben werden:

$$f\Big(x(\xi, \eta), y(\xi, \eta)\Big) \tag{5.50}$$

da die Transformation nun bekannt ist. Für die GAUSS–LEGENDRE Quadratur benutzen wir wieder die Tab. 5.1 und bekommen für den Fall $n = 2$ die Knoten und Gewichte:

$$\begin{aligned} \xi_1 = \eta_1 = -\frac{1}{\sqrt{3}}, \quad \xi_2 = \eta_2 = \frac{1}{\sqrt{3}}, \\ c_\xi^1 = c_\xi^2 = c_\eta^1 = c_\eta^2 = 1. \end{aligned} \tag{5.51}$$

Dazu wird die Quadratur im zweidimensionalen Raum mit:

$$\int_{-1}^{+1}\int_{-1}^{+1} f(\xi, \eta)\,\mathrm{d}\xi\,\mathrm{d}\eta = \sum_i \sum_j c_\xi^i c_\eta^j f(\xi_i, \eta_j), \tag{5.52}$$

bestimmt. Für den Fall $n = 2$ ermitteln wir:

$$\begin{aligned} \sum_i \sum_j c_\xi^i c_\eta^j f(\xi_i, \eta_j) = f\left(-\frac{1}{\sqrt{3}}, -\frac{1}{\sqrt{3}}\right) + f\left(-\frac{1}{\sqrt{3}}, \frac{1}{\sqrt{3}}\right) + \\ + f\left(\frac{1}{\sqrt{3}}, -\frac{1}{\sqrt{3}}\right) + f\left(\frac{1}{\sqrt{3}}, \frac{1}{\sqrt{3}}\right). \end{aligned} \tag{5.53}$$

In analoger Weise ist die Verallgemeinerung in höhere Dimensionen ziemlich einfach. Deswegen wird die GAUSS–LEGENDRE Quadratur in vielen Methoden für die numerische Integration benutzt. Das berühmteste Beispiel ist die Finite-Elemente-Methode (FEM), indem die Integration mittels dieses Verfahrens implementiert wird.

5.2 Numerische Differentiation

Wenn eine Polynomfunktion wie $f = 5x^2$ gegeben wird, ist die Ableitung davon durch Anwendung der Differentiationsregel sofort als $f' = 10x$ zu finden. Diese geschlossene Form der Ableitung ist exakt, wir nennen sie analytische Lösung. Es gibt Implementierungen dieser Regel im Rechner, sodass der Rechner geschlossen ableiten kann. Dieses Verfahren wird symbolische Ableitung genannt. Der numerische Wert einer Ableitung bedeutet die

Auswertung der Funktion f' an einer gewissen Stelle. In dem gleichen Beispiel $f'(x = 3) = 30$ ist gemeint, dass die Auswertung nach der Differentiation passiert ist. Nun möchten wir eine numerische Methode finden, die den numerischen Wert 30 approximiert, ohne die Differentiationsregel anzuwenden.

Die mathematische Definition der Ableitung:

$$f'(x = \hat{x}) = \lim_{h \to 0} \frac{f(\hat{x} + h) - f(\hat{x})}{h}, \tag{5.54}$$

gibt die exakte Darstellung der Ableitung an der Position $\hat{x}$. Somit ist eine intuitive Approximation mit einem finiten Abstand h wie folgt:

$$f'(x = \hat{x}) = \frac{f(\hat{x} + h) - f(\hat{x})}{h}. \tag{5.55}$$

Der Vorteil dieser sogenannten Finite-Differenzen-Methode (FDM) besteht darin, dass nur die Funktionswerte $f(x)$ benutzt werden. Die Funktion f muss bekannt sein. Wenn nicht, können wir sie durch Interpolationsmethoden in Kap. 4 aus den gegebenen Werten bilden. Der Nachteil dieser Methode ist die Instabilität. Selbstverständlich soll h klein gewählt werden, sodass die Genauigkeit der Ableitung erhöht wird. Deshalb ist $h < 1$ nicht überraschend. Allerdings steht h im Nenner, d. h. der Rundungsfehler vergrößert sich, insbesondere wenn $h \ll 1$ wird. Mit anderen Worten: die Konditionierung ist groß, sodass die Methode instabil ist. Oft wird sie explizite Differentiation genannt.

Eine stabile Methode zur numerischen Differentiation ist dennoch möglich. Eine numerische Differentiation führt einen Fehler ein. Der Fehler kann dazu führen, dass der tatsächliche Wert größer oder kleiner approximiert wird. Das Ziel ist es eine Methode zu benutzen, bei welcher der exakte Wert geringer approximiert wird. Anders ausgedrückt soll die numerische Differentiation den Wert nicht überschätzen, da sonst der Wert durch mehrmalige Anwendung ständig vergrößert wird. Wir suchen nach einer stabilen Methode mit der Berechnung von $f'(x = \hat{x})$. Dabei starten wir mit einer TAYLOR Entwicklung von $f(\hat{x} - h)$ um den Wert $\hat{x}$ wie folgt:

$$f(\hat{x} - h) = f(\hat{x}) - f'(\hat{x})h + \mathcal{O}(h^2), \tag{5.56}$$

sodass die Ableitung in $\hat{x}$ ausgewertet wird. Nach Vernachlässigung der quadratischen Schrittweite h^2 mit der Restriktion, dass h klein sein soll, und nach der Umstellung bekommen wir:

$$f'(\hat{x}) = \frac{f(\hat{x}) - f(\hat{x} - h)}{h}. \tag{5.57}$$

Diese Methode wird implizite Differentiation genannt und ist immer stabil (für reelle Werte). Sie wird sehr oft benutzt. Die Wahl der Methode ist direkt von dem Fehler abhängig. Deshalb werden wir auch die Fehlerabschätzung einbeziehen.

Eine Differentiation durch die Angabe der Stützpunkte x_i und der Werte in diesen Stützpunkten $f(x_i)$ ist mit einer Interpolation P und deren Ableitung P' möglich. Eine Interpolation ist mit den LAGRANGEschen Polynomen in Abschn. 4.1.1 eingeführt worden. Wir schreiben nun die Polynominterpolation:

$$P_n(x) = \sum_{i=0}^{n} L_i(x) y_i, \quad L_i(x) = \prod_{\substack{j=0 \\ i \neq j}}^{n} \frac{x - x_j}{x_i - x_j}, \tag{5.58}$$

wobei die Anzahl der Punkte $n+1$ durch den Polynomgrad n vorgegeben ist. Der Polynomgrad ist in der Definition L_i versteckt, da der Index j bis n läuft. Die Interpolation ist exakt an den Knoten $y_i = f(x_i)$ und nähert die tatsächliche Funktion $f(x)$ mit einem Fehler an. Wir geben die Fehlerformel für die LAGRANGEsche Polynominterpolation mit dem Grad n wie folgt vor:

$$f(x) = P_n(x) + \frac{\mathrm{d}^{n+1} f}{\mathrm{d}x}\Big|_{x=\tilde{x}} \frac{\prod_j (x - x_j)}{(n+1)!}, \tag{5.59}$$

wobei die Ableitung von f an einer Stelle $\tilde{x}$ im Gebiet ausgewertet wird (siehe Gl. (3.10) für die Analogie im Fall einer TAYLOR Entwicklung). Wir kennen im Allgemeinen diese Stelle zur Auswertung $\tilde{x}$ nicht – sonst könnten wir f an allen Stellen exakt interpolieren. Jedoch wissen wir, dass diese Stelle existiert, sodass die Fehlerformel wie oben geschrieben werden darf. Aus dieser Analyse ist es nochmal ersichtlich, dass der Fehler null ist, wenn an der Stützstelle $x = x_i$ ausgewertet wird. Nun können wir die Ableitung der Funktion durch die Anwendung der Produktregel einführen:

$$f'(x) = P_n'(x) + \frac{\mathrm{d}^{n+2} f}{\mathrm{d}x}\Big|_{x=\tilde{x}} \frac{\prod_j (x - x_j)}{(n+1)!} + \frac{\mathrm{d}^{n+1} f}{\mathrm{d}x}\Big|_{x=\tilde{x}} \frac{\sum_i \prod_{j \neq i} (x - x_j)}{(n+1)!}. \tag{5.60}$$

An den Knoten $x = x_i$ wird der mittlere Term verschwinden, aber der letzte Term wird es verhindern, dass die Ableitung an den Stützstellen exakt dargestellt werden kann. Somit erkennen wir den wichtigen Unterschied zur Interpolation: die Ableitungsgenauigkeit hängt von der Wahl des Grades n ab.

Darüber hinaus macht die Position der Auswertung auch einen Unterschied. Diese Aussage wird nun konkretisiert, indem das Ergebnis mit 3 äquidistanten Stützstellen x_0, $x_0 + h$, $x_0 + 2h$ an allen Stützstellen ausgewertet, und durch die Angabe des Fehlers geschrieben wird:

$$\begin{aligned} f'(x_0) &= \frac{1}{2h}\Big(-3f(x_0) + 4f(x_0+h) - f(x_0+2h)\Big) + \frac{h^2}{3}\frac{\mathrm{d}^3 f}{\mathrm{d}x}\Big|_{x=\tilde{x}}, \\ f'(x_0+h) &= \frac{1}{2h}\Big(-f(x_0) + f(x_0+2h)\Big) - \frac{h^2}{6}\frac{\mathrm{d}^3 f}{\mathrm{d}x}\Big|_{x=\tilde{x}}, \\ f'(x_0+2h) &= \frac{1}{2h}\Big(f(x_0) - 4f(x_0+h) + 3f(x_0+2h)\Big) + \frac{h^2}{3}\frac{\mathrm{d}^3 f}{\mathrm{d}x}\Big|_{x=\tilde{x}}. \end{aligned} \tag{5.61}$$

Dabei wurden die quadratischen LAGRANGEschen Polynome $n = 2$ benutzt. Somit erkennen wir, dass der Fehler am kleinsten wird, wenn die Position der Auswertung im Mittelpunkt gewählt wird. Diese sogenannte Dreipunkt-Mittelpunkt Formel an einer beliebigen Stützstelle x_i mit äquidistanter Verteilung des Gebietes $[a, b]$ durch $x_i = a + ih$ wird nun geschrieben:

$$f'(x_i) = \frac{1}{2h}\Big(- f(x_i - h) + f(x_i + h)\Big), \tag{5.62}$$

wobei der Fehler $\mathcal{O}(h^2)$ ist.

Analog dazu wird nun mit 5 Stützpunkten, d. h. mit biquadratischen LAGRANGEschen Polynomen $n = 4$, eine Formel generiert. Die Fehleranalyse zeigt, dass wieder der Mittelpunkt den geringsten Fehler aufweist. Somit wird die sogenannte Fünfpunkt-Mittelpunkt Formel erreicht:

$$f'(x_i) = \frac{1}{12h}\Big(f(x_i - 2h) - 8f(x_i - h) + 8f(x_i + h) - f(x_i + 2h)\Big), \tag{5.63}$$

wobei der Fehler $\mathcal{O}(h^4)$ ist. Dazu ist es wichtig zu erkennen, dass erst an der Stelle $a+2h$ die Ableitung ausgewertet werden kann. Deswegen sind noch genauere Formeln nicht wirklich praktikabel. Eine Implementierung der Dreipunkt-Mittelpunkt oder Fünfpunkt-Mittelpunkt Formel ist relativ einfach, solange die Werte an den äquidistanten Stützpunkten gegeben sind.

Verfahren zur Lösung gewöhnlicher Differentialgleichungen

6

In der technischen Mechanik werden physikalische Systeme mithilfe der Differentialgleichungen modelliert. Wir möchten nun allgemein Lösungsverfahren der Differentialgleichungen studieren. Zur Vereinfachung der Notation und Erleichterung der Einführung fangen wir mit den gewöhnlichen Differentialgleichungen an. Dies bedeutet, dass eine einzige Variable auftritt. Wir benutzen als diese Variable die Zeit t, sodass ein dynamisches System durch die Beschreibung der zugehörigen Differentialgleichung (DGL) modelliert werden kann.

Die allgemeine Form einer gewöhnlichen Differentialgleichung von einer Variable $\phi = \phi(t)$, die in der Zeit t verändert wird, ist gegeben als:

$$\phi^{\bullet} = f(t, \phi). \tag{6.1}$$

Da die unbekannte Variable ϕ nur von t abhängt, bedeutet die Rate:

$$\phi^{\bullet} = \frac{\mathrm{d}\phi}{\mathrm{d}t}. \tag{6.2}$$

Die 1. (Zeit-)Ableitung erzeugt eine Differentialgleichung erster Ordnung. Die DGL ist im Gebiet $[t_0, t_{\max}]$ definiert. Oft wird als „Anfang“ $t_0 = 0$ gewählt, sodass die DGL Anfangswertproblem genannt wird. Die 1. Ableitung bedeutet, dass eine Randbedingung vorgegeben sein muss. Oft ist der Wert am Anfang:

$$\hat{\phi} = \phi(t = 0) \tag{6.3}$$

bekannt, sodass die DGL mit dem Anfangswert lösbar ist. Im Folgenden werden wir verschiedene Methoden kennenlernen, die das Anfangswertproblem lösen. Es ist wichtig zu bemerken, wenn nicht sofort ersichtlich, dass eine algebraische Integration über t nicht immer möglich ist:

$$\phi = \int \phi^{\bullet}\,\mathrm{d}t = \int f(t, \phi)\,\mathrm{d}t, \tag{6.4}$$

B.E. Abali und C. Çakıroğlu, *Numerische Methoden für Ingenieure*,
https://doi.org/10.1007/978-3-662-61325-2_6

da die Funktion f die Unbekannte $\phi = \phi(t)$, welche eine Funktion der Zeit t ist, beinhaltet. Für Spezialfälle kann ein Anfangswertproblem geschlossen (analytisch) gelöst werden; hierbei suchen wir nach allgemeinen, numerischen Verfahren. Deshalb werden wir approximative Methoden besprechen, indem die Lösung in mehreren Zeitschritten erfolgen wird. Wir konstruieren aus der kontinuierlichen Zeit t eine diskrete Zeitliste:

$$t = \{t_0,\ t_1,\ t_2,\ \ldots,\ t_{\max}\}, \tag{6.5}$$

wobei für jeden Zeitschritt t_k die Lösung $\phi(t_k)$ mithilfe der vorherigen (bekannten) Lösungen $\phi(t_{k-1})$ gefunden wird. Die ermittelte Lösung ist nicht exakt. Die Genauigkeit ist schon wichtig, aber es ist noch von größerer Bedeutung, ob das Verfahren stabil ist. In jedem Zeitschritt wird eine Lösung berechnet, die weiterhin beim nächsten Zeitschritt benutzt wird. Somit akkumuliert der Fehler in weiteren Zeitschritten. Wenn die Lösung in jedem Zeitschritt überschätzt wird, ist das Verfahren instabil, da nach genügend vielen Operationen die Lösung divergieren wird. Die Stabilität der numerischen Methode für die Berechnung des Anfangswertproblems ist oft der Grund für die Wahl dieser Methode.

6.1 Einschrittverfahren

Durch die allgemeine Form einer gewöhnlichen DGL zwischen zwei aufeinander folgenden Zeitschritten t_n und t_{n+1} wird ermittelt:

$$\begin{aligned}
\int_{t_n}^{t_{n+1}} \frac{\mathrm{d}\phi}{\mathrm{d}t}\,\mathrm{d}t &= \int_{t_n}^{t_{n+1}} f(t,\phi)\,\mathrm{d}t, \\
\int_{\phi(t_n)}^{\phi(t_{n+1})} \mathrm{d}\phi &= \int_{t_n}^{t_{n+1}} f(t,\phi)\,\mathrm{d}t, \\
\phi(t_{n+1}) - \phi(t_n) &= \int_{t_n}^{t_{n+1}} f(t,\phi)\,\mathrm{d}t, \\
\phi(t_{n+1}) &= \phi(t_n) + \int_{t_n}^{t_{n+1}} f(t,\phi)\,\mathrm{d}t.
\end{aligned} \tag{6.6}$$

Auf der rechten Seite ist $f(t,\phi(t_{n+1}))$ gemeint. Mit Einführung der kurzen Notation $\phi_n = \phi(t_n)$ schreiben wir um:

$$\phi_{n+1} = \phi_n + \int_{t_n}^{t_{n+1}} f(t,\phi_{n+1})\,\mathrm{d}t. \tag{6.7}$$

Mit Benutzung einer Approximation des Integrals kann ϕ_{n+1} aus den bekannten Werten, wie z. B. ϕ_n, berechnet werden. Dabei ist der Zeitschritt $\Delta t = t_{n+1} - t_n$.

6.1.1 Euler-Vorwärts Methode

Ein berühmtes Verfahren ist die EULER-Vorwärts Methode, in welcher das Integral durch den bekannten Wert ϕ_n ausgewertet wird:

$$\phi_{n+1} = \phi_n + f(t_n, \phi_n)\Delta t. \tag{6.8}$$

Der wichtige Vorteil ist die Einfachheit dieser Methode. Die Funktion f wird mit den bekannten Werten ausgewertet, deshalb ist dies ein explizites Verfahren. Leider ist dieses Verfahren eine bedingt stabile Methode, was wir zeigen, wenn wir f mit der TAYLOR Reihe um den Wert ϕ_n bis zu den quadratischen Termen entwickeln:

$$\begin{aligned}
f(t_n, \phi_{n+1}) &= f(t_n, \phi_n) + \frac{\partial f}{\partial \phi}(\phi_{n+1} - \phi_n) + \mathcal{O}\left((\phi_{n+1} - \phi_n)^2\right), \\
f(t_n, \phi_{n+1}) &= f(t_n, \phi_n)\left(1 + \frac{\partial f}{\partial \phi}\Delta t\right).
\end{aligned} \tag{6.9}$$

Nun können wir ein einfaches Beispiel überlegen:

$$\phi^{\bullet} = a\phi, \quad \hat{\phi} = \phi(t = 0) \tag{6.10}$$

welches die zeitliche Entwicklung der Organismen (wie die Bakterienpopulation) beschreibt. Wir nehmen an, dass a eine gegebene Konstante ist. Es ist dadurch möglich, die Differentialgleichung analytisch zu lösen:

$$\begin{aligned}
\frac{\mathrm{d}\phi}{\phi} &= a\,\mathrm{d}t, \\
\int_{\bar{\phi}=\hat{\phi}}^{\bar{\phi}=\phi} \frac{\mathrm{d}\bar{\phi}}{\bar{\phi}} &= \int_{\bar{t}=0}^{\bar{t}=t} a\,\mathrm{d}\bar{t}, \\
\ln(\phi) - \ln(\hat{\phi}) &= a(t-0), \\
\ln\left(\frac{\phi}{\hat{\phi}}\right) &= at, \\
\phi &= \hat{\phi}\exp(at).
\end{aligned} \tag{6.11}$$

Nun benutzen wir das Ergebnis aus der Gl. (6.9) für das letzte Beispiel und ermitteln:

$$\begin{aligned}
a\phi_{n+1} &= a\phi_n\,(1 + a\Delta t), \\
\phi_{n+2} &= \phi_{n+1}\,(1 + a\Delta t) = \phi_n\,(1 + a\Delta t)^2, \\
\phi_{n+k} &= \phi_n\,(1 + a\Delta t)^k.
\end{aligned} \tag{6.12}$$

Für den Fall $n = 0$ haben wir eine analytische Lösung und für weitere n die zugehörige numerische Approximation mit äquidistanten Zeitschritten:

$$t = \{\Delta t,\ 2\Delta t,\ 3\Delta t,\ \ldots,\ k\Delta t\}, \tag{6.13}$$

sodass wir ermitteln:

$$\begin{aligned} \phi_k &= \hat{\phi}\exp(at_k) = \hat{\phi}\,(1 + a\Delta t)^k\,, \\ \exp(ak\Delta t) &= (1 + a\Delta t)^k\,. \end{aligned} \tag{6.14}$$

Die linke und rechte Seite müssen sich qualitativ gleich verhalten. Beide wachsen streng monoton, falls $a > 0$ und fallen streng monoton, falls $a < 0$ und auch, wenn $|1 + a\Delta t| < 1$ ist. Eine andere Möglichkeit gibt es nicht, weil $\Delta t > 0$ ist. Somit haben wir für dieses Beispiel die Bedingung für den Zeitschritt gefunden:

$$0 < \Delta t < \left|\frac{2}{a}\right|. \tag{6.15}$$

In dem Beispiel ist a die Rate der Population. Bei einer hohen Rate muss dann der Zeitschritt sehr klein ausgewählt werden, sodass das Verfahren stabil läuft. Insbesondere für die sogenannten „steifen" Differentialgleichungen – der Wert von a ist sehr hoch – führt diese Schrittweitenbegrenzung auf eine sehr hohe Anzahl von Rechenoperationen. In so einem Fall ist das explizite Verfahren zu rechenintensiv und unpraktikabel. Sonst ist die Methode weit verbreitet, da der Bedarf an Speicherplatz in einem Rechner gering ist. Die Lösung wird in einer einzigen Zeile erledigt, die Zwischenschritte werden nicht gespeichert.

6.1.2 Euler-Rückwärts Methode

Die analoge Überlegung erzeugt ein anderes Verfahren:

$$\phi_{n+1} = \phi_n + f(t_{n+1}, \phi_{n+1})\Delta t, \tag{6.16}$$

indem die Auswertung der Rate an der korrekten Zeit angebracht wird. In der Berechnung von ϕ_{n+1} kommt ϕ_{n+1} vor. Deshalb wird diese Formulierung implizite Methode genannt. Somit soll eine zusätzliche Umschreibung gemacht werden. Um diesen Punkt zu konkretisieren, nutzen wir das gleiche Beispiel:

$$\phi^{\bullet} = f = a\phi, \tag{6.17}$$

und wenden die EULER-Rückwärts Methode an:

$$\begin{aligned} \phi_{n+1} &= \phi_n + a\phi_{n+1}\Delta t, \\ \phi_{n+1}(1 - a\Delta t) &= \phi_n, \\ \phi_{n+1} &= \frac{\phi_n}{1 - a\Delta t}. \end{aligned} \tag{6.18}$$

Weil wir eine lineare Funktion f in ϕ haben, konnten wir gleich umformulieren. Im Allgemeinen ist die letzte Umformulierung die zusätzliche Rechenoperation in der EULER-Rückwärts Methode.

Dies erzeugt ein stabiles Verfahren. Für Anwendungen mit reellen Zahlen ist die Methode ohne Bedingungen stabil, sodass keine Schrittweitenbegrenzung existiert. Dies ist von großem Vorteil, jedoch wächst gleichzeitig der Speicherbedarf beim Lösungsalgorithmus, da wir noch eine Umschreibung für die Berechnung der Unbekannte benötigen.

6.1.3 Mittelpunktregel

Die EULER Methoden nehmen zwei Zeitpunkte in Betracht: t_n und t_{n+1}. Es gibt in der Tat auch Methoden, die mehrere Zeitschritte benutzen. Ein berühmtes Beispiel ist die Mittelpunktregel:

$$\phi_{n+1} = \phi_n + f\left(t_{n+\frac{1}{2}}, \phi_{n+\frac{1}{2}}\right) \Delta t. \tag{6.19}$$

In dieser Methode ist die Funktion f zwischen den Zeitschritten ausgewertet. Somit kann man die Umformulierung nicht wie in der EULER-Rückwärts Methode machen, sondern eine zusätzliche Abschätzung ist notwendig, um $\phi_{n+\frac{1}{2}}$ zu berechnen. Die einfachste Methode ist:

$$\phi_{n+\frac{1}{2}} = \frac{1}{2}\left(\phi_n + \phi_{n+1}\right), \tag{6.20}$$

welche auch die Basis für die sogenannte *leapfrog-backspring* Methode ist. Dieses Verfahren ist stabil und benötigt zwei zusätzliche Operationen: eine Abschätzung von $\phi_{n+\frac{1}{2}}$ und die Umschreibung.

6.1.4 Trapezregel

Aus der Idee der letzten Methode kann ein Verfahren vorgeschlagen werden, welches die zusätzliche Abschätzung eliminiert und somit genauso rechenintensiv wie die EULER-Rückwärts Methode ist. Die Trapezregel:

$$\phi_{n+1} = \phi_n + \frac{1}{2}\left(f(t_n, \phi_n) + f(t_{n+1}, \phi_{n+1})\right) \Delta t, \tag{6.21}$$

basiert auf einer linearen Interpolation zwischen t_n und t_{n+1}. Das Verfahren ist stabil und hat sogar eine höhere Konvergenzrate als die EULER-Rückwärts Methode, d. h. bei gleicher Δt ist die Genauigkeit der Trapezregel höher als die EULER-Rückwärts Methode. Die Genauigkeiten aller anderen Methoden sind in der 1. Ordnung, wobei die Trapezregel eine Genauigkeit 2. Ordnung besitzt. Die Trapezregel ist die Basis der CRANK–NICOLSON Methode.

6.2 Prädiktor-Korrektor Verfahren

Ein explizites Verfahren bedarf eines minimalen Rechnerplatzes. Ein implizites Verfahren ist stabil. Eine Möglichkeit, beide Vorteile zu verbinden, ergibt eine Strategie in zwei Stufen: Zuerst wird eine Lösung abgeschätzt (Engl.: *predict*) und dann wird diese Lösung verbessert (Engl.: *correct*).

Mehrere Varianten können vorgeschlagen werden. Ein berühmtes Beispiel ist die Kombination von einem expliziten Verfahren als Prädiktor und einem impliziten Verfahren als Korrektor. Wir wählen das EULER-Vorwärts Verfahren als Prädiktor:

$$\phi^{\star}_{n+1} = \phi_n + f(t_n, \phi_n)\Delta t. \tag{6.22}$$

Dann wird die abgeschätzte Größe $\phi^{\star}_{n+1}$ durch die Trapezregel korrigiert:

$$\phi_{n+1} = \phi_n + \frac{1}{2}\left(f(t_n, \phi_n) + f(t_{n+1}, \phi^{\star}_{n+1})\right)\Delta t. \tag{6.23}$$

Mit dieser Methode kann die Genauigkeit 2. Ordnung erreicht werden. Immerhin beschränkt der Prädiktor die Stabilität, sodass kleine Δt notwendig sind. Das Verfahren ist wieder ein Zweipunkt-Verfahren, weil an zwei Zeiten ausgewertet wird.

6.2.1 Adams Verfahren

Die Genauigkeit 2. Ordnung ist die höchste Genauigkeit, die mit einem Zweipunkt-Verfahren erreichbar ist. Ein Mehrpunkt-Verfahren sorgt für eine höhere Genauigkeit. Dies ist die Basis für Mehrpunkt-Verfahren, von denen das ADAMS Verfahren das Berühmteste ist. Analog zum letzten Prädiktor-Korrektor Verfahren wird beim ADAMS Verfahren ein explizites Mehrpunkt-Verfahren als Prädiktor und ein implizites Verfahren als Korrektor benutzt. Das explizite Mehrpunkt-Verfahren wird ADAMS–BASHFORT Methode genannt. Das implizite Mehrpunkt-Verfahren wird ADAMS–MOULTON Methode genannt. Diese Kombination von einer expliziten und impliziten Methode hat den großen Vorteil, dass relativ wenige Rechenzeit benötigt wird. Darüber hinaus kann die Genauigkeit hoher Ordnung erreicht werden. Ein Problem dabei ist die Benutzung der Daten aus mehrerer Zeitschritten, wobei diese Methode eventuell unphysikalische Lösungen produzieren kann.

Das ADAMS Verfahren benutzt weitere Punkte aus den bereits bekannten Lösungen in den Zeitschritten t_{n-1}, t_{n-2}, usw. Dies können wir auch umschreiben als t_{n-m}, t_{n-m+1}, $\ldots$, t_{n-1}. Die ganze Zahl m kann gewählt werden, die die Genauigkeit erhöht aber auch unphysikalische Lösungen hervorrufen kann. Dabei wird LAGRANGE Polynominterpolation zwischen $f(t_{n-m}, \phi_{n-m})$, $f(t_{n-m+1}, \phi_{n-m+1})$, $\ldots$, $f(t_n, \phi_n)$ benutzt, um die Integration:

$$\int_{t_n}^{t_{n+1}} f(t, \phi(t))\,\mathrm{d}t, \tag{6.24}$$

mittels der Mittelpunktregel (siehe Kap. 5) durchzuführen.

6.2.1.1 Adams–Bashfort Methode

Wenn die ganze Zahl $m = 0$ gewählt wird, ergibt die explizite Methode das EULER-Vorwärts Verfahren. Falls wir $m = 1$ wählen, wird das LAGRANGE Polynom:

$$
\begin{aligned}
P(t) &= \sum_{i=0}^{m} L_i f(t_{n-i}, \phi_{n-i}), \\
P(t) &= \frac{t - t_{n-1}}{t_n - t_{n-1}} f(t_n, \phi_n) + \frac{t - t_n}{t_{n-1} - t_n} f(t_{n-1}, \phi_{n-1}),
\end{aligned} \tag{6.25}
$$

sodass wir das Integral wie folgt berechnen können:

$$
\int_{t_n}^{t_{n+1}} f(t, \phi(t))\,\mathrm{d}t = \int_{t_n}^{t_{n+1}} P(t)\,\mathrm{d}t. \tag{6.26}
$$

Zur Vereinfachung der Rechnung führen wir eine Substitution ein:

$$
\begin{aligned}
t &= t_n + \Delta t \tau, \quad \mathrm{d}t = \Delta t\,\mathrm{d}\tau, \\
\int_{t_n}^{t_{n+1}} P(t)\,\mathrm{d}t &= \int_0^1 \Delta t P(t_n + \Delta t \tau)\,\mathrm{d}\tau \\
&= \Delta t \int_0^1 \left(\frac{t_n + \Delta t \tau - t_{n-1}}{t_n - t_{n-1}} f(t_n, \phi_n) + \frac{t_n + \Delta t \tau - t_n}{t_{n-1} - t_n} f(t_{n-1}, \phi_{n-1}) \right) \mathrm{d}\tau \\
&= \Delta t \int_0^1 ((1 + \tau) f(t_n, \phi_n) - \tau f(t_{n-1}, \phi_{n-1}))\,\mathrm{d}\tau \\
&= \Delta t \left(\frac{3}{2} f(t_n, \phi_n) - \frac{1}{2} f(t_{n-1}, \phi_{n-1}) \right).
\end{aligned} \tag{6.27}
$$

Deswegen ist die ADAMS–BASHFORT Methode mit $m = 1$ wie folgt definiert:

$$
\phi_{n+1} = \phi_n + \frac{\Delta t}{2} (3 f(t_n, \phi_n) - f(t_{n-1}, \phi_{n-1})). \tag{6.28}
$$

In analoger Weise ist es möglich $m = 2$ zu wählen und zu ermitteln:

$$
\phi_{n+1} = \phi_n + \frac{\Delta t}{12} (23 f(t_n, \phi_n) - 16 f(t_{n-1}, \phi_{n-1}) + 5 f(t_{n-2}, \phi_{n-2})). \tag{6.29}
$$

Im Allgemeinen ist die ADAMS–BASHFORT Methode von m-ter Ordnung. Es sei bemerkt, dass man nicht die NEWTON–COTES Methode anwenden darf, weil die benutzten Punkte außerhalb des Integrationsgebietes liegen.

6.2.1.2 Adams–Moulton Methode

Diese Methode ist die implizite Version zur ADAMS–BASHFORT Methode, d. h. bei der Berechnung von ϕ_{n+1} wird auch ϕ_{n+1} benutzt. Für den Fall $m = 0$ ergibt die Methode das EULER-Rückwärts Verfahren. Beim $m = 1$ ist das LAGRANGE Polynom:

$$\begin{aligned} P(t) &= \sum_{i=0}^{m} L_i f(t_{n+1-i}, \phi_{n+1-i}), \\ P(t) &= \frac{t - t_n}{t_{n+1} - t_n} f(t_{n+1}, \phi_{n+1}) + \frac{t - t_{n+1}}{t_n - t_{n+1}} f(t_n, \phi_n), \end{aligned} \tag{6.30}$$

sodass wir mit der Substitution ermitteln:

$$\begin{aligned} t = t_n + \Delta t\tau, \quad \mathrm{d}t = \Delta t\,\mathrm{d}\tau, \quad & \int_0^1 \Delta t\, P(t_n + \Delta t\tau)\,\mathrm{d}\tau \\ = \Delta t \int_0^1 & \left(\frac{t_n + \Delta t\tau - t_n}{t_{n+1} - t_n} f(t_{n+1}, \phi_{n+1}) + \frac{t_n + \Delta t\tau - t_{n+1}}{t_n - t_{n+1}} f(t_n, \phi_n) \right) \mathrm{d}\tau \\ = \Delta t \int_0^1 & (\tau f(t_{n+1}, \phi_{n+1}) + (1 - \tau) f(t_n, \phi_n))\,\mathrm{d}\tau \\ = \Delta t & \left(\frac{1}{2} f(t_{n+1}, \phi_{n+1}) + \frac{1}{2} f(t_n, \phi_n) \right). \end{aligned} \tag{6.31}$$

Dies ist die Trapezregel:

$$\phi_{n+1} = \phi_n + \frac{\Delta t}{2} \left(f(t_{n+1}, \phi_{n+1}) + f(t_n, \phi_n) \right). \tag{6.32}$$

Für den Fall $m = 2$ ist das LAGRANGE Polynom:

$$\begin{aligned} P(t) = & \frac{(t - t_n)(t - t_{n-1})}{(t_{n+1} - t_n)(t_{n+1} - t_{n-1})} f(t_{n+1}, \phi_{n+1}) \\ & + \frac{(t - t_{n+1})(t - t_{n-1})}{(t_n - t_{n+1})(t_n - t_{n-1})} f(t_n, \phi_n) + \frac{(t - t_{n+1})(t - t_n)}{(t_{n-1} - t_{n+1})(t_{n-1} - t_n)} f(t_{n-1}, \phi_{n-1}). \end{aligned} \tag{6.33}$$

Mit der gleichen Substitution haben wir:

$$
\begin{aligned}
&\int_0^1 \Delta t P(t_n + \Delta t\tau)\,\mathrm{d}\tau \\
&= \Delta t \int_0^1 \Bigg(\frac{(t_n + \Delta t\tau - t_n)(t_n + \Delta t\tau - t_{n-1})}{(t_{n+1} - t_n)(t_{n+1} - t_{n-1})} f(t_{n+1}, \phi_{n+1}) \\
&\quad + \frac{(t_n + \Delta t\tau - t_{n+1})(t_n + \Delta t\tau - t_{n-1})}{(t_n - t_{n+1})(t_n - t_{n-1})} f(t_n, \phi_n) \\
&\quad + \frac{(t_n + \Delta t\tau - t_{n+1})(t_n + \Delta t\tau - t_n)}{(t_{n-1} - t_{n+1})(t_{n-1} - t_n)} f(t_{n-1}, \phi_{n-1}) \Bigg) \mathrm{d}\tau \\
&= \Delta t \int_0^1 \Bigg(\frac{1}{2}(\tau^2 + \tau) f(t_{n+1}, \phi_{n+1}) - (\tau^2 - 1) f(t_n, \phi_n) \\
&\quad + \frac{1}{2}(\tau^2 - \tau) f(t_{n-1}, \phi_{n-1}) \Bigg) \mathrm{d}\tau \\
&= \Delta t \Big(\frac{5}{12} f(t_{n+1}, \phi_{n+1}) + \frac{2}{3} f(t_n, \phi_n) - \frac{1}{12} f(t_{n-1}, \phi_{n-1}) \Big),
\end{aligned} \tag{6.34}
$$

welches ergibt:

$$
\phi_{n+1} = \phi_n + \frac{\Delta t}{12} \left(5 f(t_{n+1}, \phi_{n+1}) + 8 f(t_n, \phi_n) - f(t_{n-1}, \phi_{n-1})\right). \tag{6.35}
$$

Die ADAMS–MOULTON Methode ist von $m + 1$-ter Ordnung.

6.2.2 Runge–Kutta Methode

Eine Kombination von EULER-Vorwärts und Trapezregel generiert ein Prädiktor-Korrektor Verfahren an zwei Zeiten zur Auswertung. Dies wird Zweipunktmethode genannt. Die Erweiterung auf die Mehrpunktmethode ist mittels des ADAMS Verfahrens möglich; in Abhängigkeit von m werden auch an mehr als zwei Zeiten ausgewertet, warum sie Mehrpunktverfahren genannt werden. Aber sie greifen auf Daten von außerhalb des Integrationsintervalls $[t_n, t_{n+1}]$ zu, weshalb zwei voneinander unabhängigen Probleme auftreten:

- Das erste Problem ist die Auswahl der Daten von vorherigen Zeiten am Anfang. Wenn wir t_{n-1} für $t_n = \Delta t$ benötigen, ist eine zusätzliche Abschätzung nötig, die am Anfang falsche Ergebnisse liefern könnte.
- Das zweite Problem ist die Oszillation der Lösung mit der erhöhten Genauigkeit.

Beide Probleme werden beseitigt, wenn ein Einschrittverfahren nur die Daten von $[t_n, t_{n+1}]$ benutzt. Gleichzeitig kann die Genauigkeit erhöht werden, wenn wir ein Mehrpunktverfahren generieren. Wir fangen mit der RUNGE–KUTTA Methode 2. Ordnung an:

1. Halbschnitt Prädiktor mit EULER-Vorwärts Methode:

$$\phi^{\star}_{n+\frac{1}{2}} = \phi_n + \frac{\Delta t}{2} f(t_n, \phi_n) \tag{6.36}$$

2. Korrektor mit Mittelpunktregel:

$$\phi_{n+1} = \phi_n + \Delta t f\left(t_{n+\frac{1}{2}}, \phi^{\star}_{n+\frac{1}{2}}\right) \tag{6.37}$$

Diese Methode ist ähnlich wie die Prädiktor-Korrektor Methode, die wir bereits kennengelernt haben. Da nur an zwei Zeiten ausgewertet wird, ist diese Variation 2. Ordnung. Der Vorteil der RUNGE–KUTTA Methode wird erst ersichtlich, wenn wir an mehreren Zeiten auswerten. Die populärste Version ist die RUNGE–KUTTA Methode 4. Ordnung:

1. Halbschnitt Prädiktor mit EULER-Vorwärts Methode:

$$\phi^{\star}_{n+\frac{1}{2}} = \phi_n + \frac{\Delta t}{2} f(t_n, \phi_n) \tag{6.38}$$

2. Halbschnitt Korrektor mit EULER-Rückwärts Methode:

$$\phi^{\star\star}_{n+\frac{1}{2}} = \phi_n + \frac{\Delta t}{2} f\left(t_{n+\frac{1}{2}}, \phi^{\star}_{n+\frac{1}{2}}\right) \tag{6.39}$$

3. Prädiktor mit Mittelpunktregel:

$$\phi^{\star}_{n+1} = \phi_n + \Delta t f\left(t_{n+\frac{1}{2}}, \phi^{\star\star}_{n+\frac{1}{2}}\right) \tag{6.40}$$

4. Korrektur mit SIMPSONscher Regel:

$$\phi_{n+1} = \phi_n + \frac{\Delta t}{6}\left(f(t_n, \phi_n) + 2f\left(t_{n+\frac{1}{2}}, \phi^{\star}_{n+\frac{1}{2}}\right) + 2f\left(t_{n+\frac{1}{2}}, \phi^{\star\star}_{n+\frac{1}{2}}\right) + f\left(t_{n+1}, \phi^{\star}_{n+1}\right)\right) \tag{6.41}$$

Diese Version ist genauer und stabiler als das ADAMS Verfahren gleicher Ordnung. Eine noch höhere Ordnung ist in der Tat möglich, wird aber nicht benutzt, da die Rechenzeit drastisch steigt. Diese Methode ist in SciPy implementiert. Wir geben ein Beispiel und lösen die folgende gewöhnliche Differentialgleichung:

$$\phi^{\bullet} = a\phi^2, \quad a = -0{,}25, \tag{6.42}$$

mit der RUNGE–KUTTA Methode durch die Auswahl von *dopri5* unter SciPy. Die gleichen Ergebnisse erhält man, wenn die auskommentierte Zeile mit der ADAMS Methode benutzt wird.

```
from scipy.integrate import ode
phi0, t0 = 5., 0.
def f(t, phi, parameter):
    return parameter*phi**2

r = ode(f).set_integrator('dopri5')
#r = ode(f).set_integrator('vode', method='adams')
r.set_initial_value(phi0, t0).set_f_params(-0.25)
t_end = 10.
dt = 1.
while r.successful() and r.t < t_end:
    print('Zeit: ', r.t+dt, ' Loesung: ', r.integrate(r.t+dt))
```

6.3 Systeme mit mehreren Gleichungen

Eine einzige gewöhnliche Differentialgleichung können wir mithilfe der RUNGE–KUTTA Methode 4. Ordnung lösen. Dies ist ein physikalisches Problem mit einer Variable oder einem Freiheitsgrad. Ein System mit m Freiheitsgraden kann man wie folgt schreiben:

$$\begin{aligned}\phi_1^\bullet &= f_1(t, \phi_1, \phi_2, \ldots, \phi_m),\\ \phi_2^\bullet &= f_2(t, \phi_1, \phi_2, \ldots, \phi_m),\\ &\vdots\\ \phi_m^\bullet &= f_m(t, \phi_1, \phi_2, \ldots, \phi_m),\end{aligned} \tag{6.43}$$

welches auch in einer kompakten Schreibweise geschrieben werden kann:

$$\phi_i^\bullet = f_i(t, \phi_j), \quad i, j \in [1, 2, \ldots, m]. \tag{6.44}$$

Die Methode zur Lösung mehrerer Differentialgleichungen ist gleich zur Lösung einer Differentialgleichung. Wir können wiederum die RUNGE–KUTTA Methode 4. Ordnung benutzen:

$$\begin{aligned}(\phi_i)^\star_{n+\frac{1}{2}} &= (\phi_i)_n + \frac{\Delta t}{2} f(t_n, (\phi_j)_n),\\ (\phi_i)^{\star\star}_{n+\frac{1}{2}} &= (\phi_i)_n + \frac{\Delta t}{2} f\left(t_{n+\frac{1}{2}}, (\phi_j)^\star_{n+\frac{1}{2}}\right)\\ (\phi_i)^\star_{n+1} &= (\phi_i)_n + \Delta t f\left(t_{n+\frac{1}{2}}, (\phi_j)^{\star\star}_{n+\frac{1}{2}}\right)\\ (\phi_i)_{n+1} &= (\phi_i)_n + \frac{\Delta t}{6}\Big(f(t_n, (\phi_j)_n) + 2f\left(t_{n+\frac{1}{2}}, (\phi_j)^\star_{n+\frac{1}{2}}\right)\\ &\quad + 2f\left(t_{n+\frac{1}{2}}, (\phi_j)^{\star\star}_{n+\frac{1}{2}}\right) + f(t_{n+1}, (\phi_j)^\star_{n+1})\Big).\end{aligned} \tag{6.45}$$

In jeder Zeile lösen wir ein lineares Gleichungssystem von m Gleichungen, wobei sie voneinander unabhängig sind. Alle Werte sind sequentiell berechenbar. Selbstverständlich müssen die Anfangsbedingungen gegeben sein:

$$\phi_i(t = 0) = \hat{\phi}_i. \tag{6.46}$$

Eine sehr hilfreiche Anwendung dieser Methode ist bei einer einzigen Differentialgleichung m-ter Ordnung. Dies bedeutet, dass die Differentialgleichung Terme bis zur m-ten Ableitung beinhaltet:

$$\frac{\mathrm{d}^m \psi}{\mathrm{d}t^m} = f\left(t, \psi, \frac{\mathrm{d}\psi}{\mathrm{d}t}, \frac{\mathrm{d}^2\psi}{\mathrm{d}t^3}, \ldots, \frac{\mathrm{d}^{m-1}\psi}{\mathrm{d}t^{m-1}}\right). \tag{6.47}$$

In diesem Fall kann man die Variablen als Ableitungen identifizieren:

$$\phi_1 = \psi, \ \ \phi_2 = \frac{\mathrm{d}\phi_1}{\mathrm{d}t} = \frac{\mathrm{d}\psi}{\mathrm{d}t}, \ \ \phi_3 = \frac{\mathrm{d}\phi_2}{\mathrm{d}t} = \frac{\mathrm{d}^2\psi}{\mathrm{d}t^2}, \ \ \ldots, \ \phi_m = \frac{\mathrm{d}\phi_{m-1}}{\mathrm{d}t} = \frac{\mathrm{d}^{m-1}\psi}{\mathrm{d}t^{m-1}}, \tag{6.48}$$

und die obere Methode anwenden. Somit können wir gewöhnliche Differentialgleichungen beliebiger Ordnung lösen. Dazu geben wir ein Beispiel aus dem folgenden System:

$$\psi^{\bullet\bullet} + a\psi^{\bullet} + b\psi + c = 0. \tag{6.49}$$

Nun können wir aus dieser gewöhnlichen DGL 2. Ordnung die folgenden 2 Gleichungen jeweils 1. Ordnung mit $\psi = \phi_1$ und $\psi^{\bullet} = \phi_2$ generieren:

$$\begin{aligned} \phi_1^{\bullet} &= \phi_2, \\ \phi_2^{\bullet} &= -a\phi_2 - b\phi_1 - c. \end{aligned} \tag{6.50}$$

7 Verfahren zur Lösung partieller Differentialgleichungen

Eine gewöhnliche Differentialgleichung hat eine einzige Veränderliche t und Variablen $\phi_i(t)$, die von dieser Veränderliche abhängen. Eine partielle Differentialgleichung hat mehrere Veränderlichen und Variablen, die von diesen Veränderlichen abhängen. Ein einfaches Beispiel ist folgende lineare partielle Differentialgleichung:

$$a_{ij} \frac{\partial^2 u}{\partial x_i \partial x_j} + b_i \frac{\partial u}{\partial x_i} + cu + f = 0, \tag{7.1}$$

von der (unbekannten) Variable $u = u(x_i)$ mit n Veränderlichen $x_i = \{x_1, x_2, \ldots, x_n\}$. Wir benutzen bei wiederholten Indizes die sogenannte EINSTEINsche Summenkonvention. Für den Fall $x_i = \{x, y\}$ wird die obere DGL:

$$a_{11} \frac{\partial^2 u}{\partial x^2} + a_{12} \frac{\partial^2 u}{\partial x \partial y} + a_{21} \frac{\partial^2 u}{\partial y \partial x} + a_{22} \frac{\partial^2 u}{\partial y^2} + b_1 \frac{\partial u}{\partial x} + b_2 \frac{\partial u}{\partial y} + cu + f = 0, \tag{7.2}$$

welche auch die Kompaktheit der Summenkonvention zeigt. Wegen der Vertauschbarkeit der Ableitungen[1] ist $a_{12} = a_{21}$. In der Tat ist es möglich, dass die Koeffizienten a_{ij}, b_i, c von x_i abhängen. Der Zufuhrterm (die Quelle oder Senke) f hängt auch von x_i ab. Wenn $f = 0$ ist, heißt die DGL homogen. Wenn auch noch die Koeffizienten konstant sind, ist die obere DGL eine lineare, homogene, partielle Differentialgleichung 2. Ordnung. So eine Differentialgleichung taucht oft in physikalischen Systemen auf.

Die Lösbarkeit der Differentialgleichung hängt vom Typ der DGL ab. Die Bestimmung des Typs ist relativ einfach für eine DGL 2. Ordnung. Dazu bringt man die Koeffizientenmatrix $\boldsymbol{a}$ durch eine geeignete Transformation $\boldsymbol{T}$ in die Hauptachsen $\tilde{\boldsymbol{a}}$ wie folgt:

---

[1] Weil $u = u(x, y)$ ist, muss x und y unabhängig voneinander sein. Deswegen ist $\frac{\partial^2 u}{\partial x \partial y} = \frac{\partial^2 u}{\partial y \partial x}$. Dies wird Satz von SCHWARZ genannt.

B.E. Abali und C. Çakıroğlu, *Numerische Methoden für Ingenieure*,
https://doi.org/10.1007/978-3-662-61325-2_7

$$\begin{aligned} \boldsymbol{T}^{\mathsf{T}}\boldsymbol{a}\boldsymbol{T} &= \tilde{\boldsymbol{a}}, \\ T_{ij}a_{jk}T_{kl} &= \tilde{a}_{il}. \end{aligned} \tag{7.3}$$

Mit der linearen Algebra schreiben wir für den Fall mit n Veränderlichen aus:

$$\boldsymbol{T}^{\mathsf{T}} \begin{pmatrix} a_{11} & a_{12} & \dots & a_{1n} \\ a_{21} & a_{22} & \dots & a_{2n} \\ \vdots & & \ddots & \\ a_{n1} & a_{n2} & \dots & a_{nn} \end{pmatrix} \boldsymbol{T} = \begin{pmatrix} \tilde{a}_{11} & 0 & \dots & 0 \\ 0 & \tilde{a}_{22} & \dots & 0 \\ \vdots & & \ddots & \\ 0 & 0 & \dots & \tilde{a}_{nn} \end{pmatrix}, \tag{7.4}$$

sodass ersichtlich wird, dass $\tilde{a}_{ij}$ im Hauptachsensystem nur die sogenannten Eigenwerte auf der Hauptdiagonale besitzt. Jeder dieser n Eigenwerte $\tilde{a}_{11}, \tilde{a}_{22}, \dots, \tilde{a}_n$ hat einen positiven Wert, einen negativen Wert oder ist null. Wenn

- alle positiv oder alle negativ sind, ist die DGL elliptisch;
- mindestens einer verschwindet (null ist), ist die DGL parabolisch;
- einer positiv und alle andere negativ oder einer negativ und alle andere positiv sind, ist die DGL hyperbolisch;
- $m > 1$ positive und $n - m$ negative Eigenwerte existieren, ist die DGL ultrahyperbolisch.

Wir können sogar die Transformation in das Hauptachsensystem übergehen, indem wir die Idee der Invarianten anwenden. Eine Invariante von einer Matrix hat den gleichen numerischen Wert vor und nach einer Transformation. Ein Beispiel ist die Determinante. Matrix $\boldsymbol{a}$ hat die gleiche Determinante wie die Matrix $\tilde{\boldsymbol{a}} = \boldsymbol{T}^{\mathsf{T}}\boldsymbol{a}\boldsymbol{T}$. Weil $\tilde{\boldsymbol{a}}$ nur Einträge auf der Hauptdiagonale hat, ist die Determinante $\det(\tilde{\boldsymbol{a}})$ die Multiplikation der Eigenwerte $\tilde{a}_{11}\tilde{a}_{22}\dots\tilde{a}_{nn}$. Wir können aus dieser Multiplikation das Vorzeichen herausfinden, um den Typ der DGL zu bestimmen. Der numerische Wert von $\det(\tilde{\boldsymbol{a}})$ ist gleich $\det(\boldsymbol{a})$ – für das obere Beispiel ist dies:

$$\det(\boldsymbol{a}) = a_{11}a_{22} - 2a_{12}. \tag{7.5}$$

Somit haben wir:

- falls $\det(\boldsymbol{a}) > 0$, dann ist die DGL elliptisch;
- falls $\det(\boldsymbol{a}) = 0$, dann ist die DGL parabolisch;
- sonst ist die DGL hyperbolisch.

7.1 Beispiele aus der mathematischen Physik

In einer drei dimensionalen Struktur mit den Ortskoordinaten x, y, z kann mit einem Impuls eine Welle erzeugt werden. Der Impuls kann ein Schlag mit einem Hammer auf die Schiene der Bahn sein. Dieser kurzzeitiger Stoß erzeugt eine Stoßwelle, die sich mit der Wellengeschwindigkeit c im Material verbreitet. Diese sogenannte akustische Welle hat die Schallgeschwindigkeit c in Abhängigkeit des Materials. Insbesondere in Feststoffen mit einer Kristallstruktur ist die Schallgeschwindigkeit sehr hoch. Für das Beispiel der Schiene ist das Material Eisen (Stahl) mit der Schallgeschwindigkeit von ca. 5100 m/s. Die Welle entlang der Schiene kann als eine Kontraktion entlang der longitudinaler Achse der Schiene – beschrieben durch x Achse – visualisiert werden. Für ein elastisches Material können wir die longitudinale Deformation u als eine Welle mit der Schallgeschwindigkeit c wie folgt beschreiben:

$$\frac{\partial^2 u}{\partial t^2} = c^2 \frac{\partial^2 u}{\partial x^2}. \tag{7.6}$$

Diese lineare, homogene, partielle Differentialgleichung hat die Veränderlichen t und x und die einzige Unbekannte (Variable) $u = u(t, x)$, welche die Verschiebung in m(eter) entlang x beschreibt. Die DGL ist 2. Ordnung im Raum x und in der Zeit t. Die Funktion, die die obere DGL erfüllt, ist eine Lösung für die Unbekannte u. Es gibt mehrere Lösungen; wegen der Linearität können Lösungen addiert werden. Die Summe der Lösungen ist auch eine Lösung, diese Eigenschaft aus der Linearität wird Superpositionsprinzip genannt. Die Randbedingungen, d. h. wie die Deformation an den Enden der Schiene ist und wie die Deformation und ihrer Rate am Anfang sind, beschränken mögliche Lösungen. Die Lösung, die die Differentialgleichung und die gegebenen Randbedingungen erfüllt, wird numerisch gesucht.

Ein anderes Beispiel ist die Wärmeleitungsgleichung in einem sogenannten FOURIER Material zur Berechnung der Temperatur in K(elvin) $u = u(t, x_i)$ im Raum x und in der Zeit t mit der folgenden linearen, homogenen, partiellen Differentialgleichung:

$$\frac{\partial u}{\partial t} = a^2 \frac{\partial^2 u}{\partial x_i \partial x_i}, \tag{7.7}$$

wobei die thermische Diffusivität a von den Eigenschaften des Materials abhängt. Nun sind die Veränderlichen t, x, y, z, wobei wir die Raumkoordinaten mit $x_i = \{x, y, z\}$ zusammenführen und wieder die EINSTEINsche Summenkonvention anwenden:

$$\frac{\partial^2 u}{\partial x_i \partial x_i} = \frac{\partial^2 u}{\partial x_1^2} + \frac{\partial^2 u}{\partial x_2^2} + \frac{\partial^2 u}{\partial x_3^2} = \frac{\partial^2 u}{\partial x^2} + \frac{\partial^2 u}{\partial y^2} + \frac{\partial^2 u}{\partial z^2}. \tag{7.8}$$

Die Wärmeleitungsgleichung ist 1. Ordnung in der Zeit und 2. Ordnung im Raum. Die Anfangs- und Randbedingungen müssen noch beschrieben werden.

Ein ähnliches Beispiel ist die FICKsche Gleichung, die die Massendiffusion in einem ruhenden Körper beschreibt:

$$\frac{\partial u}{\partial t} = D \frac{\partial^2 u}{\partial x_i \partial x_i}, \tag{7.9}$$

wobei diesmal u die Stoffkonzentration in mol/m^3 und der Materialparameter D in m/s die Diffusionskonstante beschreiben.

In allen genannten Beispielen ist die linke Seite null, falls der stationäre Zustand erreicht ist. In diesem Fall kann auch durch die Materialkonstante dividiert werden, und wir bekommen die LAPLACE Gleichung:

$$\frac{\partial^2 u}{\partial x_i \partial x_i} = 0. \tag{7.10}$$

Die inhomogene Gleichung wird POISSON Gleichung genannt:

$$\frac{\partial^2 u}{\partial x_i \partial x_i} = f. \tag{7.11}$$

Die Lösung dieser Gleichung im dreidimensionalen Raum $\boldsymbol{x} = \{x, y, z\}$ ist das Ziel der folgenden Methoden: Finite-Volumen-Methode (FVM) und Finite-Elemente-Methode (FEM). Wenn die POISSON Gleichung gelöst wird, kann dann Einschrittverfahren oder Prädiktor-Korrektor Verfahren benutzt werden, um das transiente Problem zu lösen.

7.2 Beschreibung der Randbedingungen

Wir fangen mit der POISSON Gleichung an:

$$\frac{\partial^2 u}{\partial x_i \partial x_i} = f, \quad \forall \boldsymbol{x} \in \Omega \tag{7.12}$$

welche im inneren des Rechengebietes Ω erfüllt wird, d. h. $\boldsymbol{x} \in \Omega$. Am gesamten Rand des Gebietes $\partial \Omega$ muss die Lösung in entsprechender Form:

$$a \frac{\partial u}{\partial x_i} n_i + bu = \hat{g}, \quad \forall \boldsymbol{x} \in \partial \Omega \tag{7.13}$$

gegeben werden. Die vorgegebene Funktion $\hat{g}$ beschreibt die Lösung u an der Berandung $\partial \Omega$ und auch die Veränderung der Lösung $\partial u / \partial x_i$ entlang der Flächennormale n_i, welche am Rand vom Inneren Ω hinaus zeigt und die Länge eins hat. Die obere Randbedingung ist eine gemischte oder ROBIN Randbedingung. Falls $a = 0$ ist, wird die Randbedingung:

$$u = \hat{u}, \quad \forall \boldsymbol{x} \in \partial \Omega_{\mathrm{D}}, \tag{7.14}$$

die Lösung beschreiben. Dies wird DIRICHLET Randbedingung genannt, welche auf der DIRICHLET Berandung $\partial \Omega_{\mathrm{D}}$ die Lösung vorgibt. Falls $b = 0$ ist, wird die Randbedingung:

$$\frac{\partial u}{\partial x_i} n_i = \hat{q}, \quad \forall \boldsymbol{x} \in \partial \Omega_{\mathrm{N}}, \tag{7.15}$$

die Änderung entlang der Flächennormale beschreiben (auch der Fluss genannt). Dies wird natürliche oder NEUMANN Randbedingung genannt, die auf der NEUMANN Berandung $\partial \Omega_{\mathrm{N}}$ den Fluss vorgibt.

7.3 Finite-Volumen-Methode

Der kontinuierliche Raum $\boldsymbol{x} = \{x, y, z\}$ wird in diskreten Punkten durch die Finite-Volumen-Methode approximiert. Diese Diskretisierung kann im zweidimensionalen Raum schematisch in Fig. 7.1 dargestellt werden. Das rechteckige Gebiet ist in 9 rechteckige Elemente unterteilt. In jedem Element wird ein einziger Wert für die Unbekannte berechnet. Dies wird in der geometrischen Mitte des zugehörigen Elementes ausgewertet. Für das mittlere Volumen-Element ist dieser Stützpunkt (Knoten, Gitterpunkt) an der Stelle x_2 und y_2, sodass der Wert der Unbekannte u_{22} ist. In jedem Element ist der Wert konstant und an dem Knoten ausgewertet. Das Volumen des mittleren Elementes ist Breite mal Höhe, und zwar die Fläche im 2-D-Raum:

$$\Delta x_{22} = \frac{x_3 - x_1}{2}, \quad \Delta y_{22} = \frac{y_3 - y_1}{2}, \quad V_{22} = \Delta x_{22} \Delta y_{22}. \tag{7.16}$$

Nun betrachten wir die DGL (7.12) im Rechengebiet Ω und wählen als Gebiet das mittlere Volumen-Element und integrieren beide Seiten:

$$\int_\Omega \frac{\partial^2 u}{\partial x_i \partial x_i} \, \mathrm{d}V = \int_\Omega f \, \mathrm{d}V, \tag{7.17}$$

wobei $\mathrm{d}V$ das infinitesimale Volumenelement bedeutet – in diesem Fall $\mathrm{d}V = \mathrm{d}x \, \mathrm{d}y$. Die rechte Seite ist eine gegebene Funktion $f = f(x, y)$. Wie der Wert u_{22} soll auch $f_{22} = f(x_2, y_2)$ konstant im Volumen-Element approximiert werden, sodass wir das Integral sofort berechnen können:

$$\int_\Omega f \, \mathrm{d}V = V_{22} f_{22} = \Delta x_{22} \Delta y_{22} f_{22}. \tag{7.18}$$

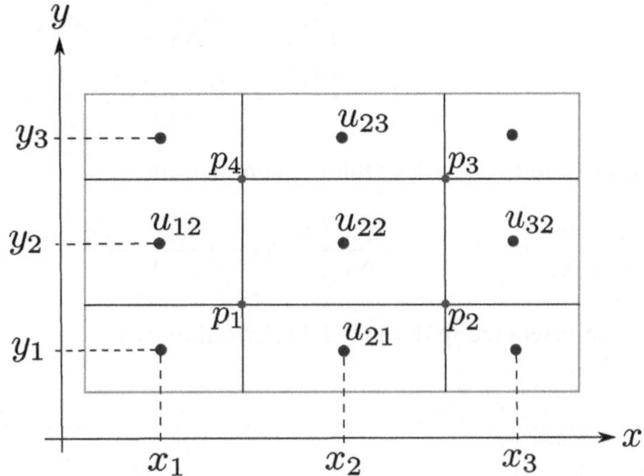

Abb. 7.1 Schematische Beschreibung der Nomenklatur für die Finite-Volumen-Methode

Wir wollen nun die Differentialgleichung durch den Satz von GAUSS–OSTROGRADSKIY von einem Volumenintegral zu einem Oberflächenintegral umwandeln:

$$\int_{\Omega} \frac{\partial^2 u}{\partial x_i \partial x_i} \, \mathrm{d}V = \int_{\partial\Omega} \frac{\partial u}{\partial x_i} n_i \, \mathrm{d}A. \tag{7.19}$$

Die gesamte Berandung $\partial\Omega$ von dem Volumen-Element erzeugt ein geschlossenes Randintegral. Die Eckpunkte des mittleren Volumen-Elementes sind:

$$\begin{aligned} p_1 &= \left(\frac{x_2 + x_1}{2}, \ \frac{y_2 + y_1}{2}\right), \quad p_2 = \left(\frac{x_2 + x_3}{2}, \ \frac{y_2 + y_1}{2}\right), \\ p_3 &= \left(\frac{x_2 + x_3}{2}, \ \frac{y_2 + y_3}{2}\right), \quad p_4 = \left(\frac{x_2 + x_1}{2}, \ \frac{y_2 + y_3}{2}\right). \end{aligned} \tag{7.20}$$

Die Nummerierung der Eckpunkte erfolgt im positiven Drehsinn. Die Kante von p_1 bis p_2 entlang x-Achse hat die Flächennormale $n_i = (0, -1)$; die Kante von p_2 bis p_3 entlang y-Achse hat $n_i = (1, 0)$; die Kante von p_4 bis p_3 entlang x-Achse hat $n_i = (0, 1)$; die Kante von p_1 bis p_4 entlang y-Achse hat $n_i = (-1, 0)$. Weil das Integral additiv ist, entspricht das Oberflächenintegral:

$$\int_{\partial\Omega} \frac{\partial u}{\partial x_i} n_i \, \mathrm{d}A = -\int_{p_1}^{p_2} \frac{\partial u}{\partial y} \, \mathrm{d}x + \int_{p_2}^{p_3} \frac{\partial u}{\partial x} \, \mathrm{d}y + \int_{p_4}^{p_3} \frac{\partial u}{\partial y} \, \mathrm{d}x - \int_{p_1}^{p_4} \frac{\partial u}{\partial x} \, \mathrm{d}y. \tag{7.21}$$

Die Ableitung kann mittels der Finite-Differenzen-Methode (siehe Abschn. 5.2) berechnet werden:

$$\begin{aligned} \left.\frac{\partial u}{\partial x}\right|_{p_2}^{p_3} &= \frac{u_{32} - u_{22}}{\Delta x_{23}}, \quad \Delta x_{23} = x_3 - x_2, \\ \left.\frac{\partial u}{\partial x}\right|_{p_1}^{p_4} &= \frac{u_{22} - u_{12}}{\Delta x_{12}}, \quad \Delta x_{12} = x_2 - x_1, \\ \left.\frac{\partial u}{\partial y}\right|_{p_1}^{p_2} &= \frac{u_{22} - u_{21}}{\Delta y_{12}}, \quad \Delta y_{12} = y_2 - y_1, \\ \left.\frac{\partial u}{\partial y}\right|_{p_4}^{p_3} &= \frac{u_{23} - u_{22}}{\Delta y_{23}}, \quad \Delta y_{23} = y_3 - y_2. \end{aligned} \tag{7.22}$$

Dies liefert folgendes Oberflächenintegral:

$$\int_{\partial\Omega} \frac{\partial u}{\partial x_i} n_i \, \mathrm{d}A = -\frac{u_{22} - u_{21}}{\Delta y_{12}} \Delta x_{22} + \frac{u_{32} - u_{22}}{\Delta x_{23}} \Delta y_{22} + \frac{u_{23} - u_{22}}{\Delta y_{23}} \Delta x_{22} - \frac{u_{22} - u_{12}}{\Delta x_{12}} \Delta y_{22}. \tag{7.23}$$

Durch Benutzung der Gl. (7.18) ermitteln wir

$$
\begin{aligned}
-\frac{u_{22}-u_{21}}{\Delta y_{12}\Delta y_{22}}+\frac{u_{32}-u_{22}}{\Delta x_{23}\Delta x_{22}}+\frac{u_{23}-u_{22}}{\Delta y_{23}\Delta y_{22}}-\frac{u_{22}-u_{12}}{\Delta x_{12}\Delta x_{22}}&=f_{22},\\
0\cdot u_{11}+\frac{1}{\Delta y_{12}\Delta y_{22}}u_{21}+0\cdot u_{31}+\frac{1}{\Delta x_{12}\Delta x_{22}}u_{12}+&\\
+\Big(-\frac{1}{\Delta y_{12}\Delta y_{22}}-\frac{1}{\Delta x_{23}\Delta x_{22}}-\frac{1}{\Delta y_{23}\Delta y_{22}}-\frac{1}{\Delta x_{12}\Delta x_{22}}\Big)u_{22}+&\\
+\frac{1}{\Delta x_{23}\Delta x_{22}}u_{32}+0\cdot u_{13}+\frac{1}{\Delta y_{23}\Delta y_{22}}u_{23}+0\cdot u_{33}&=f_{22}.
\end{aligned}
\tag{7.24}
$$

In der Matrixschreibweise können die Unbekannten und die rechte Seite für jedes Element geschrieben werden:

$$
\boldsymbol{u}=\begin{pmatrix}u_{11}\\u_{21}\\u_{31}\\u_{12}\\u_{22}\\u_{32}\\u_{13}\\u_{23}\\u_{33}\end{pmatrix},\quad \boldsymbol{f}=\begin{pmatrix}f_{11}\\f_{21}\\f_{31}\\f_{12}\\f_{22}\\f_{32}\\f_{13}\\f_{23}\\f_{33}\end{pmatrix}.
\tag{7.25}
$$

Nun sehen wir, dass die Koeffizienten vor den Komponenten $\boldsymbol{u}$ in der Gl. (7.24) nur von der Geometrie der Elemente abhängen, d. h. die Koeffizientenmatrix $\boldsymbol{A}$ kann bei der Diskretisierung erstellt werden. Für das mittlere Element mit u_5 und f_5 sind die Komponenten wie folgt:

$$
A_{i5}=\begin{pmatrix}0\\\frac{1}{\Delta y_{12}\Delta y_{22}}\\0\\\frac{1}{\Delta x_{12}\Delta x_{22}}\\-\frac{1}{\Delta y_{12}\Delta y_{22}}-\frac{1}{\Delta x_{23}\Delta x_{22}}-\frac{1}{\Delta y_{23}\Delta y_{22}}-\frac{1}{\Delta x_{12}\Delta x_{22}}\\\frac{1}{\Delta x_{23}\Delta x_{22}}\\0\\\frac{1}{\Delta y_{23}\Delta y_{22}}\\0\end{pmatrix}^{\mathsf{T}}.
\tag{7.26}
$$

Nun wird das Prozedere für alle Elemente wiederholt. Für die Elemente am Rand werden die Randbedingungen eingesetzt. Für k Elemente in der x-Achse und m Elemente in der y-Achse gibt es $N = k \times m$ Unbekannte (Freiheitsgrade). Dies erzeugt das lineare Gleichungssystem:

$$
\boldsymbol{Au}=\boldsymbol{f}
\tag{7.27}
$$

mit der Matrix $\boldsymbol{A}$ von der Größe $N \times N$. Somit kann $\boldsymbol{A}$ invertiert werden und die Unbekannten berechnet werden. Die Lösung erfolgt numerisch, die wir im nächsten Kapitel besprechen werden.

Obwohl wir dies nicht detailliert zeigen, gibt es zahlreiche Methoden, die auch nicht rechteckige Gebiete diskretisieren lassen. Somit kann die Finite-Volumen-Methode für alle Geometrien benutzt werden. Insbesondere für Strömungssimulation (Engl.: *computational fluid dynamics* CFD) wird FVM oft eingesetzt. Eine quelloffene Implementierung für CFD ist unter OpenFOAM[2] zu finden.

7.4 Finite-Elemente-Methode

Ein ganz wichtiger Vorteil der Finite-Volumen-Methode ist die Konvergenz und Stabilität, die teilweise auf einem sogenannten abgeschlossenen Träger basieren. Der Träger (Engl.: *support*) ist die Hülle der Nichtnullmenge einer Funktion. In jedem Element ist der Wert eines einzigen Freiheitgrads nicht null, anders ausgedrückt, besteht das Gebiet aus mehreren Schnittmengen, die jeweils einen abgeschlossenen Träger haben. Diese wichtige Eigenschaft wird weiterhin in der Finite-Elemente-Methode (FEM) benutzt, wobei die unbekannte Variable $u(\boldsymbol{x})$ mit den Knotenwerten a_i und den Formfunktionen $\phi_i(\boldsymbol{x})$ dargestellt wird:

$$u(\boldsymbol{x}) = a_K \phi_K(\boldsymbol{x}), \tag{7.28}$$

wobei die EINSTEINsche Summenkonvention über die Indizes für Knoten $K \in [1, N]$ angewandt wird. Für ein Dreieckelement $N = 3$ und für einen Tetraeder $N = 4$. In der FVM sind die Formfunktionen konstant in jedem zugehörigen Element; sie sind null in allen anderen Elementen. In der FEM sind die Formfunktionen beliebig zu wählen, wobei sie den abgeschlossenen Träger haben, d. h. sie sind eine Polynomfunktion von Grad n innerhalb des Elementes und null in allen anderen Elementen. Diese Formfunktionen bilden einen mathematisch abstrakten Raum. Konkret ist dies ein HILBERTscher SOBOLEV Raum.

Die Basis der FEM ist die sogenannte variationelle Formulierung, die auf die „schwache Form" führen wird. Wir fangen mit der DGL in einem einzigen Element an und bilden das Residuum R durch Subtrahieren der rechten Seite von der linken Seite:

$$\begin{aligned} \frac{\partial^2 u}{\partial x_i \partial x_i} &= f, \\ R &= \frac{\partial^2 u}{\partial x_i \partial x_i} - f. \end{aligned} \tag{7.29}$$

Hierbei sind die Indizes von eins bis Anzahl der Raumdimensionen (zwei für 2-D und drei für 3-D) aufzusummieren. Falls die Unbekannte u korrekt approximiert wird, muss das

[2]OpenFOAM *openfoam.com* ist ein C++ Werkzeugkasten für Entwicklung der Lösungsalgorithmen für Kontinuumsmechanik-Probleme.

Residuum R null ergeben. In der FEM sind u und f im Element nicht mehr konstant, deshalb multiplizieren wir das Residuum mit einer sogenannten Testfunktion δu und integrieren erst dann über das Element; wir ermitteln die Integralform:

$$\int_\Omega \left(\frac{\partial^2 u}{\partial x_i \partial x_i} - f \right) \delta u \,\mathrm{d}V = 0, \tag{7.30}$$

deswegen wird das Verfahren auch Methode der gewichteten Residuen genannt. Diese Multiplikation ergibt immer null, wenn das Residuum null ist. Wenn das Integral null ist, können wir uns nicht vergewissern, dass das Residuum an allen Positionen im Element null ist. Es kann durchaus sein, dass sich Werte gegenseitig auslöschen. Falls wir aber verlangen, dass für alle möglichen Testfunktionen die Integralform verschwindet, wird das Residuum überall erfüllt. Deshalb ist die Testfunktion beliebig zu wählen. Eine Möglichkeit, die GALERKIN Verfahren genannt und im Allgemeinen für FEM benutzt wird, beruht auf der Wahl der Testfunktionen aus dem gleichen HILBERTschen SOBOLEV Raum wie die Unbekannte:

$$\delta u(\boldsymbol{x}) = b_K \phi_K(\boldsymbol{x}). \tag{7.31}$$

Die Knotenwerte b_i sind beliebig zu wählen. Nun schreiben wir das gewichtete Residuum mit den diskreten Darstellungen der Funktionen und benutzen die Tatsache, dass ϕ von $\boldsymbol{x}$ abhängt, aber a_i und b_i nicht:

$$\begin{aligned}
\int_\Omega \left(\frac{\partial^2 a_K \phi_K}{\partial x_i \partial x_i} - f \right) b_L \phi_L \,\mathrm{d}V = 0, \\
\int_\Omega \left(a_K \frac{\partial^2 \phi_K}{\partial x_i \partial x_i} - f \right) \phi_L \,\mathrm{d}V = 0, \\
a_K \int_\Omega \frac{\partial^2 \phi_K}{\partial x_i \partial x_i} \phi_L \,\mathrm{d}V = \int_\Omega f \phi_L \,\mathrm{d}V.
\end{aligned} \tag{7.32}$$

Die Formfunktionen müssen zweifach ableitbar sein. Wir benutzen eine partielle Integration und erleichtern diese Forderung. Wir fangen mit der Produktregel an:

$$\int_\Omega \frac{\partial}{\partial x_i} \left(\frac{\partial \phi_K}{\partial x_i} \phi_L \right) \mathrm{d}V = \int_\Omega \left(\frac{\partial^2 \phi_K}{\partial x_i \partial x_i} \phi_L + \frac{\partial \phi_K}{\partial x_i} \frac{\partial \phi_L}{\partial x_i} \right) \mathrm{d}V. \tag{7.33}$$

Für die linke Seite wenden wir den GAUSSschen Satz an:

$$\int_\Omega \frac{\partial}{\partial x_i} \left(\frac{\partial \phi_K}{\partial x_i} \phi_L \right) \mathrm{d}V = \oint_{\partial\Omega} \frac{\partial \phi_K}{\partial x_i} \phi_L n_i \,\mathrm{d}A, \tag{7.34}$$

wobei n_i die Normale auf der Fläche $\partial\Omega$ ist. Somit ist die partielle Integration:

$$\int_\Omega \frac{\partial^2 \phi_K}{\partial x_i \partial x_i} \phi_l \,\mathrm{d}V = -\int_\Omega \frac{\partial \phi_K}{\partial x_i} \frac{\partial \phi_L}{\partial x_i} \mathrm{d}V + \oint_{\partial\Omega} \frac{\partial \phi_K}{\partial x_i} \phi_L n_i \,\mathrm{d}A \tag{7.35}$$

in Gleichung (7.32) einzusetzen:

$$-a_K \int_\Omega \frac{\partial \phi_K}{\partial x_i} \frac{\partial \phi_L}{\partial x_i} \, \mathrm{d}V + a_K \oint_{\partial \Omega} \frac{\partial \phi_K}{\partial x_i} \phi_L n_i \, \mathrm{d}A = \int_\Omega f \phi_L \, \mathrm{d}V. \tag{7.36}$$

In dieser Formulierung ist die Forderung der zweifachen Differenzierbarkeit auf die einfache Differenzierbarkeit reduziert worden. Dadurch ist die Forderung geschwächt worden, sodass die letzte Integralform „schwache Form“ genannt wird. Für ein einziges Element ist nun die sogenannte Steifigkeitsmatrix:

$$K_{KL} = \int_\Omega \frac{\partial \phi_K}{\partial x_i} \frac{\partial \phi_L}{\partial x_i} \, \mathrm{d}V, \tag{7.37}$$

und die (bekannte) „rechte“ Seite:

$$R_L = \int_\Omega f \phi_L \, \mathrm{d}V, \tag{7.38}$$

definiert. Die Formfunktionen sind kontinuierlich und differenzierbar. Wenn wir über alle Elemente aufsummieren, wird der Randterm eliminiert, weil an der gleichen Oberfläche zwischen zwei benachbarten Elemente die Flächennormalen entgegengesetzt (orientiert) sind. Dann kann die globale Steifigkeitsmatrix und die rechte Seite durch Aufsummieren erstellt werden; die schwache Form ist nun:

$$\boldsymbol{K}\boldsymbol{a} = \boldsymbol{R}, \tag{7.39}$$

wobei $\boldsymbol{a}$ die Länge der Knoten N (Freiheitsgrade) hat. Die globale Steifigkeitsmatrix ist eine $N \times N$ Matrix und kann invertiert werden, sodass die letzte Gleichung numerisch mit den Methoden des nächsten Kapitels gelöst wird.

Die Bildung der Formfunktionen ist standardisiert und hängt von dem Elementtyp ab. Es gibt mehrere unterschiedliche Elementtypen, die zur Verfügung stehen. Drei Regeln müssen befolgt werden:

- Die Funktionen gehören mindestens zum H^1, sodass sie einmal ableitbar sind.
- Mit einem lokalen Träger in jedem Element sind die Funktionen beschrieben: Sie sind stückweise Polynome.
- Für den K-ten Knoten an der Position $\boldsymbol{x}_K$ ist die Formfunktion $\phi_K(x_L) = 0$, wenn $K \neq L$ ist; und $\phi_K(\boldsymbol{x}_K) = 1$. Die Summe aller Formfunktionen an einem beliebigen Punkt $\boldsymbol{x}$ ergibt immer $\sum_K \phi_K(\boldsymbol{x}) = 1$.

Man kann sich die Elemente als Dreiecke oder Rechtecke in 2-D und dreieckige Pyramiden oder Würfel in 3-D vorstellen. Die Geometrie wird durch eine Vernetzung in die finiten Elemente unterteilt. Selbstverständlich wird ein Knoten von mehreren Elementen benutzt. An einem Knoten K ergibt die zugehörige Formfunktion ϕ_K den Wert eins. An den benachbarten Knoten geht dieser Wert gegen null. Der Verlauf ist mit einem Polynom beschrieben. Der Polynomgrad 1 ergibt lineares Element und der Polynomgrad 2 erzeugt quadratisches Element. Für eine Stelle, die nicht am Knoten liegt, wird der Wert durch die Knoten des jeweiligen Elementes bestimmt. Die benachbarten Elemente haben keinen Einfluss auf diesen Wert.

Die Formfunktionen sind in der Phase der Vernetzung vorgegeben. Deshalb können auch die Koeffizientenmatrix $\boldsymbol{K}$ und die rechte Seite $\boldsymbol{R}$ sofort erstellt werden. Bei der Erstellung von diesen Matrizen sind Integrale erforderlich. Sie werden numerisch durch die GAUSSsche Quadratur berechnet. Dazu soll eine Transformation von dem Raum $\boldsymbol{x}$ in den Gaußraum stattfinden. Die JACOBI Determinante dieser Transformation ist wichtig. Wenn die Determinante einen sehr kleinen Wert hat, erzeugt dieser eine fehlerhafte Integration. Der kleine Wert der JACOBI Determinante trifft bei verzerrten Elementen auf. Dadurch wird die Qualität der Vernetzung durch die Angabe der JACOBI Determinante in jedem Element überprüft. Die JACOBI Determinante ist eins, wenn die Transformation von einem gleichseitigen Dreieck oder Quadrat in 2-D, von einem Tetraeder oder gleichkantigen Würfel erzeugt wird. Somit hat die Qualität der Elemente auch einen anschaulichen Charakter.

Die Finite-Elemente-Methode wird insbesondere in der Strukturmechanik und Elektrodynamik weitgehend benutzt. Es gibt viele effiziente Algorithmen zur Vernetzung und Erstellung der Steifigkeitsmatrix. Eine quelloffene Implementierung für FEM ist unter FEniCS[3] zu finden. Diese benutzen wir für Beispiele auf Abschn. 21.4 und 21.5.

[3] FEniCS *fenicsproject.org* ist eine populäre quelloffene Plattform für numerische Berechnungen.

Numerische Lösung der Gleichungssysteme 8

Die Lösung einer einzigen Gleichung ist ein seltener Fall in technischen Problemen. Oft besteht die Aufgabe aus der Lösung eines Gleichungssystems. Insbesondere die Zusammenstellung der diskreten Elemente wie in der Finite-Volumen-Methode sowie in der Finite-Elemente-Methode erfordert die Lösung eines Gleichungssystems. Wir behandeln Systeme, die eine einzige Lösung haben und lösbar sind. Die eindeutige Lösbarkeit ist bei den linearen Systemen der Fall. Bei den nichtlinearen Systemen hängt die Lösung von dem Initialwert des iterativen Lösungsalgorithmus ab.[1] Wir betrachten ein lineares Gleichungssystem:

$$\boldsymbol{A}\boldsymbol{u} = \boldsymbol{R}, \tag{8.1}$$

mit einer $N \times N$ Koeffizientenmatrix $\boldsymbol{A}$ und N Unbekannte $\boldsymbol{u}$. Die Unbekannten sind voneinander unabhängig, sodass die Anzahl der Unbekannten der Anzahl der Gleichungen entspricht. Die i-te Zeile $A_{i:}$ ist eine Gleichung zur Lösung der i-ten Unbekannten u_i mit der zugehörigen rechten Seite R_i. In linearer Algebra wird $\boldsymbol{u} = \boldsymbol{A}^{-1}\boldsymbol{R}$ als einzige Lösung angegeben. Diese direkte Methode ist unschlagbar – insbesondere für relativ kleine Systeme von $N < 20\,000$. Unter dem Eliminationsverfahren besprechen wir diese direkte Methode. Für größere Systeme gibt es zahlreiche approximative Verfahren; einige iterative Methoden werden wir einführen und anwenden. Sehr gute Implementierungen wie z. B. PETSc[2] oder Trilinos[3] existieren, sodass wir sie grundsätzlich nicht selbst implementieren. Allerdings ist es vorteilhaft zu wissen, wie sie funktionieren, um deren Stärken sowie Schwächen zu entdecken.

[1] Siehe Abschn. 3.4.
[2] http://www.mcs.anl.gov/petsc/
[3] https://trilinos.org/packages/

B.E. Abali und C. Çakıroğlu, *Numerische Methoden für Ingenieure*,
https://doi.org/10.1007/978-3-662-61325-2_8

8.1 Die Gauß Eliminationsmethode

Der meist benutzte, direkte Lösungsalgorithmus ist die GAUSS Eliminationsmethode. Statt die Matrix $\boldsymbol{A}$ invertieren zu versuchen, werden durch sukzessive Operationen an der Matrix $\boldsymbol{A}$ Unbekannten eliminiert. Das Ziel ist eine spezielle Form, und zwar die obere Dreiecksmatrix. Das Lösen wird dadurch sehr einfach. Dabei werden Zeilen mit einer Zahl multipliziert und gegebenenfalls ausgetauscht. Um das Verfahren konkret zu zeigen, geben wir ein einfaches Beispiel:

$$\begin{pmatrix} 1 & 2 & 3 \\ 3 & 1 & 0 \\ 2 & 3 & 2 \end{pmatrix} \begin{pmatrix} u_1 \\ u_2 \\ u_3 \end{pmatrix} = \begin{pmatrix} 0 \\ 2 \\ 1 \end{pmatrix} \tag{8.2}$$

welches der folgenden Gleichungen entspricht:

$$\begin{aligned} 1u_1 + 2u_2 + 3u_3 &= 0, \\ 3u_1 + 1u_2 + 0u_3 &= 2, \\ 2u_1 + 3u_2 + 2u_3 &= 1. \end{aligned} \tag{8.3}$$

Wir möchten in der 2. Gleichung u_1 und in der 3. Gleichung u_1 sowie u_2 eliminieren. Die 1. Gleichung kann mit 3 multipliziert und von der 2. Gleichung subtrahiert werden. Dann wird die 1. Gleichung mit 2 multipliziert und von der 3. Gleichung subtrahiert. Wir bekommen

$$\begin{aligned} 1u_1 + 2u_2 + 3u_3 &= 0, \\ 0u_1 - 5u_2 - 9u_3 &= 2, \\ 0u_1 - 1u_2 - 4u_3 &= 1. \end{aligned} \tag{8.4}$$

Dann wird die 2. Gleichung durch 5 dividiert und von der 3. Gleichung subtrahiert:

$$\begin{aligned} 1u_1 + 2u_2 + 3u_3 &= 0, \\ 0u_1 - 5u_2 - 9u_3 &= 2, \\ 0u_1 + 0u_2 - \frac{11}{5}u_3 &= \frac{3}{5}. \end{aligned} \tag{8.5}$$

Nun haben wir ein Gleichungssystem erreicht, das sehr einfach zu lösen ist. Wir fangen mit der letzten Gleichung an: u_3 ist bestimmt, dies wird in die vorletzte Gleichung eingesetzt, u_2 ist bestimmt, beide werden in die erste Gleichung eingesetzt, und u_1 ist bestimmt. In der Matrixschreibweise ergibt der Name der oberen Dreiecksmatrix auch einen Sinn:

$$\begin{pmatrix} 1 & 2 & 3 \\ 0 & -5 & -9 \\ 0 & 0 & -\frac{11}{5} \end{pmatrix} \begin{pmatrix} u_1 \\ u_2 \\ u_3 \end{pmatrix} = \begin{pmatrix} 0 \\ 2 \\ \frac{3}{5} \end{pmatrix}. \tag{8.6}$$

Dieses Verfahren kann weiterhin effizienter gestaltet werden, wenn die Zeilen am Anfang getauscht werden. Da jede Zeile eine unabhängige Gleichung darstellt, dürfen wir die Zeilen tauschen. Es ist bemerkenswert und nicht sofort ersichtlich, dass das Verfahren durch die neue Ordnung der Gleichungen effizienter wird. Der Grund dazu ist die Konditionierung einer Matrix. Wenn eine Zeile durch eine Zahl dividiert wird, kann es sein, dass die Zeile schlechter als vorher konditioniert wird. Dies ist der Fall bei einer Division einer Zahl durch eine betragsmäßig kleinere Zahl. Konkret bedeutet die Vertauschung am Anfang:

$$\begin{aligned} 3u_1 + 1u_2 + 0u_3 &= 2, \\ 2u_1 + 3u_2 + 2u_3 &= 1, \\ 1u_1 + 2u_2 + 3u_3 &= 0, \end{aligned} \tag{8.7}$$

sodass die Reihenfolge vom Kopfelement nach dem Pivotelement (betragsmäßig größtes Element) generiert wird. Dieses Verfahren heißt Pivotisierung. Nach der üblichen Operation:

$$\begin{aligned} 3u_1 + 1u_2 + 0u_3 &= 2, \\ 0u_1 + \frac{7}{3}u_2 + 2u_3 &= -\frac{1}{3}, \\ 0u_1 + \frac{5}{3}u_2 + 3u_3 &= -\frac{2}{3}, \end{aligned} \tag{8.8}$$

sehen wir, dass die Kopfelemente schon in der richtigen Reihenfolge sind und keine Pivotisierung notwendig ist. Nochmalige Elimination ergibt:

$$\begin{aligned} 3u_1 + 1u_2 + 0u_3 &= 2, \\ 0u_1 + \frac{7}{3}u_2 + 2u_3 &= -\frac{1}{3}, \\ 0u_1 + 0u_2 + \frac{11}{7}u_3 &= \frac{9}{21}. \end{aligned} \tag{8.9}$$

Die Lösung dieses Systems ist sehr einfach, diesmal ist die Konditionierung besser. Im Allgemeinen erzielt die Gauss Eliminationsmethode eine Umformulierung, die die obere Dreiecksmatrix ergibt.

Die Gauss Eliminationsmethode ist eine direkte Methode, da wir die Unbekannte durch Matrixoperationen auf einmal ermitteln. Darüber hinaus ist die Lösung exakt (bis auf die Maschinengenauigkeit), falls die Matrix gut konditioniert ist. Bei den großen Matrizen mit z. B. $N = 5000$ wird die Implementierung der Operationen einen Unterschied in der Lösungszeit machen. Unterschiedliche und sehr effiziente Implementierungen der direkten Lösungsmethode sind unter Namen LAPACK, BLAS, SLAP, MuMPS und PETSc zu finden. Diese Lösungsalgorithmen sind unter GNU Public Lizensen zur Verfügung gestellt; die Forschungscodes wie die erwähnten OpenFOAM und FEniCS benutzen diese Bibliotheken, um die Gleichungssyteme zu lösen. Im Folgenden zeigen wir zwei spezielle Verfahren als Beispiel.

8.1.1 LU Zerlegung

Wir zeigen eine Matrixoperation zum Multiplizieren der dritten Gleichung mit a und addieren zur ersten Gleichung:

$$\begin{pmatrix}1&0&0\\0&1&0\\a&0&1\end{pmatrix}\begin{pmatrix}3&1&0\\2&3&2\\1&2&3\end{pmatrix}=\begin{pmatrix}3&1&0\\2&3&2\\3a+1&a+2&3\end{pmatrix}. \tag{8.10}$$

Nun betrachten wir das obere Beispiel und benutzen dieses Mal eine Matrix für die durchgeführte Operation:

$$\begin{pmatrix}1&0&0\\0&1&0\\-\frac{1}{3}&0&1\end{pmatrix}\begin{pmatrix}1&0&0\\-\frac{2}{3}&1&0\\0&0&1\end{pmatrix}\begin{pmatrix}3&1&0\\2&3&2\\1&2&3\end{pmatrix}\begin{pmatrix}u_1\\u_2\\u_3\end{pmatrix}=\begin{pmatrix}1&0&0\\0&1&0\\-\frac{1}{3}&0&1\end{pmatrix}\begin{pmatrix}1&0&0\\-\frac{2}{3}&1&0\\0&0&1\end{pmatrix}\begin{pmatrix}2\\1\\0\end{pmatrix},$$
$$\begin{pmatrix}3&1&0\\0&\frac{7}{3}&2\\0&\frac{5}{3}&3\end{pmatrix}\begin{pmatrix}u_1\\u_2\\u_3\end{pmatrix}=\begin{pmatrix}2\\-\frac{1}{3}\\-\frac{2}{3}\end{pmatrix}. \tag{8.11}$$

Es ist ersichtlich, dass jede Operation mit einer (anderen) unteren Dreiecksmatrix realisiert wurde. Selbstverständlich können wir alle Operationen zusammenbringen und erhalten:

$$\begin{aligned}\boldsymbol{A}\boldsymbol{u}&=\boldsymbol{R},\\ \bar{\boldsymbol{L}}\boldsymbol{A}\boldsymbol{u}&=\bar{\boldsymbol{L}}\boldsymbol{R}.\end{aligned} \tag{8.12}$$

Dabei besteht $\bar{\boldsymbol{L}}$ aus (mehreren) unteren Dreiecksmatrizen und ist an sich eine untere Dreiecksmatrix. Für den Zeilenwechsel für Zeile 1 mit der Zeile 2 benutzen wir eine Permutationsmatrix:

$$\begin{pmatrix}0&1&0\\1&0&0\\0&0&1\end{pmatrix}\begin{pmatrix}3&1&0\\2&3&2\\1&2&3\end{pmatrix}=\begin{pmatrix}2&3&2\\3&1&0\\1&2&3\end{pmatrix}. \tag{8.13}$$

Somit werden alle notwendigen Zeilenvertauschungen mit der Permutationsmatrix $\boldsymbol{P}$ gemacht. Wir erhalten $\bar{\boldsymbol{L}}\boldsymbol{P}$ als Gesamtheit der Operationen. Weil $\bar{\boldsymbol{L}}$ eine untere Dreiecksmatrix ist, wird die Inverse auch eine untere Dreiecksmatrix: $\bar{\boldsymbol{L}}^{-1}=\boldsymbol{L}$. Für eine quadratische $\boldsymbol{A}$ haben wir

$$\begin{aligned}\bar{\boldsymbol{L}}\boldsymbol{P}\boldsymbol{A}&=\boldsymbol{U},\\ \boldsymbol{P}\boldsymbol{A}&=\boldsymbol{L}\boldsymbol{U},\end{aligned} \tag{8.14}$$

wobei das Ergebnis $\boldsymbol{U}$ eine obere Dreiecksmatrix ist. Somit sehen wir die bekannte LU (Engl.: *lower-upper*) Zerlegung. Mit dem ganzen Formalismus sparen wir die inverse Operation von $\boldsymbol{A}$. Die LU Zerlegung wird insbesondere für kleinere Systeme in der FVM oder FEM oft benutzt.

8.1.2 Cholesky Zerlegung

Die Anzahl der Unbekannten ist gleich der Anzahl der Gleichungen, sodass die Koeffizientenmatrix $\boldsymbol{A}$ quadratisch ist. Falls sie auch noch symmetrisch ist, kann die Zerlegung in die untere und obere Dreiecksmatrizen einfacher als durch die LU Zerlegung gemacht werden. Dazu ist die Eigenschaft „positive Definitheit" von großer Bedeutung. Eine symmetrische Matrix $\boldsymbol{A} \in \mathbb{R}^N \times \mathbb{R}^N$ ist positiv definit, falls $\boldsymbol{k}^\mathsf{T}\boldsymbol{A}\boldsymbol{k} > 0$ für alle $\boldsymbol{k} \in \mathbb{R}^N$ ist. Dabei ist der Vektor $\boldsymbol{k}$ mit N Komponenten beliebig auszuwählen (außer $\boldsymbol{k} = 0$). Die Überprüfung erfolgt über die Eigenwerte, weil die Eigenwertberechnung günstiger ist. Eine wichtige Eigenschaft der positiv definiten Matrix $\boldsymbol{A}$ ist die CHOLESKY Zerlegung:

$$\boldsymbol{A} = \boldsymbol{L}\boldsymbol{L}^\mathsf{T}, \tag{8.15}$$

wobei $\boldsymbol{L}$ eine untere Dreiecksmatrix ist. Somit ist $\boldsymbol{L}^\mathsf{T}$ eine obere Dreiecksmatrix mit den Komponenten von $\boldsymbol{L}$.

Zur Darstellung dieser Methode untersuchen wir eine 3×3 symmetrische Matrix für die CHOLESKY Zerlegung:

$$\begin{pmatrix} A_{11} & A_{12} & A_{13} \\ A_{12} & A_{22} & A_{23} \\ A_{13} & A_{23} & A_{33} \end{pmatrix} = \begin{pmatrix} L_{11} & 0 & 0 \\ L_{12} & L_{22} & 0 \\ L_{13} & L_{23} & L_{33} \end{pmatrix} \begin{pmatrix} L_{11} & L_{12} & L_{13} \\ 0 & L_{22} & L_{23} \\ 0 & 0 & L_{33} \end{pmatrix}. \tag{8.16}$$

Wir berechnen die Komponenten von $\boldsymbol{A}$ wie folgt:

$$\begin{aligned} A_{11} &= L_{11}^2, \quad A_{12} = L_{11}L_{12}, \quad A_{13} = L_{11}L_{13}, \\ A_{22} &= L_{12}^2 + L_{22}^2, \quad A_{23} = L_{12}L_{13} + L_{22}L_{23}, \quad A_{33} = L_{13}^2 + L_{23}^2 + L_{33}^2. \end{aligned} \tag{8.17}$$

Aus der letzteren werden die Komponenten der Matrix $\boldsymbol{L}$ unmittelbar (in der Reihenfolge) ermittelt:

$$\begin{aligned} L_{11} &= A_{11}^{1/2}, \quad L_{12} = \frac{A_{12}}{L_{11}}, \quad L_{13} = \frac{A_{13}}{L_{11}}, \\ L_{22} &= (A_{22} - L_{12}^2)^{1/2}, \quad L_{23} = \frac{A_{23} - L_{12}L_{13}}{L_{22}}, \quad L_{33} = (A_{33} - L_{13}^2 - L_{23}^2)^{1/2}. \end{aligned} \tag{8.18}$$

Insbesondere in der FVM oder FEM – in Abhängigkeit von dem physikalischen Problem – ist die Koeffizientenmatrix oft symmetrisch und positiv definit, sodass die CHOLESKY Zerlegung weitgehend benutzt wird.

8.2 Iterative Methoden

Statt einer direkten Lösungsmethode kann ein iteratives Verfahren angewandt werden. Im Allgemeinen sind die iterativen Methoden effizienter und schneller als die direkte Methode, wobei die Lösung approximativ ist und sehr stark von den Eigenschaften und Parametern der Methode abhängt. Die iterativen Methoden sind hilfreich, insbesondere wenn das zu lösende System sehr groß wie $N > 50\,000$ ist. Es ist durchaus möglich, dass die iterative Methode nicht konvergiert und das Problem nicht gelöst werden kann. Konvergenz und Effizienz hängen stark von den Eigenschaften von $\boldsymbol{A}$ ab. Wenn $\boldsymbol{A}$ dünnbesetzt ist, werden die iterativen Methoden viel schneller als die direkte Methode operieren. Bei den besprochenen FVM und FEM ist es möglich, durch geschickte Nummerierung der Elemente eine dünnbesetzte Matrix $\boldsymbol{A}$ zu gewinnen. Aus diesem Grund sind die iterativen Methoden von großer Bedeutung, obwohl die Konvergenz nicht gesichert ist.

8.2.1 Richardson Verfahren

Diese Methode basiert auf der Umschreibung: $\boldsymbol{Iu} = \boldsymbol{u}$, wie folgt:

$$\begin{aligned} \boldsymbol{Au} &= \boldsymbol{R}, \\ (\boldsymbol{A} - \boldsymbol{I})\boldsymbol{u} + \boldsymbol{u} &= \boldsymbol{R}, \\ \boldsymbol{u} &= \boldsymbol{R} - (\boldsymbol{A} - \boldsymbol{I})\boldsymbol{u}. \end{aligned} \tag{8.19}$$

Nun ist es möglich, die letzte Gleichung als eine Aktualisierung zu schreiben:

$$\boldsymbol{u} := \boldsymbol{R} - (\boldsymbol{A} - \boldsymbol{I})\boldsymbol{u}. \tag{8.20}$$

Obwohl nicht sofort ersichtlich, bedeutet dies, dass wir eine iterative Methode erzeugt haben:

$$\boldsymbol{u}_{k+1} = \boldsymbol{R} + (\boldsymbol{I} - \boldsymbol{A})\boldsymbol{u}_k, \tag{8.21}$$

in der die Aktualisierung bis zur Konvergenz weiterzuführen ist:

$$\|\boldsymbol{u}_{k+1} - \boldsymbol{u}_k\| < TOL. \tag{8.22}$$

Eine einfache Umschreibung hat uns eine iterative Methode gebracht. In der Tat muss das System adäquate Eigenschaften haben, sodass diese Iteration konvergiert. Eine weitere Umschreibung zeigt uns wohl, warum diese Iteration konvergieren soll:

$$\boldsymbol{u}_{k+1} = \boldsymbol{R} + (\boldsymbol{I} - \boldsymbol{A})\boldsymbol{u}_k = \boldsymbol{R} + \boldsymbol{u}_k - \boldsymbol{A}\boldsymbol{u}_k = \boldsymbol{u}_k + (\boldsymbol{R} - \boldsymbol{A}\boldsymbol{u}_k). \tag{8.23}$$

Allerdings ist es nicht klar, ob der Fehler $\boldsymbol{R} - \boldsymbol{A}\boldsymbol{u}_k$ die Iteration zur Lösung annähern oder divergieren lässt. Um dies zu analysieren, führen wir die beste Lösung $\hat{\boldsymbol{u}}$ ein, die $\boldsymbol{A}\hat{\boldsymbol{u}} = \boldsymbol{R}$ mit der gegebenen Toleranz erfüllt. Die Lösung durch eine iterative Methode ist approximativ, wir erzielen, dass $\boldsymbol{u}_{k+1}$ zu dieser besten Lösung $\hat{\boldsymbol{u}}$ konvergiert:

$$\begin{aligned}\hat{\boldsymbol{u}} - \boldsymbol{u}_{k+1} &= \hat{\boldsymbol{u}} - \boldsymbol{R} - (\boldsymbol{I} - \boldsymbol{A})\boldsymbol{u}_k, \\ \hat{\boldsymbol{u}} - \boldsymbol{u}_{k+1} &= \hat{\boldsymbol{u}} - \boldsymbol{A}\hat{\boldsymbol{u}} - (\boldsymbol{I} - \boldsymbol{A})\boldsymbol{u}_k, \\ \hat{\boldsymbol{u}} - \boldsymbol{u}_{k+1} &= (\boldsymbol{I} - \boldsymbol{A})(\hat{\boldsymbol{u}} - \boldsymbol{u}_k).\end{aligned} \tag{8.24}$$

Zur weiteren Umschreibung benötigen wir die allgemeine Relation, z. B. zwischen 2 beliebigen Vektoren:

$$\|\boldsymbol{a} \cdot \boldsymbol{b}\| \leq \|\boldsymbol{a}\| \|\boldsymbol{b}\|, \tag{8.25}$$

was aus der Geometrie schnell zu sehen ist. Somit erreichen wir:

$$\|\hat{\boldsymbol{u}} - \boldsymbol{u}_{k+1}\| \leq \|\boldsymbol{I} - \boldsymbol{A}\| \|\hat{\boldsymbol{u}} - \boldsymbol{u}_k\|. \tag{8.26}$$

In jeder Iteration soll sich der Fehler verkleinern, d. h. $\|\boldsymbol{I} - \boldsymbol{A}\| < 1$ sein. Dies ist nur dann möglich, wenn $\boldsymbol{A}$ sehr nah zur Identität (Einheitsmatrix) ist. Im Allgemeinen ist dies nicht möglich. Das Verfahren wird nicht wie oben beschrieben benutzt, sondern eine modifizierte Version, die viel Anwendung findet, heißt JACOBI Verfahren.

8.2.2 Jacobi Verfahren

Das RICHARDSON Verfahren benötigt $\boldsymbol{A}$ mit Diagonalelementen gleich 1. Wir fangen mit einer Matrix $\boldsymbol{D}$, die die Diagonalelemente der Matrix $\boldsymbol{A}$ beinhaltet:

$$\boldsymbol{D} = \begin{pmatrix} A_{11} & 0 & 0 & \dots & 0 \\ & A_{22} & 0 & \dots & 0 \\ & & & \ddots & \vdots \\ \text{sym.} & & & & A_{nn} \end{pmatrix}, \quad \boldsymbol{D}^{-1} = \begin{pmatrix} 1/A_{11} & 0 & 0 & \dots & 0 \\ & 1/A_{22} & 0 & \dots & 0 \\ & & & \ddots & \vdots \\ \text{sym.} & & & & 1/A_{nn} \end{pmatrix}. \tag{8.27}$$

Daraus erhalten wir $\boldsymbol{D}^{-1}\boldsymbol{A}$ als eine Matrix mit 1 als Diagonaleinträge. Wenn wir beide Seiten mit $\boldsymbol{D}^{-1}$ multiplizieren:

$$\begin{aligned}\boldsymbol{A}\boldsymbol{u} &= \boldsymbol{R}, \\ \boldsymbol{D}^{-1}\boldsymbol{A}\boldsymbol{u} &= \boldsymbol{D}^{-1}\boldsymbol{R},\end{aligned} \tag{8.28}$$

und dann das RICHARDSON Verfahren mit $\boldsymbol{D}^{-1}\boldsymbol{A}$ statt $\boldsymbol{A}$ und $\boldsymbol{D}^{-1}\boldsymbol{R}$ statt $\boldsymbol{R}$ umschreiben:

$$\boldsymbol{u}_{k+1} = \boldsymbol{u}_k + \boldsymbol{D}^{-1}(\boldsymbol{R} - \boldsymbol{A}\boldsymbol{u}_k), \tag{8.29}$$

erreichen wir das sogenannte JACOBI Verfahren. Ein anderer gängiger Name ist das RICHARDSON Verfahren mit der JACOBI Vorkonditionierung. Dabei handelt es sich um eine

Multiplikation mit $\boldsymbol{D}^{-1}$, welche die Lösbarkeit des Systems verbessert, d. h. die Konditionierung verändert. In analoger Weise kann man die Konvergenz studieren. Dann stellt man fest, dass der (betragsmäßig) größte Eigenwert von $\boldsymbol{I}-\boldsymbol{D}^{-1}\boldsymbol{A}$ (auch Spektralradius genannt) kleiner als eins sein muss. Deshalb können die Eigenschaften der Vorkonditionierung sogar überprüft werden, bevor man sie anwendet.

8.2.3 Gauß–Seidel Verfahren

Die Auswahl der Vorkonditionierung als $\boldsymbol{D}^{-1}$ ist darin begründet, dass $\boldsymbol{A}$ nah zur Identität $\boldsymbol{I}$ sein soll. Mit dieser Überlegung haben wir das JACOBI Verfahren erreicht. Nun können wir die selbe Form durch eine weitere Umschreibung:

$$\begin{aligned}
\boldsymbol{u} &:= \boldsymbol{u} + \boldsymbol{D}^{-1}(\boldsymbol{R} - \boldsymbol{A}\boldsymbol{u}),\\
\boldsymbol{D}\boldsymbol{u} &:= \boldsymbol{D}\boldsymbol{u} + \boldsymbol{R} - \boldsymbol{A}\boldsymbol{u},\\
\boldsymbol{D}\boldsymbol{u} + \boldsymbol{A}\boldsymbol{u} - \boldsymbol{D}\boldsymbol{u} &= \boldsymbol{R},\\
(\boldsymbol{D} + \boldsymbol{A} - \boldsymbol{D})\boldsymbol{u} &= \boldsymbol{R},
\end{aligned} \tag{8.30}$$

in eine Zerlegung der Matrix $\boldsymbol{A}$ als $\boldsymbol{D}+\boldsymbol{A}-\boldsymbol{D}$ verstehen. Diese Herangehensweise ist sehr wertvoll, da wir nun eine andere Zerlegung vorschlagen können: $\boldsymbol{A}=\boldsymbol{L}+\boldsymbol{D}+\boldsymbol{U}$, wobei die untere Dreiecksmatrix $\boldsymbol{L}$, die Diagonalmatrix $\boldsymbol{D}$ und die obere Dreiecksmatrix $\boldsymbol{U}$ zusammen die Matrix $\boldsymbol{A}$ erstellen:

$$\boldsymbol{L} = \begin{pmatrix} 0 & 0 & 0 & \dots & 0 \\ A_{21} & 0 & 0 & \dots & 0 \\ A_{31} & A_{32} & 0 & \dots & 0 \\ \vdots & & & \ddots & \vdots \\ A_{n1} & A_{n2} & \dots & & 0 \end{pmatrix}, \quad \boldsymbol{U} = \begin{pmatrix} 0 & A_{12} & A_{13} & \dots & A_{1n} \\ 0 & 0 & A_{23} & \dots & A_{2n} \\ 0 & 0 & 0 & \dots & A_{3n} \\ \vdots & & & \ddots & \vdots \\ 0 & 0 & \dots & & 0 \end{pmatrix}. \tag{8.31}$$

Diese Zerlegung führt auf das sogenannte GAUSS–SEIDEL Verfahren:

$$\begin{aligned}
(\boldsymbol{L} + \boldsymbol{D} + \boldsymbol{U})\boldsymbol{u} &= \boldsymbol{R},\\
(\boldsymbol{L} + \boldsymbol{D})\boldsymbol{u} &:= \boldsymbol{R} - \boldsymbol{U}\boldsymbol{u},\\
(\boldsymbol{L} + \boldsymbol{D})\boldsymbol{u} &:= \boldsymbol{R} - (\boldsymbol{A} - \boldsymbol{L} - \boldsymbol{D})\boldsymbol{u},\\
(\boldsymbol{L} + \boldsymbol{D})\boldsymbol{u} &:= (\boldsymbol{L} + \boldsymbol{D})\boldsymbol{u} + \boldsymbol{R} - \boldsymbol{A}\boldsymbol{u},\\
\boldsymbol{u}_{k+1} &= \boldsymbol{u}_k + (\boldsymbol{L} + \boldsymbol{D})^{-1}(\boldsymbol{R} - \boldsymbol{A}\boldsymbol{u}_k).
\end{aligned} \tag{8.32}$$

In diesem Fall ist die Vorkonditionierung $(\boldsymbol{L}+\boldsymbol{D})^{-1}$. Es ist wichtig zu bemerken, dass die Inverse einer Dreiecksmatrix effizient berechenbar ist.

8.2.4 Relaxation

Die Vorkonditionierung erzielt die schnelle Konvergenz zur Lösung. Wir können das GAUSS–SEIDEL Verfahren mit einem zusätzlichen Parameter $\beta < 1$ verlangsamen oder $\beta > 1$ beschleunigen:

$$\boldsymbol{u}_{k+1} = \boldsymbol{u}_k + \beta(\boldsymbol{L} + \boldsymbol{D})^{-1}(\boldsymbol{R} - \boldsymbol{A}\boldsymbol{u}_k). \tag{8.33}$$

Offensichtlich entspricht $\beta = 1$ dem GAUSS–SEIDEL Verfahren. Eine Wahl von $\beta > 1$ wird oft SOR-Verfahren (Engl.: *successive overrelaxation*) genannt. Die optimale Bestimmung des Parameters β ist in der Tat nicht bekannt und problemabhängig. Für den Fall ohne Vorkonditionierung:

$$\boldsymbol{u}_{k+1} = \boldsymbol{u}_k + \beta(\boldsymbol{R} - \boldsymbol{A}\boldsymbol{u}_k), \tag{8.34}$$

falls $\boldsymbol{A}$ nur k reelle Eigenwerte besitzt:

$$\lambda_1 \geq \lambda_2 \geq \cdots \geq \lambda_k, \tag{8.35}$$

wird die folgende Wahl:

$$\beta = \frac{2}{2 - (\lambda_1 + \lambda_k)}, \tag{8.36}$$

die Konvergenz beschleunigen. Es gibt sogar adaptive SOR-Verfahren, in denen der β Parameter in jedem Schritt angepasst wird.

8.2.5 Verfahren der konjugierten Gradienten

Wir suchen die Unbekannten u_i, die die Gleichung erfüllen:

$$A_{ij}u_j = R_i. \tag{8.37}$$

Eine approximative Lösung $\hat{u}_i$ wird ermittelt, die $A_{ij}\hat{u}_j - R_i = 0$ im Rahmen einer Toleranz wiedergibt. Wenn wir nun die folgende quadratische Form:

$$F = \frac{1}{2}u_i A_{ij} u_j - u_i R_i, \tag{8.38}$$

nach u_k ableiten:

$$\begin{aligned}
\frac{\partial F}{\partial u_k} &= \frac{1}{2}\frac{\partial u_i}{\partial u_k}A_{ij}u_j + \frac{1}{2}u_i A_{ij}\frac{\partial u_j}{\partial u_k} - \frac{\partial u_i}{\partial u_k}R_i, \\
\frac{\partial F}{\partial u_k} &= \frac{1}{2}\delta_{ik}A_{ij}u_j + \frac{1}{2}u_i A_{ij}\delta_{jk} - \delta_{ik}R_i, \\
\frac{\partial F}{\partial u_k} &= \frac{1}{2}A_{kj}u_j + \frac{1}{2}u_i A_{ik} - R_k,
\end{aligned} \tag{8.39}$$

erhalten wir für eine symmetrische Matrix $A_{ij} = A_{ji}$ eine alternative Definition des Problems:

$$\left.\frac{\partial F}{\partial u_k}\right|_{\hat{\boldsymbol{u}}} = 0 \Rightarrow A_{kj}\hat{u}_j - R_k = 0. \tag{8.40}$$

Dies ist die Extremalstelle von F. Um zu bestimmen, ob diese Extremalstelle ein Minimum oder Maximum ist, benötigen wir die zweite Ableitung:

$$\frac{\partial^2 F}{\partial u_l \partial u_k} = A_{kj}\delta_{lj} = A_{kl}. \tag{8.41}$$

Für viele technischen Beispiele ist $\boldsymbol{A}$ positiv definit, sodass $u_i A_{ij} u_j > 0$ für einen beliebigen Vektor $\boldsymbol{u}$ ist. Deshalb hält dies auch für die Unbekannte. Somit erkennen wir, dass die zweite Ableitung positiv ist, sodass die Aufgabe einem Minimierungsproblem entspricht.

Nun möchten wir formalisieren: Der numerische Wert von $\boldsymbol{u}$ in der k-ten Iteration wird durch $\Delta\boldsymbol{u}$ verbessert, sodass wir $\hat{\boldsymbol{u}}$ erzielen. Wir kennen $\Delta\boldsymbol{u}$ nicht. Unter der Aufforderung, dass $\|\Delta\boldsymbol{u}\|$ klein genug ist, haben wir durch eine geeignete TAYLOR Entwicklung:

$$\begin{aligned}
\left.\frac{\partial F}{\partial u_k}\right|_{\hat{\boldsymbol{u}}=\boldsymbol{u}+\Delta\boldsymbol{u}} &= \left.\frac{\partial F}{\partial u_k}\right|_{\boldsymbol{u}} + \frac{\partial^2 F}{\partial u_i \partial u_k}\Delta u_i, \\
0 &= A_{kj}u_j - R_k + A_{ki}\Delta u_i, \\
\Delta\boldsymbol{u} &= \boldsymbol{A}^{-1}(\boldsymbol{R} - \boldsymbol{A}\boldsymbol{u}).
\end{aligned} \tag{8.42}$$

Diese Lösung ist sogar möglich, aber nicht effizient für eine große Matrix $\boldsymbol{A}$. Darüber hinaus ist die TAYLOR Entwicklung nur bei einer kleinen $\|\Delta\boldsymbol{u}\|$ exakt, d. h. der Initialwert muss in der Nähe liegen. Als eine Erweiterung wird das Ergebnis modifiziert:

$$\Delta\boldsymbol{u} = \alpha\boldsymbol{d}, \quad \boldsymbol{d} = \boldsymbol{R} - \boldsymbol{A}\boldsymbol{u}, \tag{8.43}$$

und nach der Minimierung von

$$G(\alpha) = F(\boldsymbol{u} + \alpha\boldsymbol{d}) \tag{8.44}$$

gesucht, sodass der optimale Wert für α ermittelt wird. Mit dem Ergebnis:

$$\begin{aligned}
G(\alpha) = F(\boldsymbol{u} + \alpha\boldsymbol{d}) &= \frac{1}{2}(u_i + \alpha d_i)A_{ij}(u_j + \alpha d_j) - (u_i + \alpha d_i)R_i \\
&= \frac{1}{2}\alpha^2 d_i A_{ij} d_j + \alpha(d_i A_{ij} u_j - d_i R_i) + \frac{1}{2}u_i A_{ij} u_j - u_i R_i, \\
\frac{\partial G}{\partial \alpha} &= \alpha^2 d_i A_{ij} d_j + (A_{ij}u_j - R_i)d_i,
\end{aligned} \tag{8.45}$$

finden wir den gesuchten Wert $\hat{\alpha}$, der $G(\alpha)$ minimiert:

$$\left.\frac{\partial G}{\partial \alpha}\right|_{\hat{\alpha}} = 0 = \hat{\alpha} d_i A_{ij} d_j + (A_{ij} u_j - R_i) d_i,$$
$$\hat{\alpha} = -\frac{(A_{ij} u_j - R_i) d_i}{d_i A_{ij} d_j} = \frac{d_i d_i}{d_i A_{ij} d_j}. \tag{8.46}$$

Nun sieht die Iteration wie folgt aus:

$$\boldsymbol{u}_{k+1} = \boldsymbol{u}_k + \alpha \boldsymbol{d}_k, \quad \alpha = \frac{\boldsymbol{d}_k^{\mathsf{T}} \boldsymbol{d}_k}{\boldsymbol{d}_k^{\mathsf{T}} \boldsymbol{A} \boldsymbol{d}_k}, \quad \boldsymbol{d}_k = \boldsymbol{R} - \boldsymbol{A} \boldsymbol{u}_k. \tag{8.47}$$

Die Iteration zeigt ausführlich, dass die gesuchte Unbekannte für die k-te Iteration in der Richtung $\boldsymbol{d}_k$ gesucht wird, welche (minus) der Gradienten von $F(\boldsymbol{u}_k)$ ist. Deshalb wird diese Methode das Gradientenverfahren oder auch Methode des steilsten Abstieges (Engl.: *steepest descent*) genannt. Insbesondere für schlecht konditionierte $\boldsymbol{A}$ ist die Konvergenz zu langsam, deshalb wird diese Methode wie folgt verbessert. Die langsame Konvergenz ist darin begründet, dass die Suchrichtung bei der schlecht konditionierten $\boldsymbol{A}$ um die Minimalstelle wandert, sodass die Suchrichtung verändert werden soll. Die Idee basiert auf der konjugierten Suchrichtung. Ein konjugierter Vektor bezüglich $\boldsymbol{A}$ steht orthogonal zur $\boldsymbol{A}$. Wir geben zuerst die Definition der konjugierten Vektoren $\boldsymbol{a}$ und $\boldsymbol{a}^*$ bezüglich der definiten Matrix $\boldsymbol{A}$ wie folgt:

$$\boldsymbol{a}^{\mathsf{T}} \boldsymbol{A} \boldsymbol{a}^* = 0. \tag{8.48}$$

Nun können wir $\boldsymbol{d}_k$ benutzen und eine neue Suchrichtung für die nächste Iteration vorschlagen:

$$\boldsymbol{d}_{k+1} = \boldsymbol{R} - \boldsymbol{A} \boldsymbol{u}_k + \beta_k \boldsymbol{d}_k, \tag{8.49}$$

wobei β für die k-te Iteration dafür sorgt, dass die Suchrichtung $\boldsymbol{d}_{k+1}$ konjugiert zur $\boldsymbol{d}_k$ sein wird. Dazu muss nun erfüllt werden:

$$\boldsymbol{d}_k^{\mathsf{T}} \boldsymbol{A} \boldsymbol{d}_{k+1} = 0, \tag{8.50}$$

deswegen ermitteln wir:

$$\boldsymbol{d}_k^{\mathsf{T}} \boldsymbol{A} (\boldsymbol{R} - \boldsymbol{A} \boldsymbol{u}_k + \beta_k \boldsymbol{d}_k) = 0\ ,$$
$$\boldsymbol{d}_k^{\mathsf{T}} \boldsymbol{A} \beta_k \boldsymbol{d}_k = \boldsymbol{d}_k^{\mathsf{T}} \boldsymbol{A} (\boldsymbol{A} \boldsymbol{u}_k - \boldsymbol{R}),$$
$$\beta_k = \frac{\boldsymbol{d}_k^{\mathsf{T}} \boldsymbol{A} (\boldsymbol{A} \boldsymbol{u}_k - \boldsymbol{R})}{\boldsymbol{d}_k^{\mathsf{T}} \boldsymbol{A} \boldsymbol{d}_k}. \tag{8.51}$$

Somit haben wir das Verfahren der konjugierten Gradienten (Engl.: *conjugate gradients*) – meistens als CG abgekürzt – motiviert. Für die konkrete Darstellung der Methode schreiben wir folgenden Algorithmus:

Algorithmus 8: CG Methode

Ziel: Finde $\hat{u}$ als die Lösung $\boldsymbol{A}\boldsymbol{u} = \boldsymbol{R}$ durch die iterative Methode der konjugierten Gradienten

Eingabe: Das lineare Gleichungssystem $\boldsymbol{A}\boldsymbol{u} = \boldsymbol{R}$, Toleranz $TOL = 10^{-5}$

Ausgabe: Die Lösung $\hat{\boldsymbol{u}}$

Beginn

Mit dem Anfangswert $\boldsymbol{u}_0 = 0$, berechne

$$k = 0$$

$$\boldsymbol{d}_k = \boldsymbol{R} - \boldsymbol{A}\boldsymbol{u}_k$$

solange $\|\boldsymbol{d}_k\| > TOL$ **tue**

Bestimme α

$$\alpha = \frac{\boldsymbol{d}_k^\mathsf{T}\boldsymbol{d}_k}{\boldsymbol{d}_k^\mathsf{T}\boldsymbol{A}\boldsymbol{d}_k}$$

Berechne $\boldsymbol{u}_{k+1}$ mit der Suchrichtung

$$\boldsymbol{u}_{k+1} = \boldsymbol{u}_k + \alpha\boldsymbol{d}_k$$

Aktualisiere die Suchrichtung

$$\beta_k = \frac{\boldsymbol{d}_k^\mathsf{T}\boldsymbol{A}(\boldsymbol{A}\boldsymbol{u}_k - \boldsymbol{R})}{\boldsymbol{d}_k^\mathsf{T}\boldsymbol{A}\boldsymbol{d}_k}$$

$$\boldsymbol{d}_{k+1} = \boldsymbol{R} - \boldsymbol{A}\boldsymbol{u}_k + \beta_k\boldsymbol{d}_k$$

Gehe zum nächsten Schritt

$$k := k + 1$$

Ergebnis: Lösung gefunden! $\hat{\boldsymbol{u}} = \boldsymbol{u}_k$

Es gibt ein analoges Verfahren für eine unsymmetrische Matrix $\boldsymbol{A}$, welches GMRES (Engl.: *generalized minimum residual*) genannt wird. Diese Methode basiert auf den Unterräumen von $\boldsymbol{A}$, die dem Residuum in jeder Iteration entsprechen. Ein mathematischer Raum wird über die Residuen gespannt und es wird nach der Lösung in diesem Raum als Minimierung des Residuums gesucht.

9 Kurzfragen zur Wiederholung

Wir stellen zahlreiche Kurzaufgaben, um die Themen zu wiederholen und sie mit der Ingenieurspraxis zu verknüpfen. Statt einer Aufgabe zum Lösen, erstellen wir Szenarien und bitten um Stellungnahme. Dabei sind die Aufgaben möglichst realitätsnah, allerdings sind sie theoretisch und die vorgeschlagenen Antworten sind nicht immer eindeutig. Es ist wichtig zu bemerken, dass wir hier nicht nur das Thema zeigen, sondern auch die Anwendbarkeit in möglichen Fachgebieten wie Maschinenbau, Baustatik, Mechatronik, Systemregelung, usw. Deswegen möchten wir uns von einer strengen „Geben Sie die richtige Antwort?“ Art und Weise befreien und die Anwendung der numerischen Methoden in der Praxis fördern. Im nächsten Teil haben wir Übungen mit numerischen Werten zusammengestellt, sodass die tatsächlichen Schritte der jeweiligen Methoden erfahrbar werden. In diesem Kapitel bauen wir Brücken zum Wissen aus anderen Fachbereichen und treiben den Wissenstransfer in der Praxis voran. Am Besten sollen Sie die Szenarien lesen und selbst nach Lösungen suchen, bevor Sie die von uns vorgeschlagene Herangehensweise lesen.

9.1 Szenario für einen neuartigen Rechner

Sie leiten eine Gruppe von Privatinvestoren, die auch Start-ups mit hohem Risiko fördern. Dabei ist es üblich, dass neue Unternehmen oder Gründer Sie kontaktieren und Projekte mit innovativen Ideen vorstellen. Ein Gründer hat einen überzeugenden Vortrag basierend auf der folgenden Idee gemacht: Heutzutage ist der Rechner fast an der Grenze zur weiteren Entwicklung, da die Größen der Transistoren sich mit ca. 100 nm der atomaren Längenskala annähern. Deshalb braucht man eine neuartige Idee mit Komponenten, die zwar größer als die heutigen Transistoren sind, aber in dem oktalen Zahlensystem arbeiten. Ein oktales Zahlensystem hat die Basis 8 – in analoger Weise hat das binäre Zahlensystem die Basis 2. Somit wird der Rechner mit der gleichen Anzahl an Transistoren mindestens vierfach schneller.

B.E. Abali und C. Çakıroğlu, *Numerische Methoden für Ingenieure*,
https://doi.org/10.1007/978-3-662-61325-2_9

Ja sogar noch schneller, da die Kommunikation zwischen Transistoren ebenfalls Zeit kostet. Was wäre Ihre Reaktion zu dieser Idee? Warum benutzen wir das binäre Zahlensystem überhaupt in der Rechnerkonfiguration?

Konfliktlösung
In der Tat kann man auch eine völlig neue Algebra entwickeln und auch die Konfiguration des Rechners so bauen, sodass alles in der Theorie funktioniert. Vermutlich wird man dies in der Zukunft auch tun wollen. Dabei ist die wichtige Erkenntnis, dass die Auswahl des binären Zahlensystems aus der Elektrizität stammt. Ein Halbleiter leitet elektrischen Strom oder leitet den Strom nicht. Es gibt keine andere Möglichkeit. Somit bilden wir 1 oder 0 als Basis des binären Zahlensystems. Vermutlich sollen Sie eine nette Reaktion geben und den Gründer oder die Gründerin motivieren – ohne finanzielle Verbindung – einen Prototypen zu bauen, um zu zeigen, dass eine Komponente 0, 1, 2, 3, 4, 5, 6, 7 erzeugen kann. Dabei ist es wichtig zu bemerken, dass dies von dem Material kommen soll und keine Schaltung gebaut werden soll. In so einem FET *(field effect transistor)* ist die Reaktionsgeschwindigkeit durch die ca. 10^8 mm/s schnellen Elektronen festgelegt. Wenn die Transistoren kleiner werden, werden sie auch schneller. In einer Schaltung werden Komponenten miteinander verbunden, diese Verbindung wird die Geschwindigkeit beschränken.

9.2 Szenario für den Rundungsfehler

Sie haben als Mitarbeiter in einer Firma einen Algorithmus geschrieben, der eine Differentialgleichung numerisch löst. Es gibt auch Experimente, die aber leider der numerischen Ergebnisse nicht mit der erwünschten Genauigkeit entsprechen. Nun möchte der Abteilungsleiter von Ihnen wissen, ob das Problem mit dem Rundungsfehler zu begründen ist, oder ob Ihr Algorithmus sowie die numerische Methode falsch sind. Wie untersuchen Sie die fehlende Genauigkeit?

Konfliktlösung
Es gibt zahlreiche Möglichkeiten, die zu einem ungenauen Ergebnis führen. Erstens sollen Sie die numerischen Ergebnisse unabhängig von den Experimenten überprüfen. Eine analytische Lösung für diesen Fall mag es nicht geben, sonst würde man keinen numerischen Algorithmus erstellen. Aber oft ist es möglich, einige Vereinfachungen durchzuführen, sodass die Differentialgleichung eine analytische Lösung hat, die zur Verifizierung des numerischen Verfahrens und auch zur Implementierung benutzt werden kann. Wenn dies der Fall mit der erwünschten Genauigkeit ist, kann man nun davon ausgehen, dass der Rundungsfehler keine signifikante Rolle spielt. Nun ist die Frage, ob die zu lösende Gleichung tatsächlich das Experiment modelliert. Im schlimmsten Fall ist die Genauigkeit des Experiments zu hinterfragen. Aber vermutlich soll nur einfach die numerische Implementierung (wie z. B. oben beschrieben) untersucht werden.

9.3 Szenario für den Algorithmus zur Lösung einer Gleichung

Eine Firma möchte einen Chip mit einer numerischen Methode programmieren, sodass der Nullpunkt einer Polynomgleichung direkt mit dem Chip in der Firmware berechnet wird. Sie sollen einen Plan herstellen und vorstellen, was Sie machen möchten.

Konfliktlösung
Die Aufgabe ist sehr lax beschrieben, was vorteilhaft ist, weil Sie einen gewissen Freiraum haben, aber auch nachteilig, da Sie nicht genau wissen, auf welche Restriktionen Sie stoßen. Auf jeden Fall sollen Sie die Frage klären, was für ein Chip zur Verfügung gestellt wird. Heutzutage kann man relativ günstig so einen Chip kaufen und selbst programmieren, allerdings kann der Typ und die Kapazität die Leistung verändern. Zuerst soll festgestellt werden, welcher Chip es sein soll. Als numerische Methoden haben wir die folgenden besprochen und implementiert:

- Intervallschachtelung
- Sekantenverfahren
- Regel vom falschen Ansatz – *Regula Falsi*
- NEWTON–RAPHSON Verfahren

Grundsätzlich kommen zwei Methoden in Frage: *Regula Falsi* und NEWTON–RAPHSON. Beide haben ihre Stärken und Schwächen, am Einfachsten sollen Sie vielleicht beide implementieren und testen. Dabei kann auch ein Informatiker helfen, die Implementierung zu beschleunigen, indem einige Operationen leicht verändert und optimiert programmiert werden. Der Plan könnte heißen:

1. Festlegung und Erwerb des Bauteils: Chip und zusätzliche Karte als Schnittstelle zum Programmieren
2. Auswahl der besten numerischen Methoden: *Regula Falsi* und NEWTON–RAPHSON
3. Vorprogrammieren und auf Funktionalität überprüfen
4. Service Leistung zur Beschleunigung des Codes
5. Weitere Tests zur Entscheidung der anzuwendenden Methode (und Algorithmus)

9.4 Szenario für nicht passende Interpolationsmethoden

Sie arbeiten mit zwei verschiedenen Teams, die unterschiedliche Interpolationsalgorithmen favorisieren. Ein typisches Beispiel ist, dass ein Team für die Erstellung der CAD Geometrien mit Spline Interpolation (um genau zu sein, mit NURBS – *non-uniform rational Bezier splines*) arbeitet, und das andere Team mit LAGRANGE Interpolation zur numerischen

Berechnung solcher Geometrien arbeitet. Nun sollen Daten ausgetauscht werden. Es gibt Fehler aufgrund der verschiedenen Interpolationsalgorithmen. Was machen Sie?

Konfliktlösung
In der Tat ist dies oft der Fall, dass Mitarbeiter eine Methode benutzen und „daran glauben", dass diese Methode für alle Fälle die beste Methode ist. Deswegen sollen Sie nicht versuchen, Teams zu überreden, dass beide die gleichen Methoden benutzen. Es kann auch sein, dass die Kosten zu hoch sein werden. Am Besten sollen Sie nach einem Programm suchen, welches den Datenaustausch möglichst einfach erlaubt. Möglicherweise sind Sie nicht die erste Person, die sich mit diesem Problem auseinandersetzt. Wenn alle Programme für die Teams (oder von den Teams) geschrieben werden, suchen Sie nach einer externen Dienstleistung zum Programmieren der Schnittstelle.

9.5 Szenario für FFT

Eine neue Messmethode benötigt eine FOURIER Analyse. Sie sollen nun einen Algorithmus schreiben, um dies zu bewältigen. Dabei ist der Abgabetermin relativ kurzfristig, weil das Industrieprojekt die Deadline in ein paar Monaten hat und die Messungen erst mit der FOURIER Analyse ausgewertet werden können. Eine externe Dienstleistung ist ausgeschlossen, da Sie das Programm möglichst am nächsten Tag brauchen. Wie können Sie eine Lösung finden?

Konfliktlösung
Sie haben die grundlegenden Kenntnisse, um eine FOURIER Analyse in Python zu implementieren. Den Kernalgorithmus – und zwar FFT, *fast Fourier transformation* – brauchen Sie nicht selbst zu schreiben, Sie können ihn von SciPy übernehmen. SciPy ist quelloffen und unter GNU Public Lizensen geschützt. Sie können Ihr eigenes Programm mit FFT aus SciPy nicht verkaufen, aber ohne Beschränkung nutzen und auch somit Geld verdienen. In der Industrie wirken quelloffene Programme abschreckend. Dabei ist es wichtig zu bemerken, dass der Code frei zugänglich ist, deswegen ist jede Zeile transparent. Somit stellen Sie unter Anderem sicher, dass die Daten nicht in irgend einer Weise gestohlen oder gespeichert werden. Durch diesen Sicherheitsaspekt können Sie den Abteilungsleiter oder die Abteilungsleiterin relativ schnell überzeugen, falls er/sie gegenüber der Benutzung quelloffener Programme skeptisch ist.

9.6 Szenario für Approximation

Experimente werden durchgeführt und Daten liegen vor. Nach Angaben der Vorschriften wurde dasselbe Experiment mehrmals durchgeführt, z. B. wurden 30 verschiedene

Experimente gemacht. Von Ihnen wird erwartet, dass Sie eine Kurve zu den Daten fitten. Wie gehen Sie vor? Was für eine Fitfunktion wählen Sie? Sollen alle Experimente gleichzeitig gefittet werden? Sollen die experimentellen Ergebnisse „geputzt" werden, sodass die Ausreißer vernachlässigt werden? Wenn Sie mehrere Ideen haben, können Sie die Ergebnisse miteinander vergleichen?

Konfliktlösung
Sogar in Programmen wie Excel kann man die lineare Regression anwenden. Sie können auch die Methode der Minimierung der kleinsten Fehlerquadrate implementieren oder auch von SciPy übernehmen. Um die verschiedenen Fitfunktionen (wie linear, quadratisch, kubisch) testen zu können, braucht man ein Maß zur Bestimmung der Genauigkeit. Es ist egal, welches Maß Sie wählen, solange für jede Fitkurve das gleiche Maß benutzt wird und die Lösungen miteinander verglichen werden. Alle Experimente können gleichzeitig benutzt werden. Man kann sogar mehrere Experimente zum Fitten und die restlichen zum Testen benutzen. Von einer Auswahl durch Anschauen sollten Sie sich fernhalten. Wenn später die Frage auftaucht, warum Sie eine Polynomfunktion ausgewählt haben, sollen Sie die Begründung quantifizieren können. Darüber hinaus kann eine Vorbereitung der Daten zum Fitten sinnvoll sein, wenn Ausreißer in dem Experiment vorhanden sind. Per Absprache mit den Verantwortlichen der Experimente können Sie Daten auslassen, die vermutlich durch Messfehler oder Störungen aus der Umgebung entstanden sind.

9.7 Szenario für numerische Integration

Ein Algorithmus für die 2-D-Gaussche Quadratur wird geschrieben. Sie leiten das Projekt und es wird diskutiert, wie viele Gaußpunkte notwendig sind. In vielen Büchern kann man schnell die Gaußpunkte und Gaußgewichte im Gaußraum bis $n = 4$ finden. Ein Mitarbeiter hat eine Firma gefunden, die diese Werte bis $n = 50$ für einen kleinen Betrag verkaufen möchte. Wie gehen Sie vor?

Konfliktlösung
Bücher tabellarisieren die Gaußpunkte und Gaußgewichte, um zu zeigen, wie die Berechnung gemacht wurde. Allerdings kann man sie selber berechnen oder auch mit einem Programm berechnen lassen. Die Berechnung ist ja durch die Integration der Lagrange Polynome gegeben:

$$L_i(\xi) = \prod_{\substack{j=1 \\ i \neq j}}^{j=n} \frac{\xi - \xi_j}{\xi_i - \xi_j} , \quad c_i = \int_{-1}^{+1} L_i(\xi)\, \mathrm{d}\xi . \tag{9.1}$$

Somit können relativ schnell alle Werte bis $n = 50$ berechnet werden. Der Erwerb (Kauf) von diesen Zahlen würde nur bedeuten, dass Sie nicht wissen, wie man sie eigentlich berechnen kann. Allerdings ist es auch legitim zu fragen, warum man die Werte bis $n = 50$ haben möchte. Sogar für $n = 4$ werden Polynome vom Grad $2n - 1 = 7$ exakt integriert. Dies ist in sehr vielen Fällen mehr als genug.

9.8 Szenario für numerische Integration

Für eine numerische Ableitung wird diskutiert, ob die explizite oder implizite Methode benutzt werden soll. Beide sind von der Implementierung her möglich, die ersten Ergebnisse weisen darauf hin, dass die explizite Methode schneller ist.

Konfliktlösung
Es ist nicht verwunderlich, dass die explizite Methode schneller ist, allerdings ist es wichtig zu bemerken, dass sie eine instabile Methode ist. Deshalb sollen Sie eigentlich davon abraten, die explizite Methode anzuwenden. Sonst muss auch die Bedingungen überprüft werden, ob die Methode konvergieren wird. Wenn die implizite Methode angewandt werden kann, soll man die Frage stellen, warum man sie nicht anwenden möchte. Obwohl die Geschwindigkeit für ein Testproblem mit den Bedingungen ein wichtiger Faktor ist, soll die Stabilität im Rahmen der Allgemeinheit bevorzugt werden.

9.9 Szenario für numerische Integration

Zur numerischen Lösung einer gewöhnlichen Differentialgleichung wurde ein Verfahren basierend auf der EULER-Vorwärts Methode implementiert. Allerdings ist die Lösung nicht in der erwünschten Genauigkeit. Wie würden Sie vorgehen, um die Genauigkeitsanforderung zu erfüllen?

Konfliktlösung
Die EULER-Vorwärts Methode ist ein explizites Verfahren, sodass die Methode in großen Zeitschritten divergiert. Dies ist wegen der Überschätzung des Ergebnisses. In jedem Zeitschritt wird das Ergebnis mit einem Fehler zu groß abgeschätzt, wodurch die Genauigkeit verbessert wird, wenn der Zeitschritt kleiner gewählt wird. Eine bessere Variante ist die Benutzung eines anderen Verfahrens mit höherer Genauigkeit, wie z. B. das ADAMS Verfahren.

9.10 Szenario zur Wahl der Methode zur Lösung einer partiellen Differentialgleichung

Es gibt (unter anderen) zwei berühmte Methoden zur Lösung partieller Differentialgleichungen: Die Finite-Elemente-Methode und die Finite-Volumen-Methode. Sie leiten eine

Forschungsgruppe und es wird heftig diskutiert, welches Verfahren besser ist. Wie ist Ihre Stellungnahme?

Konfliktlösung
In der Tat ist diese Diskussion oft der Fall, weil sich die Wissenschaftler lange mit einer Methode sich beschäftigen und von dieser Methode fest überzeugt sind. Sie sollen als Leiter der Forschungsgruppe die Wissenschaftler daran erinnern, dass Sie offen für alternative Methoden sein sollen. Es kann sein, dass eine Methode für einen Typ der Differentialgleichung sehr gut funktioniert, was aber nicht bedeutet, dass eine andere Methode nicht auch sehr gut funktionieren kann. Am Besten soll man alle verschiedene Methoden beherrschen und flexibel sein. Dies ist allerdings oft nicht praktikabel. Eine weitere Ansicht ist, dass eine numerische Methode alle schwierigen Differentialgleichungen bewältigen soll. Dazu gibt es auch Benchmark-Probleme, die verschiedene Methoden und Implementierungen testen. Wir möchten dies kritisch beurteilen, da wir als Ingenieure eigentlich die Methoden und Implementierungen als Werkzeuge sehen und sie benutzen, um physikalische Probleme zu lösen. Wenn ein spezifisches Problem mit einer Methode gelöst werden kann, loben wir uns, aber es ist wirklich unnötig zu streiten, ob diese Methode die allgemein gültige Methode ist. Anders ausgedrückt, die Weltformel zu definieren ist nicht die Aufgabe der Ingenieure.

9.11 Szenario für die Implementierung der Wellengleichung

Die eindimensionale transiente, homogene, partielle Differentialgleichung:

$$\frac{\partial^2 u}{\partial t^2} = c^2 \frac{\partial^2 u}{\partial x^2} , \tag{9.2}$$

beschreibt die longitudinale Deformation u als eine Welle mit der Verbreitungsgeschwindigkeit c, die konstant angenommen wird. Eine Forschungsgruppe implementiert einen Algorithmus zur Lösung dieser Gleichung. Ein Beispiel ist die FEM oder die FVM im Raum und EULER-Vorwärts oder Rückwärts Methode in der Zeit. Für die Zeitdiskretisierung kann auch das Mehrschrittverfahren mit höherer Ordnung angewandt werden. Für die konstante Schallgeschwindigkeit c funktioniert der Code gut. Nun ist die Anforderung, die Schallgeschwindigkeit als eine Funktion in u zu implementieren. Was soll nun geändert werden?

Konfliktlösung
Die Differentialgleichung ist nun nichtlinear, somit kann man sie nicht mehr direkt lösen. Was gemacht werden soll, ist analog zur Lösung der nichtlinearen Gleichungen. Das NEWTON–RAPHSON Verfahren wird benutzt, um die Differentialgleichung zu linearisieren und zu lösen. Dabei ist die Ableitung der Integralform (die schwache Form in der FEM) notwendig. Es gibt symbolische Ableitungsalgorithmen, die dies automatisieren.

9.12 Szenario zur Wahl des Gleichungssystemlöser

Ein System der gekoppelten, partiellen Differentialgleichungen wird erfolgreich diskretisiert und durch Benutzung eines iterativen Lösers gelöst. Für mehrere Testbeispiele funktioniert der Algorithmus ganz gut. Allerdings konvergiert der Löser für ein physikalisches Beispiel mit realistischen Werten wie Materialparameter und Randbedingungen leider nicht. Was kann der Grund sein?

Konfliktlösung
Mehrere Ursachen sollen getestet werden, bis der tatsächliche Grund gefunden werden. Erstens ist es wichtig zu wiederholen, dass iterative Löser approximativ lösen und auch von mehreren Parametern abhängen. Es ist sehr ratsam, dass man das Problem mit einer direkten Methode löst. Wenn die direkte Methode auch nicht konvergiert, wird das Problem bei den Materialparametern oder Randbedingungen liegen. Zweitens soll man überprüfen, ob die zu lösende Differentialgleichung gut konditioniert ist. Eine Literaturrecherche würde mehr Erkenntnis bringen. Drittens sollen die angenommenen zusätzlichen Gleichungen (wie die Materialgleichung oder Evolutionsgleichung) kritisch betrachtet werden. Die Bilanzgleichungen in der Physik werden axiomatisch korrekt angenommen, sodass sie für alle Systeme allgemein gültig sind. Allerdings sind die Materialgleichungen oder Evolutionsgleichungen Modelle, die mit mehreren Annahmen entwickelt oder sogar durch Experimente „phänomenologisch“ begründet wurden. Deshalb kann es sein, dass sie numerisch nicht gut geeignet sind. Dies ist wieder mit einer Literaturrecherche relativ schnell herauszufinden.

Teil II
Übungen zu den Methoden

Darstellung und Fehler 10

10.1 Zehnersystem und Binärsystem

Aufgabe Ist die Zahl 233 705 im Zehnersystem durch 111001000011101001 im Binärsystem gegeben?

Lösung Die Zahl Z im Zehnersystem soll im Binärsystem wie folgt aussehen:

10^0	10^1	10^2	10^3	10^4	10^5
5	0	7	3	3	2

2^0	2^1	2^2	2^3	2^4	2^5	2^6	2^7	2^8	2^9	2^{10}	2^{11}	2^{12}	2^{13}	2^{14}	2^{15}	2^{16}	2^{17}
1	0	0	1	0	1	1	1	0	0	0	0	1	0	0	1	1	1

Wir überprüfen:

$$
\begin{aligned}
Z = \sum_i k_i \phi^i &= 1 \cdot 2^{17} + 1 \cdot 2^{16} + 1 \cdot 2^{15} + 0 \cdot 2^{14} + 0 \cdot 2^{13} + 1 \cdot 2^{12} \\
&\quad + 0 \cdot 2^{11} + 0 \cdot 2^{10} + 0 \cdot 2^9 + 0 \cdot 2^8 + 1 \cdot 2^7 + 1 \cdot 2^6 \\
&\quad + 1 \cdot 2^5 + 0 \cdot 2^4 + 1 \cdot 2^3 + 0 \cdot 2^2 + 0 \cdot 2^1 + 1 \cdot 2^0 \\
&= 131\,072 + 65\,536 + 32\,768 + 0 + 0 + 4\,096 \\
&\quad + 0 + 0 + 0 + 0 + 128 + 64 \\
&\quad + 32 + 0 + 8 + 0 + 0 + 1 \\
&= 233\,075
\end{aligned}
\tag{10.1}
$$

B.E. Abali und C. Çakıroğlu, *Numerische Methoden für Ingenieure*,
https://doi.org/10.1007/978-3-662-61325-2_10

Aufgabe Wie ist die Darstellung von $(501)_{10}$ im Binärsystem?

Loesung Die Zahl z sei die Darstellung im Zehnersystem. Wir erhalten die Koeffizienten im Binärsystem, indem bei der Division durch 2 der Rest (mod 2) den jeweiligen Koeffizienten ausgibt:

$$\begin{aligned} s_0 &= (z)_{10}\,, \quad a_0 = s_0 \mod 2, \\ s_1 &= \frac{s_0 - a_0}{2}\,, \quad a_1 = s_1 \mod 2, \\ s_{k+1} &= \frac{s_k - a_k}{2}\,, \quad a_{k+1} = s_{k+1} \mod 2, \\ (z)_{10} &\mathrel{\hat{=}} (a_n a_{n-1} \ldots a_1 a_0)_2 \end{aligned} \tag{10.2}$$

Für den konkreten Fall:

$$\begin{aligned} s_0 &= 501 \quad a_0 = 501 \mod 2 = 1, \\ s_1 &= 250 \quad a_1 = 250 \mod 2 = 0, \\ s_2 &= 125 \quad a_2 = 125 \mod 2 = 1, \\ s_3 &= 62 \quad a_3 = 62 \mod 2 = 0, \\ s_4 &= 31 \quad a_4 = 31 \mod 2 = 1, \\ s_5 &= 15 \quad a_5 = 15 \mod 2 = 1, \\ s_6 &= 7 \quad a_6 = 7 \mod 2 = 1, \\ s_7 &= 3 \quad a_7 = 3 \mod 2 = 1, \\ s_8 &= 1 \quad a_8 = 1 \mod 2 = 1, \end{aligned} \tag{10.3}$$

sodass

$$(501)_{10} \mathrel{\hat{=}} (111110101)_2 \tag{10.4}$$

ermittelt wird.

10.2 Konditionierung

Aufgabe Erinnern Sie sich an die Bestimmung der Konditionierung einer Funktion $f(x)$ wie folgt:

$$K = \left| \frac{x}{y} \frac{\partial f}{\partial x} \right|. \tag{10.5}$$

Finden Sie die Konditionen der jeweiligen Operationen, $y = x$, $y = 5x$, $y = \exp(x)$.

Lösung

$$
\begin{aligned}
K &= \left|\frac{x}{y}\frac{\partial f}{\partial x}\right|,\\
y &= x \Rightarrow K = 1,\\
y &= 5 \cdot x \Rightarrow K = \left|\frac{1}{5}5\right| = 1,\\
y &= \exp(x) \Rightarrow K = \left|\frac{x}{\exp(x)}\exp(x)\right| = |x|.
\end{aligned} \tag{10.6}
$$

Aufgabe Wie oft soll die Berechnung $\sqrt{2}$ in einem Taschenrechner gemacht werden, sodass der Taschenrechner eine 1 zeigt? Kann man 1^2 berechnen und wieder 2 bekommen?

Lösung Die dazugehörige Funktion ist $y = x^{1/2}$, mit der folgenden Konditionszahl:

$$
K = \left|\frac{x}{y}\frac{\partial f}{\partial x}\right| = \left|\frac{x}{x^{1/2}}\frac{1}{2}x^{-1/2}\right| = \frac{1}{2}. \tag{10.7}
$$

Wenn der Rundungsfehler eines Taschenrechners 10^{-4} beträgt, wird man jedes Mal den Fehler verdoppeln, sodass nach 5 Operationen die Genauigkeit nur noch 10^{-3} beträgt. Deshalb wird nach spätestens 15 Malen die Lösung 1,41 ... nicht mehr richtig angezeigt.

Lösung von Gleichungen mit einer Variable 11

Aufgabe Gegeben ist folgende kubische Funktion:

$$f(x) = x^3 + 4x^2 - 10, \tag{11.1}$$

gesucht wird die Nullstelle zwischen $[1, 2]$ mit einem maximalen Toleranz 10^{-4} durch folgende Methoden:

- Intervallschachtelung,
- Sekantenverfahren,
- *Regula Falsi,*
- NEWTON–RAPHSON Verfahren,

um herauszufinden, welche dieser Methoden am wenigsten Iterationen benötigt.

Lösung Wir fangen mit der Überprüfung an, ob eine Nullstelle sich im gegebenen Intervall befindet:

$$f(x = 1) = -5, \quad f(x = 2) = 14. \tag{11.2}$$

Da wir einen Vorzeichenwechsel detektieren, muss es mindestens eine Nullstelle im Intervall $[1, 2]$ geben. Mit der Intervallschachtelung

$$p_i = a_i + \frac{b_i - a_i}{2} \tag{11.3}$$

iterieren wir für $TOL = 0{,}0001$ wie folgt:

B.E. Abali und C. Çakıroğlu, *Numerische Methoden für Ingenieure,*
https://doi.org/10.1007/978-3-662-61325-2_11

$$\begin{aligned}
i = 1,\ & a_1 = 1,\ b_1 = 2,\ \ p_1 = 1{,}5,\ \ |f(p_1)| = 2{,}375 > TOL, \\
& f(a_1)f(p_1) < 0,\ \ f(p_1)f(b_1) > 0 \Rightarrow a_2 = a_1,\ \ b_2 = p_1 \\
i = 2,\ & a_2 = 1,\ b_2 = 1{,}5,\ \ p_2 = 1{,}25,\ \ |f(p_1)| = 1{,}797 > TOL, \\
& f(a_2)f(p_2) > 0,\ \ f(p_2)f(b_2) < 0 \Rightarrow a_2 = p_2,\ \ b_3 = b_2 \\
& \vdots \\
i = 9,\ & a_9 = 1{,}3633,\ \ b_9 = 1{,}3672,\ \ p_9 = 1{,}3652,\ \ |f(p_1)| = 0{,}00007 < TOL, \\
& x_{\mathrm{N}} = 1{,}3652. \qquad (11.4)
\end{aligned}$$

Mit dem Sekantenverfahren:

$$p_{i+1} = \frac{p_{i-1}f(p_i) - p_i f(p_{i-1})}{f(p_i) - f(p_{i-1})} \qquad (11.5)$$

iterieren wir mit dem gleichen Toleranz:

$$\begin{aligned}
i = 1,\ & p_0 = 1,\ \ p_1 = 2,\ \ p_2 = 1{,}263158,\ \ |f(p_2)| = 1{,}6023 > TOL, \\
i = 2,\ & p_1 = 1,\ \ p_2 = 1{,}263158,\ \ p_3 = 1{,}338828,\ \ |f(p_3)| = 0{,}4308 > TOL, \\
i = 3,\ & p_2 = 1{,}2632,\ \ p_3 = 1{,}338828,\ \ p_4 = 1{,}366616,\ \ |f(p_4)| = 0{,}0229 > TOL, \\
i = 4,\ & p_3 = 1{,}3388,\ \ p_4 = 1{,}366616,\ \ p_5 = 1{,}365212,\ \ |f(p_5)| = 0{,}0012 > TOL, \\
i = 5,\ & p_4 = 1{,}3666,\ \ p_5 = 1{,}365212,\ \ p_6 = 1{,}365230,\ \ |f(p_6)| = 2 \cdot 10^{-7} > TOL, \\
& x_{\mathrm{N}} = 1{,}3652. \qquad (11.6)
\end{aligned}$$

Mit der Methode vom falschen Ansatz sieht die Iteration wie folgt aus:

$$\begin{aligned}
i = 1,\ & a_1 = 1,\ \ b_1 = 2,\ \ p_1 = 1{,}26316,\ \ |f(p_1)| > TOL,\ \ f(a_1)f(p_1) > 0 \\
i = 2,\ & a_2 = 1{,}26316,\ \ b_2 = 2,\ \ p_2 = 1{,}33883,\ \ |f(p_2)| > TOL,\ \ f(a_2)f(p_2) > 0 \\
& \vdots \\
i = 7,\ & a_7 = 1{,}36512,\ \ b_7 = 2,\ \ p_7 = 1{,}36523,\ \ |f(p_7)| < TOL, \\
& x_{\mathrm{N}} = 1{,}3652. \qquad (11.7)
\end{aligned}$$

Durch das NEWTON–RAPHSON Verfahren werden wir mithilfe der Ableitung:

$$\begin{aligned}
f'(x) &= 3x^2 + 8x, \\
p_{i+1} &= p_i - \frac{f(p_i)}{f'(p_i)}, \qquad (11.8)
\end{aligned}$$

folgende Iteration erreichen:

$$\begin{aligned}
&p_0 = 1,\\
i = 0,\quad &p_1 = 1{,}454545,\quad |f(p_1)| > TOL,\\
i = 1,\quad &p_2 = 1{,}368900,\quad |f(p_2)| > TOL,\\
i = 2,\quad &p_3 = 1{,}365236,\quad |f(p_3)| < TOL,\\
&x_N = 1{,}3652. \qquad (11.9)
\end{aligned}$$

Wir sehen an diesem Beispiel deutlich, dass die NEWTON–RAPHSON Methode weniger Iterationen benötigt, somit ist sie effizienter. Allerdings muss man die Ableitung der Funktion wissen oder muss man die Ableitung numerisch berechnen können.

11.1 Intervallschachtelung

Aufgabe Die Nullstelle der Gleichung (siehe Abb. 11.1):

$$\exp(x) = \cos(x) \qquad (11.10)$$

ist anhand der Intervallschachtelung im Intervall $[-1{,}5; -1]$ mit einer Toleranz von 10^{-3} zu finden.

Lösung $a_0 = -1{,}5$, $b_0 = -1$. Wir lösen

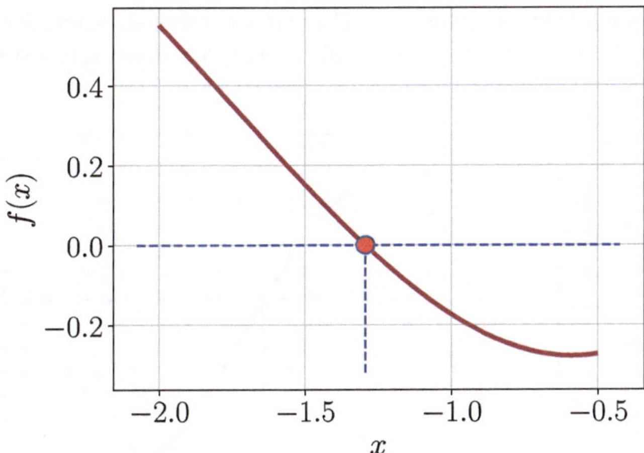

Abb. 11.1 Die graphische Darstellung von $f(x) = \exp(x) - \cos(x)$ und die Nullstelle aus der Lösung

$$f(x) = \exp(x) - \cos(x) = 0\,,$$
$$\Rightarrow f\Big(\frac{a_0 + b_0}{2}\Big) = f(-1.25) = -0{,}02882 < 0 \qquad (11.11)$$

Das Intervall wird neu definiert, indem wir die Nullstelle von rechts annähern:

$$b_1 = \frac{a_0 + b_0}{2}, \quad a_1 = a_0, \quad f\Big(\frac{a_1 + b_1}{2}\Big) = 0{,}05829 > 0. \qquad (11.12)$$

Diesmal wird die Nullstelle von links angenähert $a_2 = \dfrac{a_1 + b_1}{2}$, $b_2 = b_1$. Dieser Prozess wird fortgesetzt bis $f\Big(\dfrac{a_6 + b_6}{2}\Big) = 0{,}00019 < 10^{-3}$ erreicht wird. Somit ist die Nullstelle $c = \dfrac{a_6 + b_6}{2} = -1{,}293$.

11.2 Methode vom falschen Ansatz

Aufgabe Für die folgende Funktion:

$$f(x) = \cos(x) + 1 - x \qquad (11.13)$$

finden Sie die Nullstelle mit der *Regula Falsi* Methode für $c \in [0{,}8; 1{,}6]$ mit der Toleranz 10^{-4} (siehe Abb. 11.2).

Lösung Die Sekante, die $(a_0, f(a_0))$ mit $(b_0, f(b_0))$ verbindet, schneidet die x-Achse an der Stelle $(c_0, 0)$. Man kann für jedes Intervall $[a_n, b_n]$, den numerischen Wert c_n berechnen

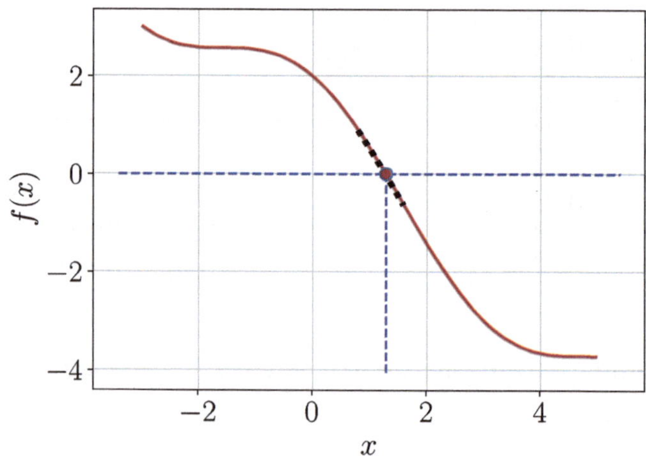

Abb. 11.2 Die Funktion $f(x) = \cos(x) + 1 - x$ und ihre Nullstelle

als:

$$c_n = b_n - \frac{f(b_n)(a_n - b_n)}{f(a_n) - f(b_n)} \tag{11.14}$$

Wir fangen mit $a_0 = 0{,}8$ und $b_0 = 1{,}6$ an, und dies ergibt $c_0 = 1{,}2701241483$. Dabei ergeben $f(c_0) = 0{,}02604 > 0$, $f(a_0) = 0{,}8967067093$ und $f(b_0) = -0{,}6291995223$ an den Intervallgrenzen: $f(c_0)f(b_0) < 0$ und $f(c_0)f(a_0) > 0$. Deswegen wird das neue Intervall $a_1 = c_0, b_1 = b_0$. Daraus folgt:

$$\begin{aligned} c_1 &= 1{,}2832329128, \quad f(c_1) = 0{,}0003836222 \Rightarrow f(c_1)f(b_1) < 0, \quad a_2 = c_1, \quad b_2 = b_1, \\ c_2 &= 1{,}2834259276, \quad f(c_2) = 5{,}513 \cdot 10^{-6} < TOL, \end{aligned} \tag{11.15}$$

sodass c_2 als Nullstelle gefunden wird.

11.3 Sekantenverfahren

Aufgabe Die Nullstelle der Gleichung $f(x) = x^3 - x + 2$ ist gesucht (siehe Abb. 11.3). Gegeben sind $p_0 = -1{,}5$ und $p_1 = -1{,}52$ für das Sekantenverfahren. Berechnen Sie p_2 und p_3.

Lösung Die Iterationsgleichung für das Sekantenverfahren wird wie folgt geschrieben:

$$p_{k+1} = g(p_k, p_{k-1}) = p_k - \frac{f(p_k)(p_k - p_{k-1})}{f(p_k) - f(p_{k-1})} \tag{11.16}$$

Alternativ kann die Iterationsgleichung in der Form:

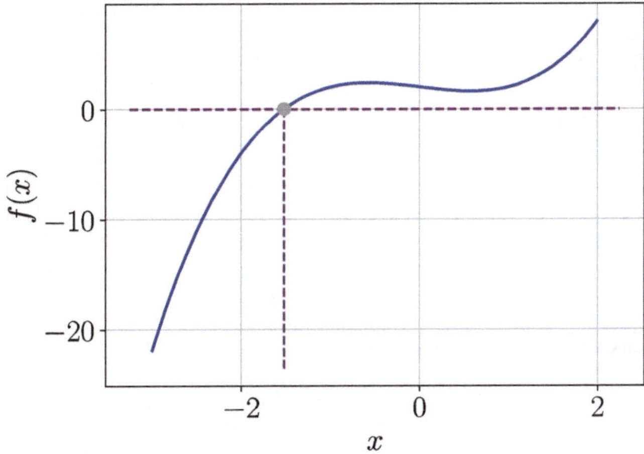

Abb. 11.3 Die Darstellung der Funktion $f(x) = x^3 - x + 2$

$$p_{k+1} = g(p_k, p_{k-1}) = p_{k-1} - \frac{f(p_{k-1})(p_{k-1} - p_k)}{f(p_{k-1}) - f(p_k)} \quad (11.17)$$

geschrieben werden. Beide Gleichungen führen zum selben Ergebnis:

$$\begin{aligned} p_2 =& p_1 - \frac{f(p_1)(p_1 - p_0)}{f(p_1) - f(p_0)} = -1{,}5214026437, \quad f(p_2) = -0{,}0001363342 \\ p_3 =& p_2 - \frac{f(p_2)(p_1 - p_2)}{f(p_2) - f(p_1)} = -1{,}5213796825, \quad f(p_3) = 1{,}44544939129 \cdot 10^{-7} \end{aligned} \quad (11.18)$$

11.4 Newton–Raphson Methode

Aufgabe Für die Funktion $f(x) = x^2 - x - 3$ in Abb. 11.4 ist $p_0 = 1{,}6$ gegeben. Finden Sie die NEWTON–RAPHSON Iterationsgleichung $p_{i+1} = g(p_i)$ und berechnen Sie p_1, p_2, p_3.

Lösung Die NEWTON–RAPHSON Iterationsgleichung lautet

$$p_{i+1} = p_i - \frac{f(p_i)}{f'(p_i)}, \quad (11.19)$$

wobei $f'(x) = 2x - 1 \Rightarrow f'(p_0) = 2p_0 - 1$ eingesetzt werden, sodass wir bekommen:

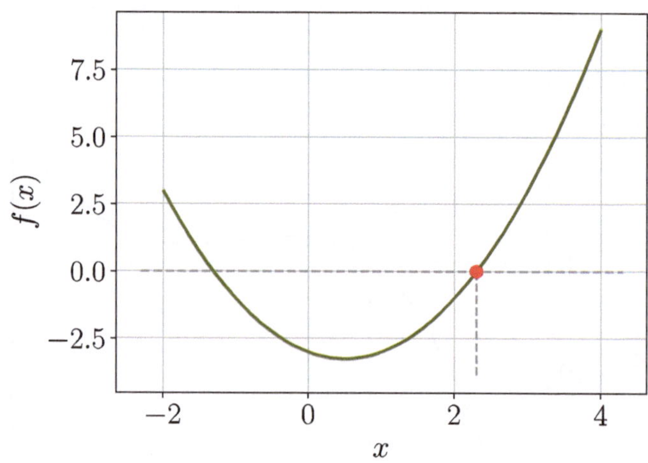

Abb. 11.4 Die Funktion $f(x) = x^2 - x - 3$

$$p_1 = p_0 - \frac{f(p_0)}{f'(p_0)} = \frac{{p_0}^2+3}{2p_0-1} \Rightarrow p_{i+1} = g(p_i) = \frac{{p_i}^2+3}{2p_i-1}\,,$$

$$p_1 = \frac{{p_0}^2+3}{2p_0-1} = 2{,}5272727273. \tag{11.20}$$

Wir wiederholen diese Operation und erhalten $p_2 = 2{,}315205$ und $p_3 = 2{,}302818$.

Aufgabe Die Funktion $f(x) = \tan^{-1}(x)$ in Abb. 11.5 soll benutzt werden, um mittels der NEWTON–RAPHSON Methode $p_{k+1} = g(p_k)$ die Werte p_1, p_2, p_3 und p_4 für zwei Fälle:

a) $p_0 = 1{,}0$
b) $p_0 = 2{,}0$

die Nullstelle zu berechnen.

Lösung Die NEWTON–RAPHSON Methode:

$$p_{i+1} = p_i - \frac{f(p_i)}{f'(p_i)} \tag{11.21}$$

ergibt mit:

$$f'(x) = \frac{1}{1+x^2} \Rightarrow p_{i+1} = p_i - (1+{p_i}^2)\tan^{-1}(p_i) \tag{11.22}$$

wie folgt für den Fall a)

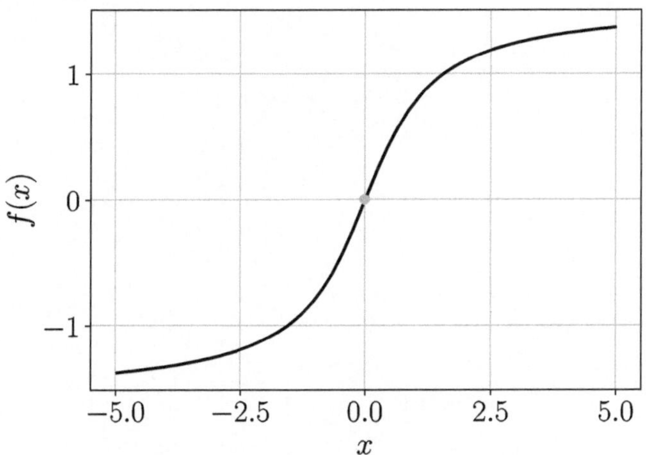

Abb. 11.5 Die Visualisierung der Funktion $f(x) = \tan^{-1}(x) = \arctan(x)$

$$\begin{aligned}
x_0 &= 1{,}0, \quad f(x_0) = 0{,}7854,\\
x_1 &= -0{,}5708, \quad f(x_1) = -0{,}5187,\\
x_2 &= 0{,}11686, \quad f(x_2) = 0{,}1163,\\
x_3 &= -0{,}00106, \quad f(x_3) = -0{,}00106,\\
x_4 &= 7{,}96 \cdot 10^{-10}, \quad f(x_4) = 7{,}96 \cdot 10^{-10},
\end{aligned} \tag{11.23}$$

mit der zur Nullstelle konvergierenden Lösung und für den Fall b)

$$\begin{aligned}
x_0 &= 2{,}0, \quad f(x_0) = 1{,}107,\\
x_1 &= -3{,}536, \quad f(x_1) = -1{,}2952,\\
x_2 &= 13{,}95, \quad f(x_2) = 1{,}5,\\
x_3 &= -279{,}34, \quad f(x_3) = -1567,\\
x_4 &= 12206\ldots
\end{aligned} \tag{11.24}$$

wobei die Lösung divergiert. Somit erkennen wir, dass der Startwert im Fall b) nicht optimal für die NEWTON–RAPHSON Methode gewesen ist.

Interpolation und Approximation 12

Wiederholung und Formelsammlung

Lagrange Interpolation

$$L_k = \prod_{j=0, j\neq k}^{N-1} \frac{x - x_j}{x_k - x_j}, \quad p(x) = \prod_{k=0}^{N-1} L_k(x) y_k \tag{12.1}$$

Newton Interpolation

$$\begin{aligned} P(x) &= \sum_{i=0}^{N-1} N_i(x) K_i, \, N_0(x) = 1, \, N_1(x) = x - x_0, \\ N_k(x) &= N_{k-1}(x)(x - x_{k-1}) \end{aligned} \tag{12.2}$$

Spline Interpolation

$$\begin{aligned} S_i(x) &= a_i + b_i(x - x_i) + c_i(x - x_i)^2 + d_i(x - x_i)^3, \\ a_i &= y_i, \\ c_i &= \frac{1}{2} y_i'', \\ \frac{y_{i+1} - y_i}{l_i} - \frac{y_{i+1}'' + 2y_i''}{6} l_i &= \frac{y_i - y_{i-1}}{l_{i-1}} + \frac{2y_i'' + y_{i-1}''}{6} l_{i-1}, \\ b_i &= \frac{y_{i+1} - y_i}{l_i} - \frac{y_{i+1}'' + 2y_i''}{6} l_i, \\ y_{i+1}'' &= 2c_i + 6d_i l_i \end{aligned} \tag{12.3}$$

B.E. Abali und C. Çakıroğlu, *Numerische Methoden für Ingenieure*,
https://doi.org/10.1007/978-3-662-61325-2_12

Trigonometrische Interpolation – FFT

$$T(x) = \frac{a_0}{2} + \frac{a_N}{2}\cos(Nx) + \sum_{j=1}^{N-1} a_j \cos(jx) + b_j \sin(jx) \tag{12.4}$$

Anzahl der Stützpunkte $K = 2N$, Imaginärzahl $\imath = \sqrt{-1}$

$$\boldsymbol{c} = \boldsymbol{W}\boldsymbol{z}, \quad z_j = y_{2j}\imath y_{2j+1}, \quad W_{ij} = \exp\left(-\imath\frac{2\pi ij}{N}\right), \quad i, j = 0, 1, \ldots, 5 \tag{12.5}$$

$$\hat{a}_i - \imath\hat{b}_i = \frac{1}{2}(c_i + \bar{c}_{N-i}) + \frac{1}{2\imath}(c_i - \bar{c}_{N-i})\exp\left(-\imath\frac{i\pi}{N}\right) \tag{12.6}$$

$$\boldsymbol{a} = \frac{2}{K}\mathrm{Re}(\hat{\boldsymbol{a}} - \imath\hat{\boldsymbol{b}}), \quad \boldsymbol{b} = -\frac{2}{K}\mathrm{Im}(\hat{\boldsymbol{a}} - \imath\hat{\boldsymbol{b}}) \tag{12.7}$$

12.1 Polynom Interpolation

Aufgabe Die Funktionswerte an 5 Punkten sind gegeben:

x	$y = f(x)$
1,0	0,7651977
1,3	0,6200860
1,6	0,4554022
1,9	0,2818186
2,2	0,1103623

Wir suchen den tatsächlichen Wert $f(x = 1{,}5) = 0{,}5118277$ durch Anwendung der LAGRANGEschen Polynome bis Grad 4.

Lösung Wir fangen mit dem Polynomgrad 1 zwischen $x_0 = 1{,}3$ und $x_1 = 1{,}6$ an:

$$\begin{aligned} L_0(x) &= \frac{x - 1{,}6}{1{,}3 - 1{,}6}, \\ L_1(x) &= \frac{x - 1{,}3}{1{,}6 - 1{,}3}, \\ P(x) &= L_0(x)f(x_0) + L_1(x)f(x_1), \\ P(x = 1{,}5) &= \frac{1{,}5 - 1{,}6}{1{,}3 - 1{,}6}0{,}6200860 + \frac{1{,}5 - 1{,}3}{1{,}6 - 1{,}3}0{,}4554022, \end{aligned} \tag{12.8}$$

und ermitteln:

$$|P(x = 1{,}5) - f(x = 1{,}5)| = 1{,}53 \cdot 10^{-3}. \tag{12.9}$$

Nun wählen wir 3 Knoten mit dem Polynomgrad 2 zwischen $x_0 = 1{,}3$ und $x_1 = 1{,}6$ sowie $x_2 = 1{,}9$ wie folgt:

$$\begin{aligned} L_0(x) &= \frac{(x-1{,}6)(x-1{,}9)}{(1{,}3-1{,}6)(1{,}3-1{,}9)}, \quad L_1(x) = \frac{(x-1{,}3)(x-1{,}9)}{(1{,}6-1{,}3)(1{,}6-1{,}9)}, \\ L_2(x) &= \frac{(x-1{,}3)(x-1{,}6)}{(1{,}9-1{,}3)(1{,}9-1{,}6)}, \\ P(x) &= L_0(x)f(x_0) + L_1(x)f(x_1) + L_2(x)f(x_2), \\ |P(x&=1{,}5) - f(x=1{,}5)| = 5{,}42 \cdot 10^{-4}. \end{aligned} \tag{12.10}$$

Wir können auch zwischen $x_0 = 1{,}0$, $x_1 = 1{,}3$ und $x_2 = 1{,}6$ mit der Genauigkeit von gleicher Ordnung den Wert ermitteln:

$$\begin{aligned} L_0(x) &= \frac{(x-1{,}3)(x-1{,}6)}{(1{,}0-1{,}3)(1{,}0-1{,}6)}, \quad L_1(x) = \frac{(x-1{,}0)(x-1{,}6)}{(1{,}3-1{,}0)(1{,}3-1{,}6)}, \\ L_2(x) &= \frac{(x-1{,}0)(x-1{,}3)}{(1{,}6-1{,}0)(1{,}6-1{,}3)}, \\ P(x) &= L_0(x)f(x_0) + L_1(x)f(x_1) + L_2(x)f(x_2), \\ |P(x&=1{,}5) - f(x=1{,}5)| = 6{,}44 \cdot 10^{-4}. \end{aligned} \tag{12.11}$$

Wenn nun 4 Knoten benutzt werden: $x_0 = 1{,}3, x_1 = 1{,}6, x_2 = 1{,}9$ und $x_2 = 2{,}2$, bekommen wir:

$$|P(x=1{,}5) - f(x=1{,}5)| = 2{,}5 \cdot 10^{-6}. \tag{12.12}$$

Die Genauigkeit wird besser. Falls aber alle Knoten benutzt werden:

$$|P(x=1{,}5) - f(x=1{,}5)| = 7{,}7 \cdot 10^{-6}, \tag{12.13}$$

wird die Genauigkeit nicht unbedingt besser, da die Oszillationen mit $n = 4$ schon anfangen.

Aufgabe Bestimmen Sie für die HERMITEsche Interpolation mit der Polynomfunktion:

$$y_j = P(x_j) = K_0 + (x_j - x_0)K_1 + (x_j - x_0)(x_j - x_0)K_2, \tag{12.14}$$

die Konstanten K_0, K_1, K_2 durch Erfüllung der Bedingungen:

$$P(x_0) = y_0, \quad P(x_1) = y_1, \quad P'(x_1) = y_1'. \tag{12.15}$$

Lösung Nach Einsetzen und Umformulieren finden wir die Konstanten wie folgt:

$$\begin{aligned} K_0 &= y_0 \\ K_1 &= \frac{-y_1' - 2y_1 + 2y_0}{(x_1 - x_0)}, \\ K_2 &= \frac{y_1' - y_1 + y_0}{(x_1 - x_0)^2}. \end{aligned} \tag{12.16}$$

Aufgabe Finden Sie die LAGRANGE Interpolation zwischen folgenden Punkten: (0, 0), (1, 1), (2, 8).

Lösung Durch die Polynome:

$$\begin{aligned} L_0(x) &= \frac{(x - x_1)(x - x_2)}{(x_0 - x_1)(x_0 - x_2)} = \frac{(x - 1)(x - 2)}{(0 - 1)(0 - 2)} = \frac{1}{2}(x^2 - 3x + 2), \\ L_1(x) &= \frac{(x - x_0)(x - x_2)}{(x_1 - x_0)(x_1 - x_2)} = \frac{x(x - 2)}{(1 - 0)(1 - 2)} = -(x^2 - 2x), \\ L_2(x) &= \frac{(x - x_0)(x - x_1)}{(x_2 - x_0)(x_2 - x_1)} = \frac{x(x - 1)}{2(2 - 1)} = \frac{1}{2}(x^2 - x), \end{aligned} \tag{12.17}$$

ergibt sich der Ausdruck:

$$\begin{aligned} p(x) = L_0(x)y_0 + L_1(x)y_1 + L_2(x)y_2 &= -1 \cdot (x^2 - 2x) \cdot 1 + \frac{1}{2}(x^2 - x) \cdot 8 \\ p(x) &= 3x^2 - 2x, \end{aligned} \tag{12.18}$$

welche der Abb. 12.1 zu entnehmen ist.

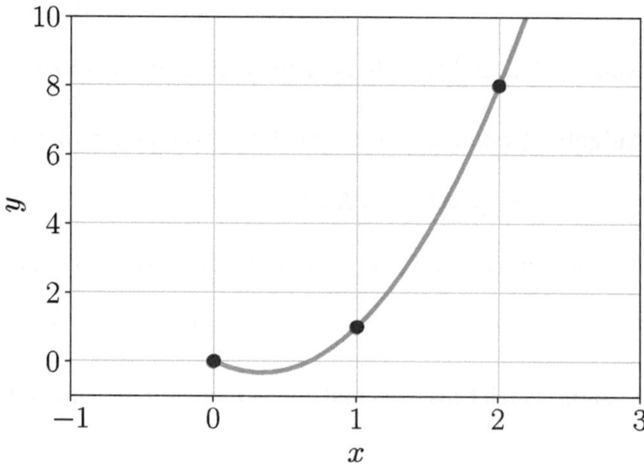

Abb. 12.1 Die vorgegebenen Punkte und deren LAGRANGE Interpolationspolynom $P(x) = 3x^2 - 2x$

Aufgabe Berechnen Sie die NEWTON Interpolation mit Benutzung der Punkte: $(1, -3)$, $(2, 0)$, $(3, 15)$, $(4, 48)$.

Lösung Zur Berechnung der 4 Punkte benötigen wir die 4 NEWTON Interpolationsfunktionen:

$$\begin{gathered} N_0(x) = 1, \quad N_1(x) = x - x_0, \\ N_2(x) = (x - x_0)(x - x_1), \quad N_3(x) = (x - x_0)(x - x_1)(x - x_2), \\ P(x) = \sum_{i=0}^{N-1} N_i(x)K_i. \end{gathered} \tag{12.19}$$

Darüber hinaus sollen die Bedingungen:

$$P(x_0) = y_0, \quad P(x_1) = y_1, \quad \ldots P(x_{N-1}) = y_{N-1}, \quad N = 4 \tag{12.20}$$

erfüllt werden, sodass wir ermitteln:

$$\begin{aligned} N_1(x_0) &= N_2(x_0) = N_3(x_0) = 0 \\ P(x_0) &= N_0(x_0)K_0 = y_0 = 1 \cdot K_0 = -3 \Rightarrow \boxed{K_0 = -3} \end{aligned} \tag{12.21}$$

und

$$\begin{aligned} N_2(x_1) &= N_3(x_1) = 0 \\ P(x_1) &= N_0(x_1)K_0 + N_1(x_1)K_1 \\ &= -3 + 1 \cdot K_1 = 0 \Rightarrow \boxed{K_1 = 3}, \end{aligned} \tag{12.22}$$

sowie

$$\begin{aligned} N_3(x_2) &= 0 \\ P(x_2) &= N_0(x_2)K_0 + N_1(x_2)K_1 + N_2(x_2)K_2. \end{aligned} \tag{12.23}$$

Weiterhin gibt es:

$$\begin{aligned} P(x_2) &= 1 \cdot (-3) + (x_2 - x_0)K_1 + (x_2 - x_0)(x_2 - x_1)K_2 = y_2 \\ &= -3 + (-2) \cdot 3 + 2 \cdot 1 \cdot K_2 = 15 \Rightarrow \boxed{K_2 = 6} \end{aligned} \tag{12.24}$$

und

$$\begin{aligned} P(x_3) &= N_0(x_3)K_0 + N_1(x_3)K_1 + N_2(x_3)K_2 + N_3(x_3)K_3 \\ &= 1 \cdot K_0 + (x_3 - x_0)K_1 + (x_3 - x_0)(x_3 - x_1)K_2 \\ &\quad + (x_3 - x_0)(x_3 - x_1)(x_3 - x_2)K_3 \\ &= 1 \cdot (-3) + 3 \cdot 3 + 3 \cdot 2 \cdot 6 + 3 \cdot 2 \cdot 1 \cdot K_3 = y_3 = 48 \Rightarrow \boxed{K_3 = 1} \end{aligned} \tag{12.25}$$

und somit:

$$P(x) = -3 \cdot 1 + 3 \cdot (x - 1) + 6 \cdot (x - 1)(x - 2) + 1 \cdot (x - 1)(x - 2)(x - 3). \tag{12.26}$$

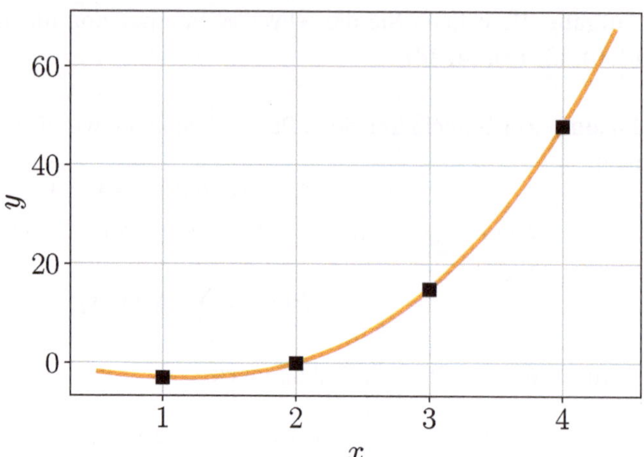

Abb. 12.2 Die vorgegebenen Punkte und das dazugehörige NEWTON Interpolationspolynom

Das Interpolationspolynom kann der Abb. 12.2 entnommen werden.

Aufgabe Finden Sie das HERMITEsche Polynom mit den folgenden Bedingungen:

$$f(0) = 2{,}7183, \quad f(1) = 1{,}7165, \quad f'(1) = -1{,}4444, \quad f''(1) = 0{,}2880, \tag{12.27}$$

welche zur Lösung $f(x) = \exp\big(\cos(x)\big)$ gehören. Wir suchen das HERMITEsche Polynom, welches $f(x) = \exp\big(\cos(x)\big)$ möglichst gut darstellt. Vergleichen Sie die Interpolation $P(x)$ mit der tatsächlichen Funktion $f(x)$.

Lösung Bei der HERMITE Interpolation haben die Basispolynome die gleiche Form wie bei der NEWTON Interpolation. Bei beiden dieser Methoden werden die Werte an den Stützpunkten vorgegeben und erfüllt. Zusätzlich werden bei der HERMITE Interpolation auch noch die Ableitungen vorgegeben und erfüllt. Deswegen tauchen die x Werte der Stützpunke in den Basispolynomen mehrmals auf. In dieser Aufgabe haben wir $x_0 = 0$, $x_1 = 1$. An der Stelle x_1 müssen 3 Bedingungen erfüllt werden. Insgesamt haben wir 4 Bedingungen; wir brauchen ein Polynom 3. Grades:

$$P(x) = \sum_{i=0}^{3} N_i(x) K_i. \tag{12.28}$$

Für 2 Stützpunkte x_0, x_1 erhalten wir:

$$
\begin{aligned}
N_0(x) &= 1, \\
N_1(x) &= x - x_0, \\
N_2(x) &= (x - x_0)(x - x_1), \\
N_3(x) &= (x - x_0)(x - x_1)^2,
\end{aligned}
\tag{12.29}
$$

mit

$$
\begin{aligned}
P(x) &= K_0 + K_1(x - x_0) + K_2(x - x_0)(x - x_1) + K_3(x - x_0)(x - x_1)^2, \\
P'(x) &= K_1 + K_2(2x - 1) + K_3(3x^2 - 4x + 1), \\
P''(x) &= 2K_2 + K_3(6x - 4).
\end{aligned}
\tag{12.30}
$$

Durch die Erfüllung der Funktionen ermitteln wir:

$$
\begin{aligned}
P(0) &= \boxed{K_0 = 2{,}7183}, \\
P(1) &= 2{,}7183 + K_1 = 1{,}7165 \Rightarrow \boxed{K_1 = -1{,}0018}, \\
P'(1) &= -1{,}0018 + K_2 = -1{,}4444 \Rightarrow \boxed{K_2 = -0{,}4426}, \\
P''(1) &= -0{,}8852 + 2K_3 = 0{,}2880 \Rightarrow \boxed{K_3 = 0{,}5866}.
\end{aligned}
\tag{12.31}
$$

Somit ist das Polynom:

$$
P(x) = K_0 + (x - x_0)K_1 + (x - x_0)(x - x_1)K_2 + (x - x_0)(x - x_1)(x - x_2)K_3,
\tag{12.32}
$$

welches wir mit der tatsächlichen Funktion $f(x)$ in Abb. 12.3 sehen.

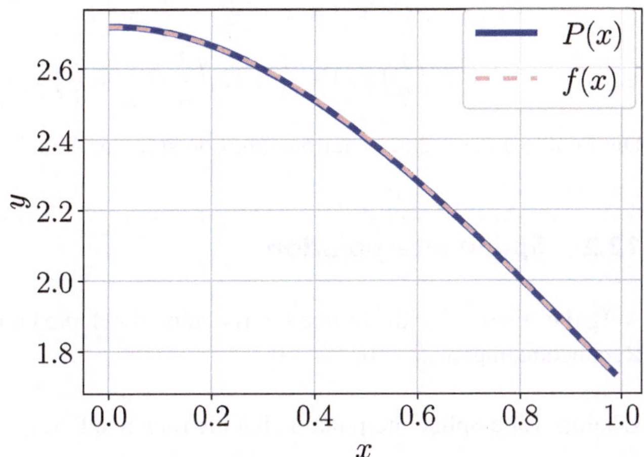

Abb. 12.3 Übereinstimmung von der Funktion $f(x)$ mit ihrem Interpolationspolynom $P(x)$ im Intervall [0, 1]

Aufgabe Finden Sie das HERMITEsche Polynom, welches folgende Bedingungen erfüllt:

$$f(0) = 1, \quad f\Big(\frac{1}{2}\Big) = \frac{3}{2}, \quad f'\Big(\frac{1}{2}\Big) = \frac{1}{2}, \quad f(1) = \frac{5}{2}. \tag{12.33}$$

Lösung Weil wir folgende Stützpunkte haben: $x_0 = 0$, $x_1 = 1/2$, $x_2 = 1$, die sogar an der Stelle x_1 zwei Bedingungen erfüllen, haben wir insgesamt 4 Bedingungen und brauchen ein Polynom 3. Grades:

$$P(x) = \sum_{i=0}^{3} N_i(x) K_i, \tag{12.34}$$

mit

$$N_0(x) = 1, \quad N_1(x) = x - x_0, \quad N_k(x) = N_{k-1}(x)(x - x_{k-1}), \tag{12.35}$$

sodass

$$\begin{aligned} P(x) &= K_0 + K_1(x - x_0) + K_2(x - x_0)(x - x_1) + K_3(x - x_0)(x - x_1)(x - x_2), \\ P(x) &= K_0 + K_1 x + K_2 x\Big(x - \frac{1}{2}\Big) + K_3 x\Big(x - \frac{1}{2}\Big)(x - 1), \\ P'(x) &= K_1 + K_2\Big(2x - \frac{1}{2}\Big) + K_3\Big(3x^2 - 3x + \frac{1}{2}\Big). \end{aligned} \tag{12.36}$$

Wir ermitteln:

$$\begin{aligned} P(0) &= \boxed{K_0 = 1}, \\ P\Big(\frac{1}{2}\Big) &= 1 + \frac{K_1}{2} = \frac{3}{2} \Rightarrow \boxed{K_1 = 1}, \\ P(1) &= 1 + 1 + \frac{K_2}{2} = \frac{5}{2} \Rightarrow \boxed{K_2 = 1}, \\ P'\Big(\frac{1}{2}\Big) &= 1 + \frac{1}{2} + K_3\Big(\frac{3}{4} - \frac{3}{2} + \frac{1}{2}\Big) = \frac{1}{2} \Rightarrow \boxed{K_3 = 4}. \end{aligned} \tag{12.37}$$

Die Punkte und die Interpolationsfunktion sind der Abb. 12.4 zu entnehmen.

12.2 Spline Interpolation

Aufgabe Finden Sie die Spline Interpolation durch die Punkte $(1, 2)$, $(2, 3)$, $(3, 5)$ mit den Randbedingungen $y_0'' = 0$, $y_2'' = 0$.

Lösung Eine Splineinterpolation hat die folgende Form

$$S_i(x) = a_i + b_i(x - x_i) + c_i(x - x_i)^2 + d_i(x - x_i)^3, \quad i \in \{0, 1\} \tag{12.38}$$

Mithilfe der Gleichung $y_i = a_i$ finden wir

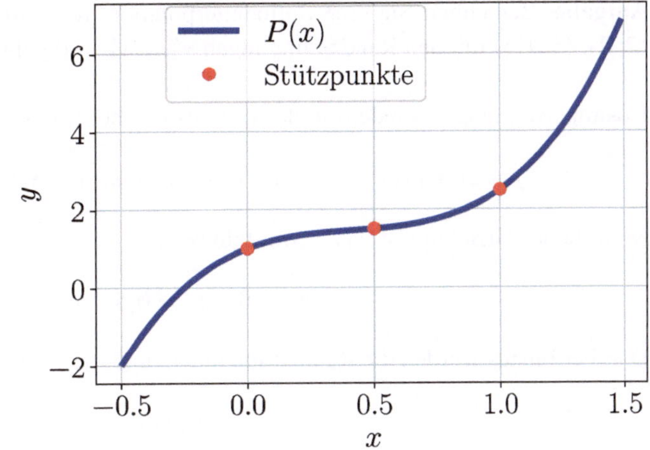

Abb. 12.4 Das HERMITE Polynom, $P(x) = 1 + x + x\left(x - \frac{1}{2}\right) + 4x\left(x - \frac{1}{2}\right)(x-1)$

$$a_0 = 2, \quad a_1 = 3 \tag{12.39}$$

Zusätzlich benutzen wir die Randbedingungen und die Gleichung $y_i'' = 2c_i$, daraus ermitteln wir:

$$c_0 = 0. \tag{12.40}$$

Für die mittleren Knoten $i = 1$ schreiben wir die Gleichung:

$$\frac{y_2 - y_1}{l_1} - \frac{y_2'' + 2y_1''}{6} l_1 = \frac{y_1 - y_0}{l_0} + \frac{2y_1'' + y_0''}{6} l_0. \tag{12.41}$$

In der oberen Gleichung ist $l_0 = l_1 = 1$. Darüber hinaus ergibt die Gleichung $y_1'' = 3/2$. Dies setzen wir in die Gleichung $y_1'' = 2c_1$ ein und erhalten somit $c_1 = 3/4$. Für die Berechnung der b_i Werte brauchen wir die Gleichung:

$$b_i = \frac{y_{i+1} - y_i}{l_i} - \frac{y_{i+1}'' + 2y_i''}{6} l_i. \tag{12.42}$$

Die obere Gleichung ergibt $b_0 = 3/4$ und $b_1 = 3/2$. Die d_i Werte werden mithilfe folgender Gleichung berechnet:

$$y_{i+1}'' = 2c_i + 6d_i l_i, \tag{12.43}$$

aus der wir $d_0 = 1/4$ und $d_1 = -1/4$ ermitteln. Daraus folgt:

$$\begin{aligned} S_0(x) &= 2 + \frac{3}{4}(x-1) + \frac{1}{4}(x-1)^3, \\ S_1(x) &= 3 + \frac{3}{2}(x-2) + \frac{3}{4}(x-2)^2 - \frac{1}{4}(x-2)^3. \end{aligned} \tag{12.44}$$

Aufgabe Berechnen Sie eine Splineinterpolation, die durch die Punkte (0; 0), (1; 0,5), (2; 2), (3; 1,5) mit den Randbedingungen $y_0'' = y_3'' = 0$ geht.

Lösung Wir fangen wieder mit der Definition einer Splineinterpolation an:

$$S_i(x) = a_i + b_i(x - x_i) + c_i(x - x_i)^2 + d_i(x - x_i)^3, \quad i \in \{0, 1, 2\} \tag{12.45}$$

Mithilfe der Gleichung $y_i = a_i$ ermitteln wir

$$a_0 = 0, \quad a_1 = 0{,}5, \quad a_2 = 2 \tag{12.46}$$

Darüber hinaus werden die Randbedingungen und die Gleichung $y_i'' = 2c_i$ benutzt:

$$c_0 = 0. \tag{12.47}$$

Für die inneren Knoten $i = 1, 2$ schreiben wir die Gleichungen

$$i = 1 \Rightarrow \frac{y_2 - y_1}{l_1} - \frac{y_2'' + 2y_1''}{6} l_1 = \frac{y_1 - y_0}{l_0} + \frac{2y_1'' + y_0''}{6} l_0 \tag{12.48}$$

und

$$i = 2 \Rightarrow \frac{y_3 - y_2}{l_2} - \frac{y_3'' + 2y_2''}{6} l_2 = \frac{y_2 - y_1}{l_1} + \frac{2y_2'' + y_1''}{6} l_1 \tag{12.49}$$

In den oberen Gleichungen $l_0 = l_1 = l_2 = 1$. Die Gleichungen ergeben $y_1'' = 12/5$, $y_2'' = -18/5$. Diese Werte setzen wir in den Gleichungen $y_i'' = 2c_i$ ein, sodass wir erhalten:

$$c_1 = 6/5 = 1{,}2, \quad c_2 = -1{,}8. \tag{12.50}$$

Zur Berechnung der b_i Werte brauchen wir:

$$b_i = \frac{y_{i+1} - y_i}{l_i} - \frac{y_{i+1}'' + 2y_i''}{6} l_i \tag{12.51}$$

Daraus bekommen wir:

$$b_0 = 0{,}1, \quad b_1 = 1{,}3, \quad b_2 = 0{,}7. \tag{12.52}$$

Die d_i Werte werden mithilfe der folgenden Gleichung berechnet:

$$y_{i+1}'' = 2c_i + 6d_i l_i \tag{12.53}$$

Aus der letzteren ermitteln wir:

$$d_0 = 0{,}4, \quad d_1 = -1, \quad d_2 = 0{,}6. \tag{12.54}$$

Daraus folgt:

$$\begin{aligned} S_0(x) &= 0{,}1x + 0{,}4x^3, \quad 0 \le x \le 1, \\ S_1(x) &= 0{,}5 + 1{,}3(x-1) + 1{,}2(x-1)^2 - (x-1)^3, \quad 1 \le x \le 2, \\ S_2(x) &= 2{,}0 + 0{,}7(x-2) - 1{,}8(x-2)^2 + 0{,}6(x-2)^3, \quad 2 \le x \le 3. \end{aligned} \tag{12.55}$$

12.3 FFT Methode

Aufgabe Gegeben sind $K = 2N = 12$ Werte einer periodischen Funktion.

x_k	0	$\frac{\pi}{6}$	$\frac{2\pi}{6}$	$\frac{3\pi}{6}$	$\frac{4\pi}{6}$	$\frac{5\pi}{6}$	π	$\frac{7\pi}{6}$	$\frac{8\pi}{6}$	$\frac{9\pi}{6}$	$\frac{10\pi}{6}$	$\frac{11\pi}{6}$
y_k	-7200	-300	7000	4300	0	-5200	-7400	-2250	3850	7600	4500	250

Bilden Sie eine trigonometrische Interpolationsfunktion durch diese Punkte mit der FFT Methode.

Lösung Die Interpolationsfuntion hat folgende Form

$$T(x) = \frac{a_0}{2} + \frac{a_N}{2}\cos(Nx) + \sum_{j=1}^{N-1} a_j \cos(jx) + b_j \sin(jx) \tag{12.56}$$

In diesem Beispiel ist $N = 6$. Wir benutzen die *Fast Fourier Transformation* (FFT) Methode. In der FFT Methode berechnen wir zuerst den **c** Vektor der komplexen FOURIER Koeffizienten. Anhand der komplexen Koeffizienten berechnen wir danach die reellen FOURIER Koeffizienten a_j, b_j. Das erste Ziel ist also:

$$\boldsymbol{c} = \boldsymbol{W}\boldsymbol{z}. \tag{12.57}$$

In der oberen Gleichung $z_j = y_{2j} + \imath y_{2j+1}$ und $W_{ij} = \exp(-\imath 2\pi ij/N)$ mit $i, j = 0, 1, \dots, 5$. Die Imaginärzahl $\imath = \sqrt{-1}$ separiert den reellen Teil vom imaginären Teil, sodass wir in einer Zeile 2 unabhängige Größen berechnen können. Das ist der Vorteil dieser Methode; statt 12 Punkte haben wir 6 Gleichungen zu lösen, d. h. $N = 5$. Die Indizes i, j gehen von null bis N. Somit haben wir:

$$\boldsymbol{z} = \begin{pmatrix} -7200 - 300\imath \\ 7000 + 4300\imath \\ -5200\imath \\ -7400 - 2250\imath \\ 3850 + 7600\imath \\ 4500 + 250\imath \end{pmatrix}, \tag{12.58}$$

und

$$
W = \begin{pmatrix}
1 & 1 & 1 & 1 & 1 & 1 \\
1 & 0{,}5 - 0{,}87\imath & -0{,}5 - 0{,}87\imath & -1 & -0{,}5 + 0{,}87\imath & 0{,}5 + 0{,}87\imath \\
1 & -0{,}5 - 0{,}87\imath & -0{,}5 + 0{,}87\imath & 1 & -0{,}5 - 0{,}87\imath & -0{,}5 + 0{,}87\imath \\
1 & -1 & 1 & -1 & 1 & -1 \\
1 & -0{,}5 + 0{,}87\imath & -0{,}5 - 0{,}87\imath & 1 & -0{,}5 + 0{,}87\imath & -0{,}5 - 0{,}87\imath \\
1 & 0{,}5 + 0{,}87\imath & -0{,}5 + 0{,}87\imath & -1 & -0{,}5 - 0{,}87\imath & 0{,}5 - 0{,}87\imath
\end{pmatrix} \tag{12.59}
$$

sowie

$$
c = \begin{pmatrix}
750 + 4400\imath \\
-3553 + 4194\imath \\
-7683 - 11524\imath \\
-7450 - 200\imath \\
-36868 - 526\imath \\
11603 + 1856\imath
\end{pmatrix} \tag{12.60}
$$

Die nächste notwendige Gleichung:

$$
\hat{a}_i - \imath \hat{b}_i = \frac{1}{2}(c_i + \bar{c}_{N-i}) + \frac{1}{2\imath}(c_i - \bar{c}_{N-i}) \exp\left(-\imath \frac{i\pi}{N}\right) \tag{12.61}
$$

liefert uns mit $c_N = c_0$ folgendes:

$$
\hat{a} = \begin{pmatrix} 5150 \\ 10434 \\ -37925 \\ -7450 \\ -6625 \\ -2384 \\ -3650 \end{pmatrix}, \quad \hat{b} = \begin{pmatrix} 0 \\ -6219 \\ 7578 \\ -200. \\ -3421 \\ -3881 \\ 0 \end{pmatrix}. \tag{12.62}
$$

Aus den Vektoren $\hat{a}$ und $\hat{b}$ werden die Vektoren a, b wie folgt berechnet:

$$
a = \frac{2}{K}\hat{a} = \begin{pmatrix} 858 \\ 1739 \\ -6321 \\ -1242 \\ -1104 \\ -397 \\ -608 \end{pmatrix}, \quad b = \frac{2}{K}\hat{b} = \begin{pmatrix} 0 \\ -1037 \\ 1263 \\ -33 \\ -570 \\ -647 \\ 0 \end{pmatrix}. \tag{12.63}
$$

Das Erbegnis lautet

$$\begin{aligned} T(x) = 429 + 1739\cos(x) - 1037\sin(x) - 6321\cos(2x) + 1263\sin(2x)- \\ - 1242\cos(3x) - 33\sin(3x) - 1104\cos(4x) - 570\sin(4x)- \\ - 397\cos(5x) - 649\sin(5x) - 304\cos(6x). \end{aligned} \tag{12.64}$$

Die Punkte und die dazu gehörige trigonometrische Interpolation ist in Abb. 12.5 zu sehen.

Aufgabe Gegeben sind $K = 2N = 6$ Werte der periodischen Sägezahnfunktion:

$$\begin{aligned} \{(x_k, y_k)\} = \Big\{(-\pi, 0), \Big(-\frac{2\pi}{3}, -\frac{2\pi}{3}\Big), \Big(-\frac{\pi}{3}, -\frac{\pi}{3}\Big), (0, 0), \\ \Big(\frac{\pi}{3}, \frac{\pi}{3}\Big), \Big(\frac{2\pi}{3}, \frac{2\pi}{3}\Big)\Big\} \end{aligned} \tag{12.65}$$

Bilden Sie eine trigonometrische Interpolationsfunktion durch diese Punkte.

Lösung Die gesuchte Interpolationsfunktion hat folgende Form:

$$T(x) = \frac{a_0}{2} + \frac{a_N}{2}\cos(Nx) + \sum_{j=1}^{N-1} a_j\cos(jx) + b_j\sin(jx) \tag{12.66}$$

In diesem Beispiel ist $N = 3$ für die FFT Methode. In der FFT Methode berechnen wir zuerst den Vektor $\boldsymbol{c}$ der komplexen FOURIER Koeffizienten aus der Gleichung

$$\boldsymbol{c} = \boldsymbol{W}\boldsymbol{z}, \tag{12.67}$$

mit

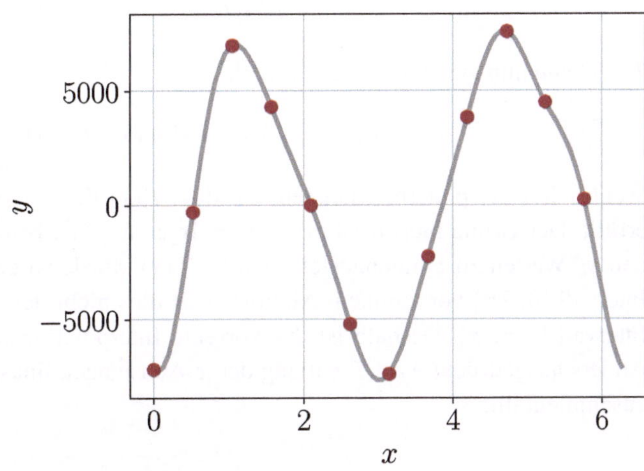

Abb. 12.5 Trigonometrische Interpolation durch die FFT Methode

$$z_j = y_{2j} + \imath y_{2j+1}, \quad W_{ij} = \exp\Big(-\imath \frac{2\pi i j}{N} \Big), \tag{12.68}$$

wobei $i, j = 0, 1, 2$. Wir erstellen z aus den y-Komponenten der Stützpunkte:

$$z = \begin{pmatrix} -\frac{2\pi}{3}\imath \\ -\frac{\pi}{3} \\ \frac{\pi}{3} + \imath\frac{2\pi}{3} \end{pmatrix}, \tag{12.69}$$

sowie

$$W = \begin{pmatrix} 1 & 1 & 1 \\ 1 & -0{,}5 - 0{,}866\imath & -0{,}5 + 0{,}866\imath \\ 1 & -0{,}5 + 0{,}866\imath & -0{,}5 - 0{,}866\imath \end{pmatrix}, c = \begin{pmatrix} 0{,}0 \\ -1{,}8138 - 1{,}3278\imath \\ 1{,}8138 - 4{,}9554\imath \end{pmatrix} \tag{12.70}$$

Diesbezüglich erzeugt

$$\hat{a}_i - \imath \hat{b}_i = \frac{1}{2}(c_i + \bar{c}_{N-i}) + \frac{1}{2\imath}(c_i - \bar{c}_{N-i}) \exp\Big(-\imath \frac{i\pi}{N} \Big) \tag{12.71}$$

durch $c_3 = c_0$ die reellen Koeffizienten:

$$\hat{a} = \begin{pmatrix} 0 \\ 0 \\ 0 \\ 0 \end{pmatrix}, \quad \hat{b} = \begin{pmatrix} 0 \\ -5{,}4414 \\ -1{,}8138 \\ 0 \end{pmatrix}. \tag{12.72}$$

Aus den Vektoren $\hat{a}, \hat{b}$ werden die Vektoren a, b wie folgt berechnet:

$$a = \frac{2}{K}\hat{a} = \begin{pmatrix} 0 \\ 0 \\ 0 \\ 0 \end{pmatrix}, \quad b = \frac{2}{K}\hat{b} = \begin{pmatrix} 0 \\ -1{,}8138 \\ -0{,}6046 \\ 0 \end{pmatrix} \tag{12.73}$$

$T(x)$ kann nun ausgeschrieben werden:

$$T(x) = -1{,}8138 \sin(x) - 0{,}6046 \sin(2x) \tag{12.74}$$

Wenn wir $T(x)$ plotten, erkennen wir, dass $T(x)$ die vorgegebenen Punkte (x_k, y_k) nicht erfüllt. Der Grund hierfür ist das falsche Intervall. Wir betonen, dass z ausschließlich von den y_k Werten zusammengestellt wurde. $T(x)$ wurde so gebildet, als ob die y_k Werte im Intervall $[0, 2\pi]$ vorkommen. Allerdings ist dies nicht der Fall. In diesem Beispiel ist das Intervall $[-\pi, \pi]$. Deshalb ist das korrekte Interpolationspolynom $T(x + \pi)$ statt $T(x)$. Anders ausgedrückt wird T entlang der x-Achse nach links geschoben, bis es mit (x_k, y_k) zusammenfällt:

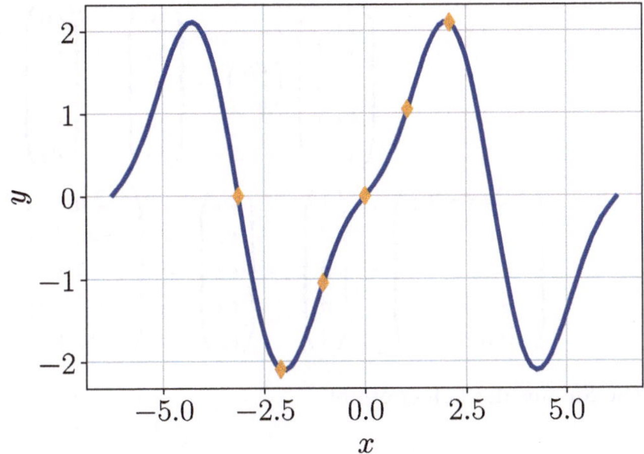

Abb. 12.6 Sägezahnfunktion interpoliert im Intervall $[-3\pi, 3\pi]$

$$T(x) = -1{,}8138 \sin(x + \pi) - 0{,}6046 \sin(2(x + \pi)). \tag{12.75}$$

Das Ergebnis ist der Abb. 12.6 zu entnehmen.

12.4 Approximation

Aufgabe Finden Sie eine lineare Fitkurve mit der linearen Regression für folgende Punkte:

$$(-2, 1), \quad (-1, 2), \quad (0, 3), \quad (1, 3), \quad (2, 4). \tag{12.76}$$

Lösung Die Approximationsgleichung hat die Form $f(x) = u_0 x + u_1$. Wir versuchen den Fehler zwischen der Fitkurve $f(x_k) = u_0 x_k + u_1$ und tatsächlichen Wert y_k zu minimieren. Formal gesehen können wir den Fehler wie folgt schreiben:

$$f(x_k) - y_k = e_k \Rightarrow u_0 x_k + u_1 - y_k = e_k, \quad k = 0, 1, 2, 3, 4 \tag{12.77}$$

Die obere Gleichung kann auch in der Form $\boldsymbol{Au} - \boldsymbol{y} = \boldsymbol{e}$ geschrieben werden, sodass

$$\begin{pmatrix} x_0 & 1 \\ x_1 & 1 \\ x_2 & 1 \\ x_3 & 1 \\ x_4 & 1 \end{pmatrix} \begin{pmatrix} u_0 \\ u_1 \end{pmatrix} - \begin{pmatrix} y_0 \\ y_1 \\ y_2 \\ y_3 \\ y_4 \end{pmatrix} = \begin{pmatrix} e_0 \\ e_1 \\ e_2 \\ e_3 \\ e_4 \end{pmatrix},$$

$$\begin{pmatrix} -2u_0 + u_1 \\ -u_0 + u_1 \\ u_1 \\ u_0 + u_1 \\ 2u_0 + u_1 \end{pmatrix} - \begin{pmatrix} 1 \\ 2 \\ 3 \\ 3 \\ 4 \end{pmatrix} = \begin{pmatrix} e_0 \\ e_1 \\ e_2 \\ e_3 \\ e_4 \end{pmatrix} \Rightarrow \begin{pmatrix} -2u_0 + u_1 - 1 \\ -u_0 + u_1 - 2 \\ u_1 - 3 \\ u_0 + u_1 - 3 \\ 2u_0 + u_1 - 4 \end{pmatrix} = \begin{pmatrix} e_0 \\ e_1 \\ e_2 \\ e_3 \\ e_4 \end{pmatrix} \tag{12.78}$$

Die Summe der Fehler ergibt:

$$\|e\|^2 = (-2u_0 + u_1 - 1)^2 + (-u_0 + u_1 - 2)^2 + (u_1 - 3)^2 + (u_0 + u_1 - 3)^2 + (2u_0 + u_1 - 4)^2, \tag{12.79}$$

wobei die Minimierung der Fehler

$$\frac{\partial}{\partial u_i} \|e\|^2 = 0, \tag{12.80}$$

uns die Koeffizienten bestimmen lässt:

$$\begin{aligned} \frac{\partial}{\partial u_0} \|e\|^2 &= 20u_0 - 14 = 0 \Rightarrow u_0 = 0{,}7, \\ \frac{\partial}{\partial u_1} \|e\|^2 &= 10u_1 - 26 = 0 \Rightarrow u_1 = 2{,}6, \\ &\Rightarrow f(x) = 0{,}7x + 2{,}6. \end{aligned} \tag{12.81}$$

Die Approximation ist der Abb. 12.7 zu entnehmen.

Aufgabe Finden Sie eine quadratische Fitkurve zur Approximation der Punkte:

$$(-3, 3), \quad (0, 1), \quad (2, 1), \quad (4, 3). \tag{12.82}$$

Lösung Die Approximationsgleichung hat die Form $f(x) = u_0 x^2 + u_1 x + u_2$. Wir versuchen die Summe der Differenzen zwischen $f(x_k) = u_0 x_k^2 + u_1 x_k + u_2$ und y_k zu minimieren. Analog zur letzten Aufgabe:

$$f(x_k) - y_k = e_k \Rightarrow u_0 x_k^2 + u_1 x_k + u_2 - y_k = e_k, \quad k = 0, 1, 2, 3 \tag{12.83}$$

ergibt in der Form $\boldsymbol{Au} - \boldsymbol{y} = \boldsymbol{e}$ wie folgt:

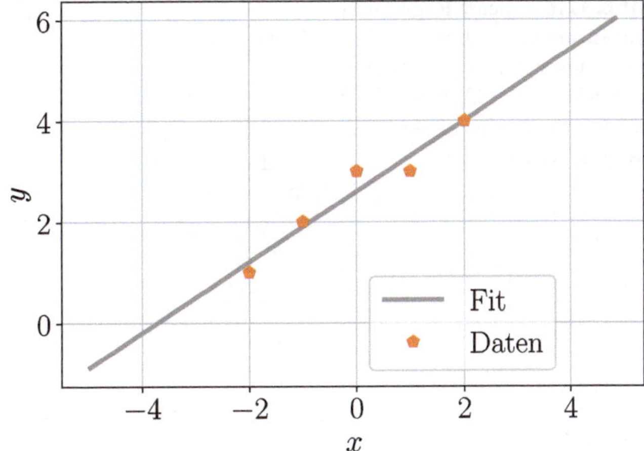

Abb. 12.7 Lineare Regression zur Bestimmung der Fitkurve $f(x) = 0{,}7x + 2{,}6$ als Approximation zu den vorgegebenen Daten

$$\begin{pmatrix} x_0^2 & x_0 & 1 \\ x_1^2 & x_1 & 1 \\ x_2^2 & x_2 & 1 \\ x_3^2 & x_3 & 1 \end{pmatrix} \begin{pmatrix} u_0 \\ u_1 \\ u_2 \end{pmatrix} - \begin{pmatrix} y_0 \\ y_1 \\ y_2 \\ y_3 \end{pmatrix} = \begin{pmatrix} e_0 \\ e_1 \\ e_2 \\ e_3 \end{pmatrix},$$

$$\begin{pmatrix} 9u_0 - 3u_1 + u_2 - 3 \\ u_2 - 1 \\ 4u_0 + 2u_1 + u_2 - 1 \\ 16u_0 + 4u_1 + u_2 - 3 \end{pmatrix} = \begin{pmatrix} e_0 \\ e_1 \\ e_2 \\ e_3 \end{pmatrix}, \tag{12.84}$$

$$\|e\|^2 = (9u_0 - 3u_1 + u_2 - 3)^2 + (u_2 - 1)^2 + (4u_0 + 2u_1 + u_2 - 1)^2 +$$
$$+(16u_0 + 4u_1 + u_2 - 3)^2, \quad \frac{\partial}{\partial u_0}\|e\|^2 = 0, \quad \frac{\partial}{\partial u_1}\|e\|^2 = 0, \quad \frac{\partial}{\partial u_2}\|e\|^2 = 0\,.$$

Dies ergibt

$$\begin{pmatrix} 706 & 90 & 58 \\ 90 & 58 & 6 \\ 58 & 6 & 8 \end{pmatrix} \begin{pmatrix} u_0 \\ u_1 \\ u_2 \end{pmatrix} = \begin{pmatrix} 158 \\ 10 \\ 16 \end{pmatrix} \Rightarrow \begin{pmatrix} u_0 \\ u_1 \\ u_2 \end{pmatrix} = \begin{pmatrix} 0{,}1785 \\ -0{,}1925 \\ 0{,}8505 \end{pmatrix}, \tag{12.85}$$
$$\Rightarrow f(x) = 0{,}1785x^2 - 0{,}1925x + 0{,}8505.$$

Die Daten und deren Fitkurve ist in Abb. 12.8 zu sehen.

Aufgabe Aus einer Messung in der Zeit t wurden folgende Daten gesammelt:

t	0	1	2	3	4	5	6	7	8
$f(t)$	8	6	2	1	1,5	1,8	2	1,5	1

Die beste Fitfunktion ist gesucht.

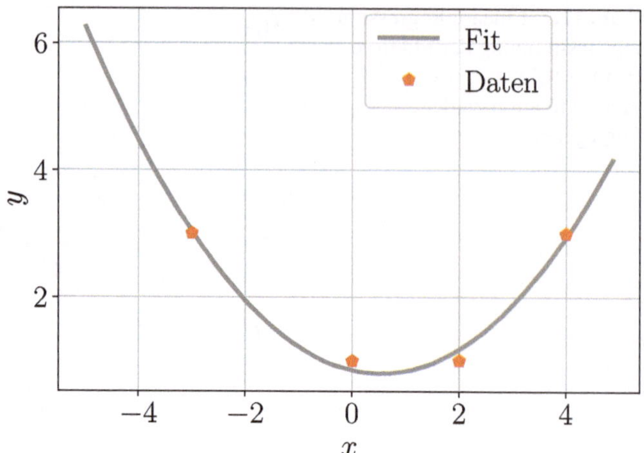

Abb. 12.8 Lineare Regression zur Bestimmung der quadratischen Fitkurve $f(x) = 0{,}1785x^2 - 0{,}1925x + 0{,}8505$ als Approximation zu den vorgegebenen Daten

Lösung Wir beginnen mit einer kubischen Fitkurve $f_1 = u_1 + u_2 t + u_3 t^2 + u_4 t^3$, wobei die unbekannten Koeffizienten $\boldsymbol{u} = \{u_1, u_2, u_3, u_4\}$ gesucht sind. Für die gegebenen Daten $t_i = \{0; 1; 2; \ldots 8\}$ und $f_i = \{8; 6; 2; \ldots 1\}$ sehen die Koeffizientenmatrix $\boldsymbol{A}$ und die rechte Seite $\boldsymbol{b}$ wie folgt aus:

$$A_{ij} = \begin{pmatrix} 1 & t_1 & t_1^2 & t_1^3 \\ 1 & t_2 & t_2^2 & t_2^3 \\ \vdots & \vdots & \vdots & \vdots \\ 1 & t_9 & t_9^2 & t_9^3 \end{pmatrix}, \quad b_i = \begin{pmatrix} f_1 \\ f_2 \\ \vdots \\ f_9 \end{pmatrix}. \tag{12.86}$$

Mit der normalen Gleichung auf Abschn. 4.4 finden wir die Unbekannten als Minimierung der Fehlerquadrate:

$$\boldsymbol{u} = (\boldsymbol{A}^T \boldsymbol{A})^{-1} \boldsymbol{A}^T \boldsymbol{b} = \{8{,}4798; -4{,}6115; 0{,}9554; -0{,}0620\}. \tag{12.87}$$

Dabei beträgt der Fehler $\|\boldsymbol{A}\boldsymbol{u} - \boldsymbol{b}\|^2 = 2{,}6040$. In analoger Weise berechnen wir eine Fitfunktion des fünften Grades $f_2 = u_1 + u_2 t + u_3 t^2 + u_4 t^3 + u_5 t^4 + u_6 t^5$ mit folgenden Matrizen:

$$A_{ij} = \begin{pmatrix} 1 & t_1 & t_1^2 & t_1^3 & t_1^4 & t_1^5 \\ 1 & t_2 & t_2^2 & t_2^3 & t_2^4 & t_2^5 \\ \vdots & \vdots & \vdots & \vdots & \vdots & \vdots \\ 1 & t_9 & t_9^2 & t_9^3 & t_9^4 & t_9^5 \end{pmatrix}, \quad b_i = \begin{pmatrix} f_1 \\ f_2 \\ \vdots \\ f_9 \end{pmatrix}. \tag{12.88}$$

In diesem Fall sind die Koeffizienten:

$$\boldsymbol{u} = (\boldsymbol{A}^T \boldsymbol{A})^{-1} \boldsymbol{A}^T \boldsymbol{b} = \{8{,}0716; -0{,}3357; -3{,}2030; 1{,}3293; -0{,}1908; 0{,}0092\}, \tag{12.89}$$

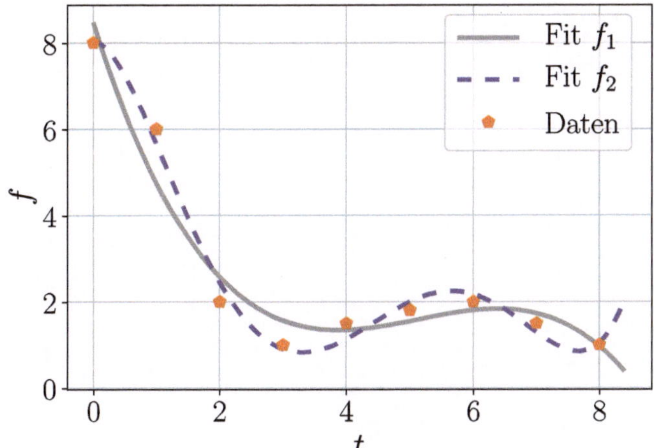

Abb. 12.9 Approximation der Daten mit der kubischen Fitkurve f_1 und quintischen Fitkurve f_2

und ergeben einen Fehler von $\|\boldsymbol{A}\boldsymbol{u} - \boldsymbol{b}\|^2 = 0{,}5728$. Somit ist die quintische Fitfunktion mit einem kleineren Fehler eine bessere Approximation der kubischen Fitfunktion. Eine Darstellung von beiden Fitkurven sind der Abb. 12.9 zu entnehmen.

Integration und Differentiation 13

Wiederholung und Formelsammlung

Newton–Cotes Quadratur

$$\int_a^b f(x)\,\mathrm{d}x \approx (b-a)\sum_{j=0}^{n} w_j f(x_j), \quad w_j = \frac{1}{(b-a)}\int_a^b L_j(x)\,\mathrm{d}x \tag{13.1}$$

Gauß–Legendre Quadratur

$$x = \frac{b+a}{2} + \frac{b-a}{2}\xi, \quad I = \sum_i c_i f(\xi_i), \quad c_i = \int_{-1}^{1} L_i(\xi)\,\mathrm{d}\xi \tag{13.2}$$

Quadratur im mehrdimensionalen Raum

$$\begin{aligned}
x(\xi,\eta) &= \sum_i e_x^i F_i(\xi,\eta),\\
y(\xi,\eta) &= \sum_i e_y^i F_i(\xi,\eta),\\
F_1 = \frac{1}{4}(1-\xi)(1-\eta), &\quad F_2 = \frac{1}{4}(1+\xi)(1-\eta),\\
F_3 = \frac{1}{4}(1+\xi)(1+\eta), &\quad F_4 = \frac{1}{4}(1-\xi)(1+\eta),\\
\boldsymbol{J} &= \begin{pmatrix} \frac{\partial x}{\partial \xi} & \frac{\partial x}{\partial \eta} \\ \frac{\partial y}{\partial \xi} & \frac{\partial y}{\partial \eta} \end{pmatrix}
\end{aligned} \tag{13.3}$$

B.E. Abali und C. Çakıroğlu, *Numerische Methoden für Ingenieure*,
https://doi.org/10.1007/978-3-662-61325-2_13

$$I = \int_{x_a}^{x_b} \int_{y_a}^{y_b} f \, \mathrm{d}x \, \mathrm{d}y = \int_{-1}^{1} \int_{-1}^{1} f \det(\boldsymbol{J}) \, \mathrm{d}\xi \, \mathrm{d}\eta = \sum_{i=1}^{2} \sum_{j=1}^{2} c_\xi^i c_\eta^j f(\xi_i, \eta_j) \det(\boldsymbol{J}) \tag{13.4}$$

Dreipunkt-Mittelpunkt Differentiation

$$f'(x_i) = \frac{1}{2h}\Big(- f(x_i - h) + f(x_i + h)\Big) \tag{13.5}$$

Fünfpunkt-Mittelpunkt Differentiation

$$f'(x_i) = \frac{1}{12h}\Big(f(x_i - 2h) - 8f(x_i - h) + 8f(x_i + h) - f(x_i + 2h)\Big) \tag{13.6}$$

13.1 Integration

Aufgabe Die Funktion $f(x) = \sin\sqrt{x}$ ist in Abb. 13.1 dargestellt. Bestimmen Sie den numerischen Wert der Integration:

$$I = \int_0^1 \sin(\sqrt{x}) \, \mathrm{d}x \tag{13.7}$$

durch die Trapez- und Mittelpunktregeln in dem vorgeführten Intervall [0, 1]. Dazu unterteilen Sie das Intervall in 4 äquidistante (gleich große) Teile.

Lösung Die Trapezregel approximiert die Lösung:

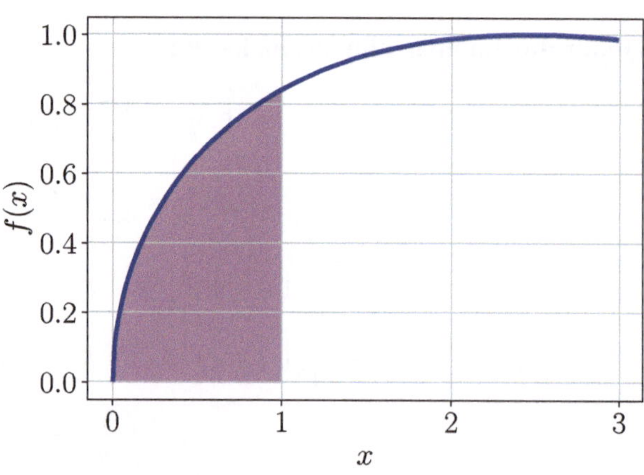

Abb. 13.1 Zur integrierenden Funktion $f(x) = \sin\sqrt{x}$

$$I \approx \sum_{i=1}^{4} \frac{y_i + y_{i-1}}{2}(x_i - x_{i-1}) \tag{13.8}$$

in dem Intervall mit folgenden Stützpunkten, berechnet mit $f(x)$ wie folgt:

$$x_i = \{0; 0{,}25; 0{,}5; 0{,}75; 1\} \Rightarrow y_i = \{0; 0{,}4794; 0{,}6496; 0{,}7618; 0{,}8415\} \tag{13.9}$$

sodass wir ermitteln:

$$\begin{aligned} I \approx 0{,}25\Big(\frac{0{,}4794}{2} + \frac{0{,}6496 + 0{,}4794}{2} + \frac{0{,}7618 + 0{,}6496}{2} + \frac{0{,}8415 + 0{,}7618}{2}\Big) \\ = \boxed{0{,}5779} \end{aligned} \tag{13.10}$$

Die Mittelpunktregel lautet:

$$\begin{aligned} I \approx \sum_{i=1}^{4} f\Big(\frac{x_i + x_{i-1}}{2}\Big)(x_i - x_{i-1}) = 0{,}25\Big(f(0{,}125) + f(0{,}375) \\ + f(0{,}625) + f(0{,}875)\Big) = \boxed{0{,}6092} \end{aligned} \tag{13.11}$$

Die Genauigkeit hängt von der Unterteilung ab. Zum Vergleich lautet die SciPy Lösung 0,6023.

Aufgabe Anhand der NEWTON–COTES Methode berechnen Sie den numerischen Wert aus folgendem Integral:

$$I = \int_0^3 \frac{e^x}{x+1}\,\mathrm{d}x. \tag{13.12}$$

Der Integrand ist der Abb. 13.2 zu entnehmen. Benutzen Sie dabei 3 Stützpunkte mit $x_0 = 0$, $x_1 = 1{,}5$, $x_2 = 3$.

Lösung Das Verfahren ermittelt den Integralwert:

$$I \approx (3-0)\sum_{j=0}^{2} w_j f(x_j) \tag{13.13}$$

mit den Gewichten:

$$w_j = \frac{1}{(3-0)} \int_0^3 L_j(x)\,\mathrm{d}x. \tag{13.14}$$

Dabei lauten die LAGRANGEschen Polynome:

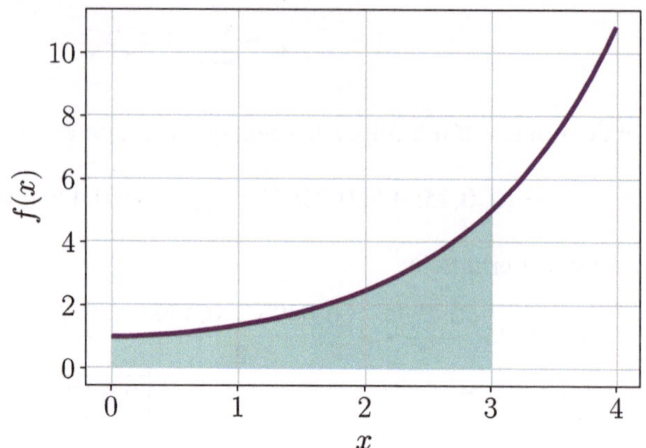

Abb. 13.2 Darstellung der Funktion $f(x) = \dfrac{e^x}{x+1}$

$$
\begin{aligned}
L_0(x) &= \frac{x^2 - 4{,}5x + 4{,}5}{4{,}5},\\
L_1(x) &= \frac{x^2 - 3x}{-2{,}25},\\
L_2(x) &= \frac{x^2 - 1{,}5x}{4{,}5}.
\end{aligned}
\tag{13.15}
$$

Die Gewichte w_j werden nun ermittelt:

$$
w_j = \frac{1}{(3-0)} \int\limits_0^3 L_j(x)\,\mathrm{d}x \Rightarrow w_0 = \frac{1}{6},\quad w_1 = \frac{2}{3},\quad w_2 = \frac{1}{6}. \tag{13.16}
$$

Durch Einsetzen von:

$$
f(x_0) = y_0 = 1{,}0,\quad f(x_1) = y_1 = 1{,}7927,\quad f(x_2) = y_2 = 5{,}0214, \tag{13.17}
$$

beträgt das Ergebnis:

$$
I \approx 3(w_0 y_0 + w_1 y_1 + w_2 y_2) = 6{,}5960. \tag{13.18}
$$

Zum Vergleich ist die Lösung von SciPy 6,5246.

Aufgabe Mit Hilfe der NEWTON–COTES Methode berechnen Sie das Integral:

$$
I = \int\limits_0^1 \sin(\pi x)\,\mathrm{d}x, \tag{13.19}
$$

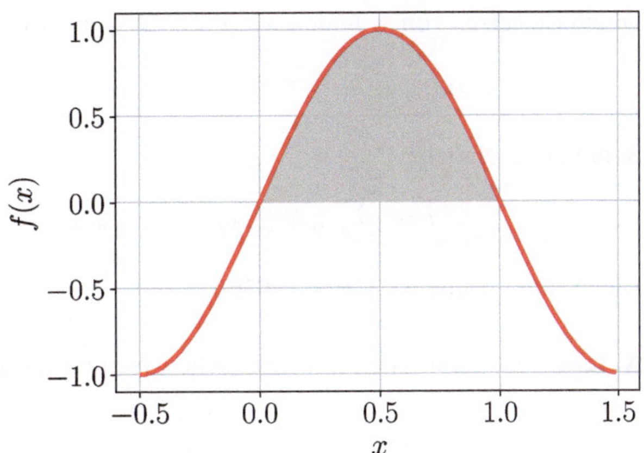

Abb. 13.3 Die Funktion $f(x) = \sin(\pi x)$

von der in Abb. 13.3 dargestellten Funktion im Intervall [0, 1]. Unterteilen Sie das Intervall in 4 Teile mit der Schrittweite $h = 0{,}25$.

Lösung Der approximative Wert des Integrals lautet:

$$\begin{aligned} I &\approx (1-0)\sum_{j=0}^{4} w_j f(x_j), \\ w_j &= \frac{1}{(1-0)}\int_0^1 L_j(x)\,\mathrm{d}x, \end{aligned} \tag{13.20}$$

wobei die LAGRANGE Polynome für $x_i = \{0; 0{,}25; 0{,}5; 0{,}75; 1\}$ sind:

$$\begin{aligned} L_0(x) =& \frac{(x-0{,}25)(x-0{,}5)(x-0{,}75)(x-1)}{(-0{,}25)(-0{,}5)(-0{,}75)(-1)}, \\ L_1(x) =& \frac{(x-0)(x-0{,}5)(x-0{,}75)(x-1)}{(0{,}25)(0{,}25-0{,}5)(0{,}25-0{,}75)(0{,}25-1)}, \\ L_2(x) =& \frac{(x-0)(x-0{,}25)(x-0{,}75)(x-1)}{(0{,}5)(0{,}25)(-0{,}25)(-0{,}5)}, \\ L_3(x) =& \frac{(x-0)(x-0{,}25)(x-0{,}5)(x-1)}{(0{,}75)(0{,}5)(0{,}25)(-0{,}25)}, \\ L_4(x) =& \frac{(x)(x-0{,}25)(x-0{,}5)(x-0{,}75)}{1(0{,}75)(0{,}5)(0{,}25)}. \end{aligned} \tag{13.21}$$

Die Gewichte w_j sind:

$$w_0 = 0{,}07\bar{7}, \quad w_1 = 0{,}35\bar{5}, \quad w_2 = 0{,}13\bar{3}, \quad w_3 = 0{,}35\bar{5}, \quad w_4 = 0{,}07\bar{7} \tag{13.22}$$

Durch Einsetzen von x_i finden wir $f(x_i) = y_i$ wie folgt:

$$y_0 = 0{,}0, \quad y_1 = 0{,}7071, \quad y_2 = 1{,}0, \quad y_3 = 0{,}7071, \quad y_4 = 0{,}0. \tag{13.23}$$

Somit ermitteln wir:

$$I \approx (w_0 y_0 + w_1 y_1 + w_2 y_2 + w_3 y_3 + w_4 y_4) = 0{,}6362 \tag{13.24}$$

Die exakte Lösung ist $2/\pi \approx 0{,}6366$.

Aufgabe Ermitteln Sie den numerischen Wert dieser Integration:

$$I = \int_1^3 (x^3 + 2x + 1)\,\mathrm{d}x \tag{13.25}$$

durch Benutzung der GAUSS–LEGENDRE Methode mit 2 Gaußpunkten. Wie gut ist die Genauigkeit dieser Methode?

Lösung Wir führen folgende Transformation im Intervall $[1, 3]$ ein, um x als ξ umzuschreiben:

$$x = \frac{3+1}{2} + \frac{3-1}{2}\xi \Rightarrow x = 2 + \xi, \; \mathrm{d}x = \mathrm{d}\xi. \tag{13.26}$$

Somit wird das Integral in dem Gaußraum:

$$I = \int_{-1}^{1} \Big((2+\xi)^3 + 2(2+\xi) + 1\Big)\,\mathrm{d}\xi. \tag{13.27}$$

Gaußpunkte und Gaußgewichte sind der Tab. 5.1 zu entnehmen. Die 2 Gaußpunkten $\xi_1 = -1/\sqrt{3}$ und $\xi_2 = 1/\sqrt{3}$ generieren die $\{\xi_k, f(\xi_k)\}$ Werte wie folgt:

$$\{\xi_1, f(\xi_1)\} = \{-1/\sqrt{3}; 6{,}7246\}, \quad \{\xi_2, f(\xi_2)\} = \{1/\sqrt{3}; 23{,}2754\}. \tag{13.28}$$

Zugehörige Gewichte lauten $c_1 = c_2 = 1{,}0$. Somit ermitteln wir:

$$I = c_1 f(\xi_1) + c_2 f(\xi_2) = 30. \tag{13.29}$$

In diesem Beispiel ist $n = 2$ und der Integrand ein Polynom 3. Grades. Mit n Gaußpunkten können wir bis auf Polynomgrad $2n - 1 = 3$ exakt integrieren. Deshalb ist das Ergebnis exakt.

Aufgabe Ermitteln Sie die Integration im zwei-dimensionalen Raum:

$$I = \int_{x=2}^{5} \int_{y=-\frac{1}{3}x+\frac{8}{3}}^{\frac{2}{3}x+\frac{8}{3}} (3x + y)\,\mathrm{d}y\,\mathrm{d}x \qquad (13.30)$$

numerisch durch die GAUSS–LEGENDRE Methode mit 2 Gaußpunkten in jeder Raumrichtung.

Lösung Erstens transformieren wir den Integrand $f(x, y)$ auf den Gaußraum $f(\xi, \eta)$, definiert als:

$$\{(\xi, \eta) : \xi \in [-1, 1], \quad \eta \in [-1, 1]\}. \qquad (13.31)$$

Dabei ist die Darstellung von x und y in dem Gaußraum:

$$x(\xi, \eta) = \sum_i e_x^i F_i(\xi, \eta), \quad y(\xi, \eta) = \sum_i e_y^i F_i(\xi, \eta) \qquad (13.32)$$

Die 4 Eckpunkte $(\pm 1, \pm 1)$ im Gaußraum entsprechen folgender Punkte im (x, y) Raum:

$$\boldsymbol{e}_1 = (2, 2), \quad \boldsymbol{e}_2 = (5, 1), \quad \boldsymbol{e}_3 = (5, 6), \quad \boldsymbol{e}_4 = (2, 4). \qquad (13.33)$$

Die Formfunktionen F_i für den Gaußraum lauten:

$$\begin{aligned} F_1 &= \frac{1}{4}(1-\xi)(1-\eta), \quad F_2 = \frac{1}{4}(1+\xi)(1-\eta), \\ F_3 &= \frac{1}{4}(1+\xi)(1+\eta), \quad F_4 = \frac{1}{4}(1-\xi)(1+\eta). \end{aligned} \qquad (13.34)$$

Nach dem Einsetzen dieser Formfunktionen in die Gleichungen $x(\xi, \eta) = \sum_i e_x^i F_i(\xi, \eta)$ und $y(\xi, \eta) = \sum_i e_y^i F_i(\xi, \eta)$ bekommen wir:

$$x(\xi, \eta) = \frac{7}{2} + \frac{3}{2}\xi, \quad y(\xi, \eta) = \frac{13}{4} + \frac{7}{4}\eta + \frac{1}{4}\xi + \frac{3}{4}\xi\eta \qquad (13.35)$$

Daraus folgt:

$$f(\xi, \eta) = \frac{55}{4} + \frac{19}{4}\xi + \frac{7}{4}\eta + \frac{3}{4}\xi\eta. \qquad (13.36)$$

Der nächste Schritt in der Umschreibung des Integrals ist die Berechnung der JACOBI Matrix:

$$\boldsymbol{J} = \begin{pmatrix} \dfrac{\partial x}{\partial \xi} & \dfrac{\partial x}{\partial \eta} \\ \dfrac{\partial y}{\partial \xi} & \dfrac{\partial y}{\partial \eta} \end{pmatrix} = \begin{pmatrix} 3/2 & 0 \\ 1/4 + 3/4\eta & 7/4 + 3/4\xi \end{pmatrix}, \quad \det(\boldsymbol{J}) = \frac{21}{8} + \frac{9}{8}\xi. \qquad (13.37)$$

Somit ist das Integral im Gaußraum:

$$\int_{x=2}^{5}\int_{y=-\frac{1}{3}x+\frac{8}{3}}^{\frac{2}{3}x+\frac{8}{3}}(3x+y)\,\mathrm{d}y\,\mathrm{d}x=\int_{-1}^{1}\int_{-1}^{1}f(\xi,\eta)\det(\mathbf{J})\,\mathrm{d}\xi\,\mathrm{d}\eta$$
$$=\int_{-1}^{1}\int_{-1}^{1}f(\xi,\eta)\det(\mathbf{J})\,\mathrm{d}\xi\,\mathrm{d}\eta=\frac{1}{4}\cdot\frac{1}{8}\int_{-1}^{1}\int_{-1}^{1}(55+19\xi+7\eta+3\xi\eta)(21+9\xi)\,\mathrm{d}\xi\,\mathrm{d}\eta$$
$$=\frac{1}{32}\int_{-1}^{1}\int_{-1}^{1}\left(1155+894\xi+171\xi^2+147\eta+126\xi\eta+27\xi^2\eta\right)\,\mathrm{d}\xi\,\mathrm{d}\eta. \tag{13.38}$$

Die Knoten (Gaußpunkte) und Gewichte sind in der Tab. 5.1 zu finden:

$$\xi_1=-\frac{1}{\sqrt{3}},\quad \xi_2=\frac{1}{\sqrt{3}},\quad \eta_1=-\frac{1}{\sqrt{3}},\quad \eta_2=\frac{1}{\sqrt{3}},$$
$$c_\xi^1=c_\xi^2=c_\eta^1=c_\eta^2=1{,}0 \tag{13.39}$$

Mit diesen Werten wird die GAUSS–LEGENDRE Quadratur berechnet:

$$I=\sum_{i=1}^{2}\sum_{j=1}^{2}c_\xi^i c_\eta^j f\det(\boldsymbol{J})\Big|_{(\xi_i,\eta_j)}=f\det(\boldsymbol{J})\Big|_{(\xi_1,\eta_1)}+f\det(\boldsymbol{J})\Big|_{(\xi_1,\eta_2)}$$
$$+f\det(\boldsymbol{J})\Big|_{(\xi_2,\eta_1)}+f\det(\boldsymbol{J})\Big|_{(\xi_2,\eta_2)}=151{,}5\,. \tag{13.40}$$

13.2 Ableitung

Aufgabe Berechnen Sie mithilfe der Dreipunkt-Mittelpunkt und Fünfpunkt-Mittelpunkt Methoden die Ableitung von $f(x)=\cos(x)$ an der Stelle $x=0{,}8$ mit einer Schrittweite von $h=0{,}001$. Bestimmen Sie den Wert durch die analytische Lösung und vergleichen Sie dies zu der numerischen Lösung.

Lösung Dreipunkt-Mittelpunkt Methode:

$$f'(0{,}8)\approx\frac{f(0{,}8+0{,}001)-f(0{,}8-0{,}001)}{2\cdot 0{,}001}=\frac{\cos(0{,}801)-\cos(0{,}799)}{0{,}002}$$
$$=-0{,}71735597134. \tag{13.41}$$

Fünfpunkt-Mittelpunkt Methode:

Tab. 13.1 Lösungen zur numerischen Ableitung mittels der gegebenen Schrittweiten

h	Dreipunkt-Mittelpunkt	Fünfpunkt-Mittelpunkt
$0{,}1$	$-0{,}7161610951$	$-0{,}7173537026$
$0{,}01$	$-0{,}7173441350$	$-0{,}7173560907$
$0{,}001$	$-0{,}7173559713$	$-0{,}7173560909$

$$f'(0{,}8) \approx \frac{1}{12 \cdot 0{,}001}\,(f(0{,}8 - 2 \cdot 0{,}001) - 8f(0{,}8 - 0{,}001) + 8f(0{,}8 + 0{,}001) \\ - f(0{,}8 + 2 \cdot 0{,}001)) = -0{,}7173560909. \tag{13.42}$$

Die exakte Lösung $-\sin(0{,}8)$ wurde bis auf 10 Kommazahlen $-0{,}7173560909$ erzeugt. Die Tab. 13.1 zeigt das Ergebnis für zwei weitere Schrittweiten.

14 Verfahren zur Lösung gewöhnlicher Differentialgleichungen

Aufgabe Berechnen Sie den Wert von $y(t)$ für folgendes Anfangswertproblem:

$$y^{\bullet} = -ty = f(t, y), \quad y(t = 0) = y_0 = 1 \tag{14.1}$$

zwischen $t \in [0; 0{,}3]$ mit einer Schrittweite von $h = 0{,}1$. Benutzen Sie dazu die EULER-Vorwärts, EULER-Rückwärts und RUNGE–KUTTA (2. Ordnung) Methoden. Zum Vergleich beträgt die analytische Lösung: $y(t) = \exp(-t^2/2)$.

Lösung Zeit wird diskretisiert: $t_0 = 0$, $t_1 = 0{,}1$, $t_2 = 0{,}2$, $t_3 = 0{,}3$. Die zugehörigen, exakten Werte können wir aus der analytischen Lösung bestimmen: $y_0^{\text{ana}} = 1$, $y_1^{\text{ana}} = 0{,}995$, $y_2^{\text{ana}} = 0{,}9802$, $y_3^{\text{ana}} = 0{,}956$.

Die EULER-Vorwärts Methode ergibt:

$$\begin{aligned} y_1 &= y_0 + hf(t_0, y_0) = 1 + (0{,}1)(-t_0 y_0) = 1 + (0{,}1)(-0 \cdot 1) = 1, \\ y_2 &= y_1 + hf(t_1, y_1) = 1 + (0{,}1)(-t_1 y_1) = 1 + (0{,}1)(-0{,}1 \cdot 1) = 0{,}99, \\ y_3 &= y_2 + hf(t_2, y_2) = 0{,}99 + (0.1)(-t_2 y_2) = 0{,}99 + (0{,}1)(-0{,}2 \cdot 0{,}99) = 0{,}9702. \end{aligned} \tag{14.2}$$

In jedem Zeitschritt wird die Lösung überschätzt. Nach genügend vielen Zeitschritten wird die numerische Lösung divergieren. Mit anderen Worten: diese Methode ist nicht stabil, solange man keine „genügend kleine" Schrittweiten auswählt. Mit der EULER-Rückwärts Methode ermitteln wir:

$$y_{n+1} = y_n + hf(t_{n+1}, y_{n+1}) = y_n - ht_{n+1} y_{n+1} \Rightarrow y_{n+1} = \frac{y_n}{1 + ht_{n+1}}. \tag{14.3}$$

Somit haben wir:

B.E. Abali und C. Çakıroğlu, *Numerische Methoden für Ingenieure*,
https://doi.org/10.1007/978-3-662-61325-2_14

$$\begin{aligned} y_1 &= \frac{y_0}{1+ht_1} = \frac{1}{1+(0,1)(0,1)} = 0{,}99, \\ y_2 &= \frac{y_1}{1+ht_2} = \frac{0{,}99}{1+(0,1)(0,2)} = 0{,}9706, \\ y_3 &= \frac{y_2}{1+ht_3} = \frac{0{,}9706}{1+(0,1)(0,3)} = 0{,}9423. \end{aligned} \tag{14.4}$$

Die Methode unterschätzt die Lösungen und ist deshalb auch stabil. Die RUNGE–KUTTA Methode 2. Ordnung erzeugt:

$$\begin{aligned} y^*_{1/2} &= y_0 + \frac{h}{2} f(t_0, y_0) = y_0 - \frac{h}{2} t_0 y_0 = 1 - \frac{0,1}{2} \cdot 0 \cdot 1 = 1\,, \\ y_1 &= y_0 + hf(t_{1/2}, y^*_{1/2}) = 1 - 0{,}1 \cdot t_{1/2} y^*_{1/2} = 1 - 0{,}1 \cdot 0{,}05 \cdot 1 = 0{,}995, \\ y^*_{3/2} &= y_1 + \frac{h}{2} f(t_1, y_1) = y_1 - \frac{h}{2} t_1 y_1 = 0{,}995 - \frac{0,1}{2} \cdot 0{,}1 \cdot 0{,}995 = 0{,}99, \\ y_2 &= y_1 + hf(t_{3/2}, y^*_{3/2}) = 0{,}995 - 0{,}1 t_{3/2} y^*_{3/2} = 0{,}995 - 0{,}1 \cdot 0{,}15 \cdot 0{,}99 = 0{,}98015, \\ y^*_{5/2} &= y_2 + \frac{h}{2} f(t_2, y_2) = y_2 - \frac{h}{2} t_2 y_2 = 0{,}98015 - \frac{0,1}{2} \cdot 0.2 \cdot 0{,}98015 = 0{,}97, \\ y_3 &= y_2 + hf(t_{5/2}, y^*_{5/2}) = 0{,}98015 - 0{,}1 t_{5/2} y^*_{5/2} = 0{,}98015 - 0{,}1 \cdot 0{,}25 \cdot 0{,}97 = 0{,}95589 \end{aligned} \tag{14.5}$$

Die numerische Lösung ist wieder kleiner als die exakte Lösung, deswegen ist diese Methode auch stabil. Um ein besseres Gefühl zum Unterschied zwischen exakter (also analytischer) Lösung und numerischer Lösung zu bekommen, zeichnen wir in der Abb. 14.1 links. Die Genauigkeit der RUNGE–KUTTA Methode ist höher als die Genauigkeit der EULER-Rückwärts Methode. Die Lösung durch numerische Integration aus SciPy Paketen ist in der Abb. 14.1 zu sehen.

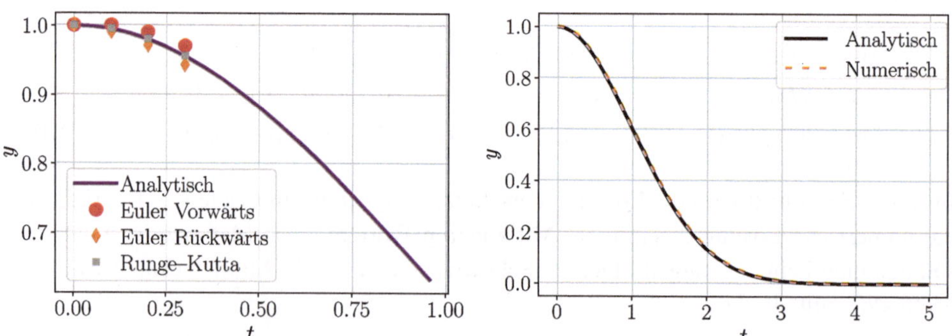

Abb. 14.1 Links: Analytische Lösung und die numerisch berechnete y_0, y_1, y_2, y_3. Rechts: Analytische Lösung im Vergleich mit SciPy Lösung

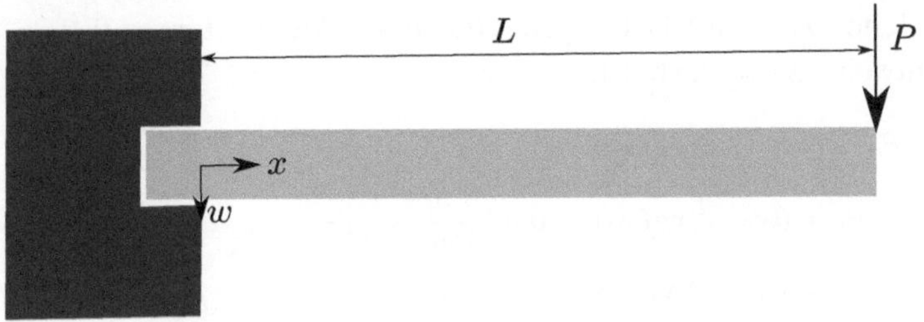

Abb. 14.2 Balken unter Belastung

Aufgabe Benutzen Sie die Differentialgleichung der Biegelinie eines BERNOULLI Balkens der Länge $L = 1\,\text{m}$ aus einem Material und Profil mit $EI = 1{,}33 \cdot 10^7\,\text{Nm}^2$ (siehe die Skizze in Abb. 14.2).

Die maximale Auslenkung des Balkens w_{max} unter der Scherbelastung wird an $x = L$. Benutzen Sie dazu die EULER-Vorwärts Methode, die Trapezregel und die RUNGE–KUTTA Methode 4. Ordnung. Die Beziehung zwischen dem Biegemoment $M(x)$ und der Biegelinie $w(x)$ ist wie folgt gegeben:

$$M(x) = -EI\frac{\mathrm{d}^2 w}{\mathrm{d}x^2}, \quad M(x) = P(x - L) \tag{14.6}$$

Die Randbedingungen sind:

$$w(x = 0) = 0, \quad \frac{\mathrm{d}w}{\mathrm{d}x}(x = 0) = 0. \tag{14.7}$$

Die analytische Lösung für die Biegelinie lautet

$$w(x) = \frac{PL^3}{6EI}\left(3\left(\frac{x}{L}\right)^2 - \left(\frac{x}{L}\right)^3\right), \tag{14.8}$$

mit der maximalen Auslenkung: $w_{\text{max}} = w(x = L) = 1{,}25\,\text{mm}$.

Lösung Die DGL der Biegeline ist von zweiter Ordnung und kann als zwei DGLen erster Ordnung geschrieben werden:

$$\frac{\mathrm{d}w}{\mathrm{d}x} = \theta = f(\theta),$$
$$\frac{\mathrm{d}\theta}{\mathrm{d}x} = \frac{P}{EI}(L - x) = \frac{1}{266}(1 - x) = g(x).$$

Wir fangen mit der EULER-Vorwärts Methode an. Für Demonstrationszwecke wird eine sehr grobe Diskretisierung angewandt. Wir teilen die Gesamtlänge $L = 1\,\text{m}$ des Balkens in 2 gleich große Teile. Dann wird die Länge des Balkens diskretisiert: $x_0 = 0, x_1 = 0{,}5, x_2 = 1$, wo die Schrittweite $\Delta x = 0{,}5\,\text{m}$ ist.

$$\begin{aligned}
\theta_{n+1} &= \theta_n + \Delta x g(x_n),\\
\theta_1 &= \theta_0 + \Delta x g(x_0) = 0 + \frac{0{,}5}{266} = \frac{1}{532},\\
w_1 &= w_0 + \Delta x f(\theta_0) = 0 + 0{,}5 \cdot 0 = 0,\\
w_2 &= w_1 + \Delta x f(\theta_1) = 0 + \frac{0{,}5}{532} = \frac{1}{1064}\,\text{m} = \boxed{0{,}9398\,\text{mm}}.
\end{aligned} \tag{14.9}$$

Die gleiche Lösung kann mit der Trapezregel wie folgt ermittelt werden:

$$\begin{aligned}
\theta_{n+1} &= \theta_n + \frac{\Delta x}{2}\Big(g(x_n) + g(x_{n+1})\Big),\\
\theta_1 &= \theta_0 + \frac{0{,}5}{2}\Big(\frac{1}{266}(1 - x_0) + \frac{1}{266}(1 - x_1)\Big)\\
&= 0 + \frac{0{,}5}{2}\Big(\frac{1}{266} \cdot 1 + \frac{1}{266} \cdot 0{,}5\Big) = \frac{3}{2128},\\
w_1 &= w_0 + \frac{\Delta x}{2}(f(\theta_0) + f(\theta_1)) = 0 + \frac{0{,}5}{2}(\theta_0 + \theta_1) = \frac{0{,}5}{2}\left(0 + \frac{3}{2128}\right)\\
&= \frac{3}{8512} = 3{,}5244 \cdot 10^{-4},
\end{aligned} \tag{14.10}$$

sowie

$$\begin{aligned}
\theta_2 &= \theta_1 + \frac{0{,}5}{2}(g(x_1) + g(x_2)) = \frac{3}{2128} + \frac{0{,}5}{2}\Big(\frac{1}{266}(1 - 0{,}5)\\
&\quad + \frac{1}{266}(1 - 1)\Big) = \frac{1}{532},\\
w_2 &= w_1 + \frac{\Delta x}{2}(f(\theta_1) + f(\theta_2)) = \frac{3}{8512} + \frac{0{,}5}{2}(\theta_1 + \theta_2) = \frac{3}{8512}\\
&\quad + \frac{0{,}5}{2}\Big(\frac{3}{2128} + \frac{1}{532}\Big) = \frac{5}{4256}\,\text{m} = \boxed{1{,}17\,\text{mm}}
\end{aligned} \tag{14.11}$$

Nun ermitteln wir das Ergebnis mit der RUNGE–KUTTA Methode 4. Ordnung. Im 1. Schritt bekommen wir:

$$\begin{aligned}
\theta^*_{1/2} &= \theta_0 + \frac{\Delta x}{2} g(x_0) = 0 + \frac{1}{2} \cdot \frac{1}{266} = \frac{1}{532},\\
w^*_{1/2} &= w_0 + \frac{\Delta x}{2} f(\theta_0) = 0 + \frac{1}{2}(0) = 0.
\end{aligned} \tag{14.12}$$

Im 2. Schritt ergibt sich:

$$\begin{aligned}
\theta^{**}_{1/2} &= \theta_0 + \frac{\Delta x}{2} g(x_{1/2}) = 0 + \frac{1}{2} \cdot \frac{1}{266}\Big(1 - \frac{1}{2}\Big) = \frac{1}{1064},\\
w^{**}_{1/2} &= y_0 + \frac{\Delta x}{2} f(\theta^*_{1/2}) = 0 + \frac{1}{2} \cdot \frac{1}{532} = \frac{1}{1064}.
\end{aligned} \tag{14.13}$$

Im 3. Schritt ermitteln wir:

$$\begin{aligned} \theta_1^* &= \theta_0 + \frac{\Delta x}{2} g(x_{1/2}) = 0 + 1 \cdot \frac{1}{266}\Big(1 - \frac{1}{2}\Big) = \frac{1}{532}, \\ w_1^* &= w_0 + \Delta x f(\theta_{1/2}^{**}) = 0 + 1 \cdot \frac{1}{1064} = \frac{1}{1064}. \end{aligned} \tag{14.14}$$

Danach wird im 4. Schritt das Ergebnis gefunden:

$$\begin{aligned} w_1 = w_0 &+ \frac{\Delta x}{6}\Big(f(\theta_0) + 2f(\theta_{1/2}^*) + 2f(\theta_{1/2}^{**}) + f(\theta_1^*)\Big) = 0 + \frac{1}{6}\Big(0 + \frac{2}{532} \\ &+ \frac{2}{1064} + \frac{1}{532}\Big) = \boxed{1{,}25\,\text{mm}}. \end{aligned} \tag{14.15}$$

Somit erkennen wir, dass die Genauigkeit bei der RUNGE–KUTTA Methode deutlich höher als die der anderen Methoden liegt. Zur besseren Visualisierung ist die Biegelinie in Abb. 14.3 gezeichnet, die numerische Lösung wird im nächsten Kapitel durch SciPy erreicht, welches im Hintergrund RUNGE–KUTTA Methode anwendet.

Aufgabe Werten Sie das folgende Anfangswertproblem:

$$\frac{\mathrm{d}y}{\mathrm{d}t} = y^{\bullet} = t^2 - y, \quad y(0) = 1, \tag{14.16}$$

an der Stelle $t = 0{,}2$ mit dem RUNGE–KUTTA Verfahren 4. Ordnung aus. Die analytische Lösung für dieses Problem beträgt $y(t) = -e^{-t} + t^2 - 2t + 2$. Dies ergibt $y(0{,}2) = 0{,}821269$ als Referenzlösung zur numerischen Approximation.

Lösung Wir wählen $\Delta t = 0{,}2$ und berechnen $y(0{,}2)$ in einem einzigen Zeitschritt. Für die folgende Gleichung $f(t_n, y_n) = t_n^2 - y_n$ sind die Schritte vom RUNGE–KUTTA Verfahren

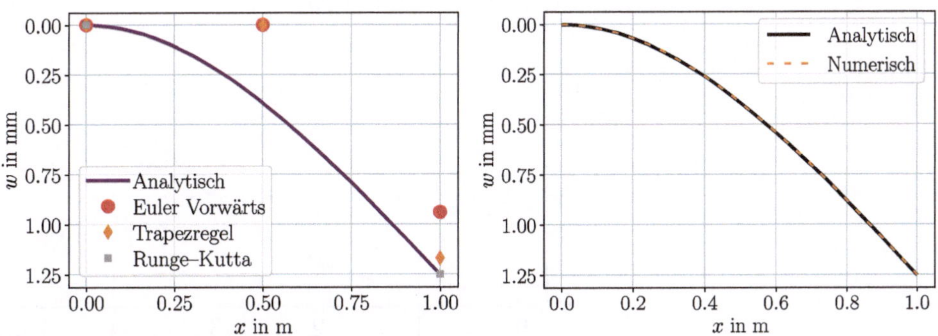

Abb. 14.3 Links: Analytische Lösung im Vergleich zu den numerisch berechneten y_0, y_1, y_2, y_3 Werten. Rechts: Analytische Lösung gegenüber SciPy Lösung

4. Ordnung im Folgenden angegeben:

$$
\begin{aligned}
y_{1/2}^{*} &= y_0 + \frac{\Delta t}{2} f(t_0, y_0) = 1 + 0{,}1(0^2 - 1) = 0{,}9,\\
y_{1/2}^{**} &= y_0 + \frac{\Delta t}{2} f(t_{1/2}, y_{1/2}^{*}) = 1 + 0{,}1(0{,}1^2 - 0{,}9) = 0{,}911,\\
y_1^{*} &= y_0 + (\Delta t) f(t_{1/2}, y_{1/2}^{**}) = 1 + 0{,}2(0{,}1^2 - 0{,}911) = 0{,}8198,
\end{aligned}
$$

Somit ist der gesuchte Wert:

$$
\begin{aligned}
y_1 &= y_0 + \frac{\Delta t}{6}\Big(f(t_0, y_0) + 2f(t_{1/2}, y_{1/2}^{*}) + 2f(t_{1/2}, y_{1/2}^{**}) + f(t_1, y_1^{*})\Big)\\
&= 1 + \frac{0{,}2}{6}\Big(0^2 - 1 + 2(0{,}1^2 - 0{,}9) + 2(0{,}1^2 - 0{,}911) + (0{,}2^2 - 0{,}8198)\Big) = \boxed{0{,}821273}
\end{aligned}
$$

Dazu sehen Sie die SciPy Lösung in Abb. 14.4.

Aufgabe Ein Akku versorgt die elektrische Schaltung in Abb. 14.5 mit 40 V konstanter, elektrischer Spannung $V(t)$. Berechnen Sie den elektrischen Strom $I(t)$ in 0,1 s nachdem der Stromkreis geschlossen wurde. Benutzen Sie dabei die RUNGE–KUTTA Methode 4. Ordnung zur Lösung der Differentialgleichung der Schaltung, die wie folgt gegeben ist:

$$
L\frac{\mathrm{d}I(t)}{\mathrm{d}t} + RI(t) = V(t), \quad I(0) = 0. \tag{14.17}
$$

Die Parameter zur Induktion und zum Widerstand sind der Abb. 14.5 zu entnehmen. Die analytische Lösung der DGL lautet:

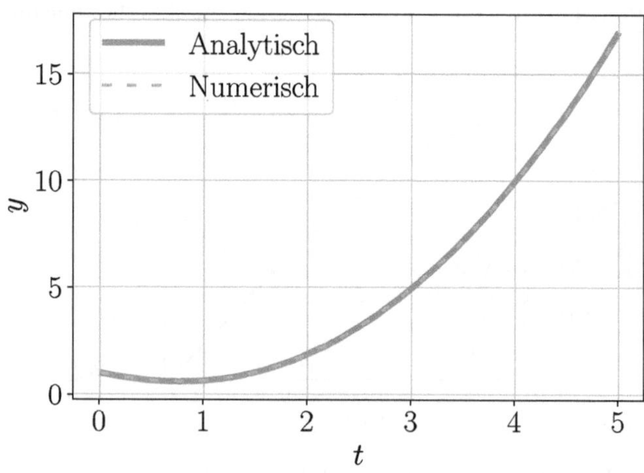

Abb. 14.4 SciPy Lösung des Anfangwertproblems

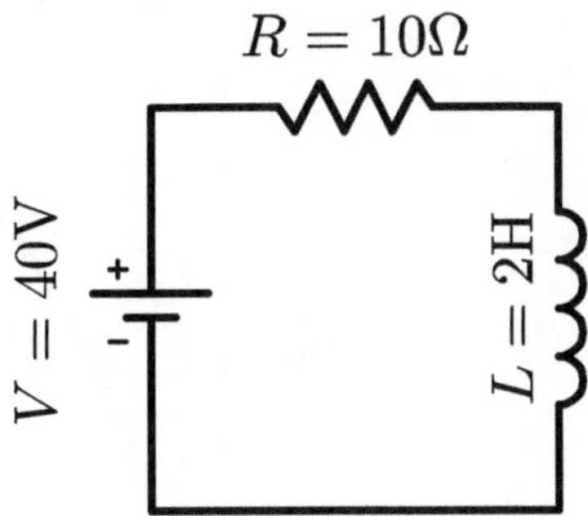

Abb. 14.5 Elektrische Schaltung mit Widerstand und Induktion

$$I(t) = 4\big(1 - \exp(-5t)\big), \quad I(0{,}1) = 1{,}5739\,\text{A} \tag{14.18}$$

Lösung Die DGL wird wie folgt geschrieben:

$$\frac{\mathrm{d}I}{\mathrm{d}t} = 20 - 5I = f(I). \tag{14.19}$$

Wir berechnen den Wert des Stroms für $t = 0{,}1$ in einem Zeitschritt. Die notwendigen 4 Schritte der RUNGE–KUTTA Methode folgen:

$$\begin{aligned} I^*_{1/2} &= I_0 + \frac{\Delta t}{2} f(I_0) = 0 + \frac{0{,}1}{2}(20) = 1, \\ I^{**}_{1/2} &= I_0 + \frac{\Delta t}{2} f(I^*_{1/2}) = 0 + \frac{0{,}1}{2}(15) = 0{,}75, \\ I^*_1 &= I_0 + (\Delta t) f(I^{**}_{1/2}) = 0 + (0{,}1)(20 - 5 \cdot 0{,}75) = 1{,}625, \end{aligned} \tag{14.20}$$

sodass wir ermitteln:

$$\begin{aligned} I_1 &= I_0 + \frac{\Delta t}{6}\Big(f(I_0) + 2f(I^*_{1/2}) + 2f(I^{**}_{1/2}) + f(I^*_1)\Big) \\ &= 0 + \frac{0{,}1}{6}\Big(20 + 2(15) + 2(20 - 5(0{,}75)) + (20 - 5(1{,}625)\Big) = \boxed{1{,}5729} \end{aligned} \tag{14.21}$$

In Abb. 14.6 zeigen wir auch die SciPy Lösung (anhand der RUNGE–KUTTA Methode) über die Zeit zur besseren Darstellung des physikalischen Systems.

Aufgabe Viele technische Systeme können mit reduzierten Modellen simuliert werden. Ein sicherheitsrelevantes Bauteil in PKWs ist der Stoßdämpfer. Ein anderes Beispiel ist ein Presslufthammer, um Beton abzubauen. Beide Systeme können mit einem Feder-Dämpfer System beschrieben werden. Eine schematische Darstellung in Abb. 14.7 visualisiert das System. Hierbei handelt es sich um ein Testverfahren, indem die vorgegebene Kraft $f(t) = 2{,}5\sin(t)$ das System zwingt, zu schwingen. Mit anderen Worten, die externe Kraft $f(t)$ ist eine

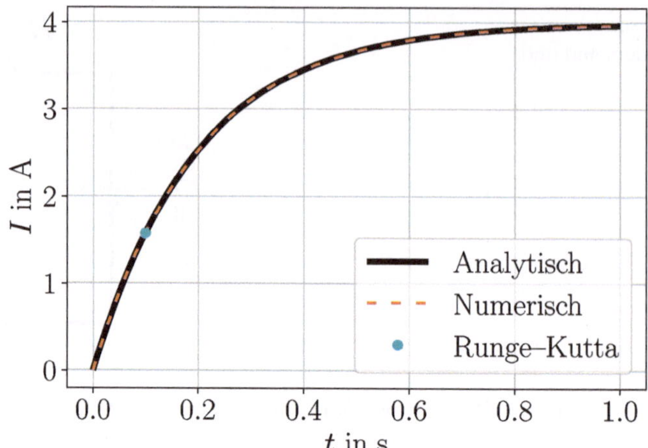

Abb. 14.6 Numerische Lösung für den elektrischen Strom in der RL-Schaltung mit SciPy

Abb. 14.7 Ein Feder-Masse-Dämpfer System

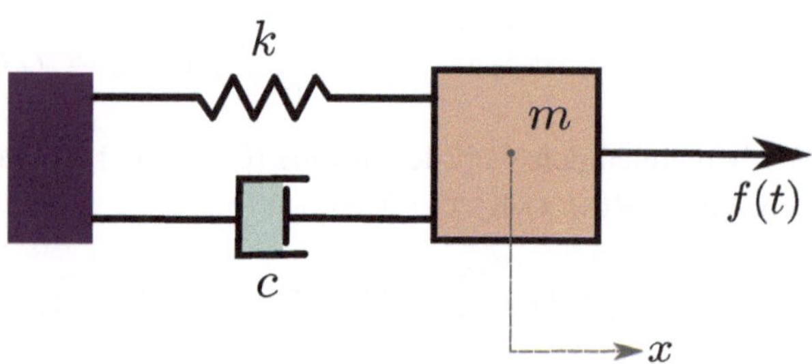

vordefinierte, harmonische Funktion. Entlang der horizontalen Achse wird die Abweichung aus der Ruhelage (Gleichgewichtslage ohne aufgebrachte Kräfte) als x bezeichnet; sie ist die Position vom Mittelpunkt der Masse $m = 1\,\text{kg}$. Eine lineare Feder der Steifigkeit $k = 5\,\text{N/m}$ und ein viskoser Dämpfer mit der Dämpfung $c = 0{,}894\,\text{Ns/m}$ sind ausgewählt. Die Differentialgleichung zur Modellierung dieses gezwungenen Feder-Masse-Dämpfer Systems lautet:

$$m x^{\bullet\bullet} + c x^{\bullet} + k x = f(t), \quad x(0) = 0{,}2\,\text{m}, \quad x^{\bullet}(0) = 0{,}5\,\text{m/s}. \tag{14.22}$$

Berechnen Sie mit der RUNGE–KUTTA Methode 4. Ordnung die Position der Masse nach 0,05 s.

Lösung Wir dividieren beide Seiten der DGL durch m und bekommen:

$$x^{\bullet\bullet} + 0{,}894 x^{\bullet} + 5x = 2{,}5\sin(t). \tag{14.23}$$

Diese DGL zweiter Ordnung kann als ein System aus 2 DGLen erster Ordnung umgeschrieben werden:

$$f(v(t)) = \frac{dx}{dt} = v(t), \quad v(0) = 0{,}5\,\text{m/s}, \quad x(0) = 0{,}2\,\text{m},$$
$$g(t, v(t), x(t)) = \frac{dv}{dt} = 2{,}5\sin(t) - 0{,}894v - 5x.$$

Nun berechnen wir die Position $x(0{,}05)$ in einem Zeitschritt, also $\Delta t = 0{,}05$. Schritt 1:

$$\begin{aligned}
v^*_{1/2} &= v_0 + \frac{\Delta t}{2} g(t_0, v_0, x_0) \\
&= 0{,}5 + \frac{0{,}05}{2}(2{,}5\sin(t_0) - 0{,}894v_0 - 5x_0) \\
&= 0{,}5 + \frac{0{,}05}{2}(2{,}5\sin(0) - 0{,}894(0{,}5) - 5(0{,}2)) = 0{,}4638 \\
x^*_{1/2} &= x_0 + \frac{\Delta t}{2} f(v_0) = 0{,}2 + \frac{0{,}05}{2}(0{,}5) = 0{,}2125
\end{aligned} \tag{14.24}$$

Schritt 2:

$$\begin{aligned}
v^{**}_{1/2} &= v_0 + \frac{\Delta t}{2} g(t_{1/2}, v^*_{1/2}, x^*_{1/2}) \\
&= 0{,}5 + \frac{0{,}05}{2}(2{,}5\sin(t_{1/2}) - 0{,}894v^*_{1/2} - 5x^*_{1/2}) \\
&= 0{,}5 + \frac{0{,}05}{2}(2{,}5\sin(0{,}05/2) - 0{,}894(0{,}4638) - 5(0{,}2125)) = 0{,}4646 \\
x^{**}_{1/2} &= x_0 + \frac{\Delta t}{2} f(v^*_{1/2}) = 0{,}2 + \frac{0{,}05}{2}(0{,}4638) = 0{,}2116
\end{aligned} \tag{14.25}$$

Schritt 3:

$$\begin{aligned}
v^*_1 &= v_0 + \Delta t g(t_{1/2}, v^{**}_{1/2}, x^{**}_{1/2}) \\
&= 0{,}5 + 0{,}05\big(2{,}5\sin(0{,}05/2) - 0{,}894(0{,}4646) - 5(0{,}2116)\big) = 0{,}4295 \\
x^*_1 &= x_0 + \Delta t f(v^{**}_{1/2}) = 0{,}2 + 0{,}05(0{,}4646) = 0{,}2232
\end{aligned} \tag{14.26}$$

Schritt 4:

$$\begin{aligned}
x_1 &= x_0 + \frac{\Delta t}{6}\Big(f(v_0) + 2f(v^*_{1/2}) + 2f(v^{**}_{1/2}) + f(v^*_1)\Big) \\
&= 0{,}2 + \frac{0{,}05}{6}\Big(0{,}5 + 2(0{,}4638) + 2(0{,}4646) + 0{,}4295\Big) = 0{,}2232
\end{aligned} \tag{14.27}$$

Für eine bessere Visualisierung wird die numerische Lösung der inhomogenen DGL 2. Ordnung in SciPy realisiert und in Abb. 14.8 dargestellt.

Aufgabe Der Kondensator von $C = 100\,\mu\text{F}$ in Abb. 14.9 ist mit 30 V Spannung gespeichert. In einem Stromkreis mit einem Widerstand von $R = 20\,\Omega$ wird der Kondensator entladen.

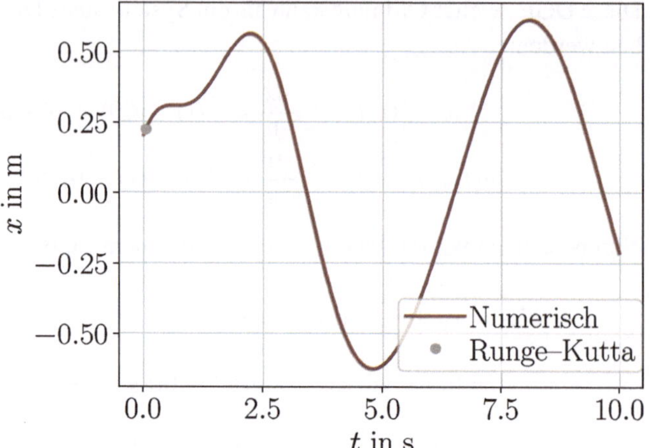

Abb. 14.8 Numerische Lösung an einer Stelle sowie SciPy Lösung im ganzen Gebiet mit der RUNGE–KUTTA Methode von dem Feder-Masse-Dämpfer System

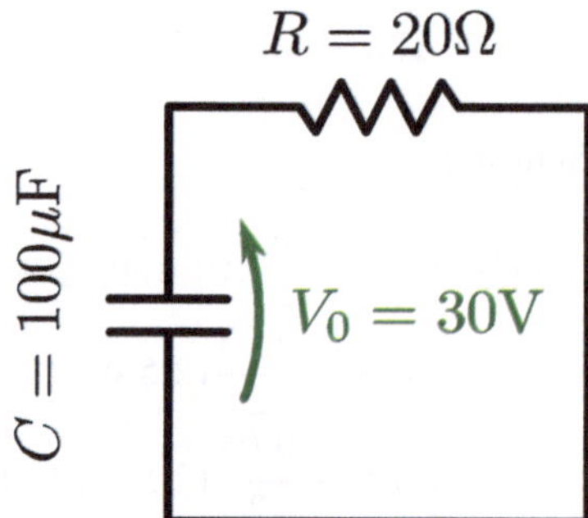

Abb. 14.9 Elektrische Schaltung mit Widerstand und Kondensator

Berechnen Sie die Spannung des Kondensators ab der Anschaltung $t = 0$ nach RC s mit der Trapezregel und durch die RUNGE–KUTTA Methode 4. Ordnung. Die DGL des Systems ist:

$$V(t) + CR\frac{\mathrm{d}V}{\mathrm{d}t} = 0, \quad V(t = 0) = V_0 = 30\,\mathrm{V}. \tag{14.28}$$

Die analytische Lösung dieser DGL lautet:

$$V(t) = V_0 \exp\Big(-\frac{t}{RC}\Big) \Rightarrow V(t = RC) = 30\exp(-1) = 11{,}036\,\mathrm{V}. \tag{14.29}$$

Lösung Wir berechnen die Lösung in einem einzigen Zeitschritt mit $\Delta t = RC = 2\,\mathrm{ms}$ mit der Trapezregel:

$$\begin{aligned} V_{n+1} &= V_n + \frac{\Delta t}{2}\Big(f(t_n, V_n) + f(t_{n+1}, V_{n+1})\Big), \\ \frac{\mathrm{d}V}{\mathrm{d}t} &= -\frac{1}{RC}V(t) = f(t_n, V_n). \end{aligned} \tag{14.30}$$

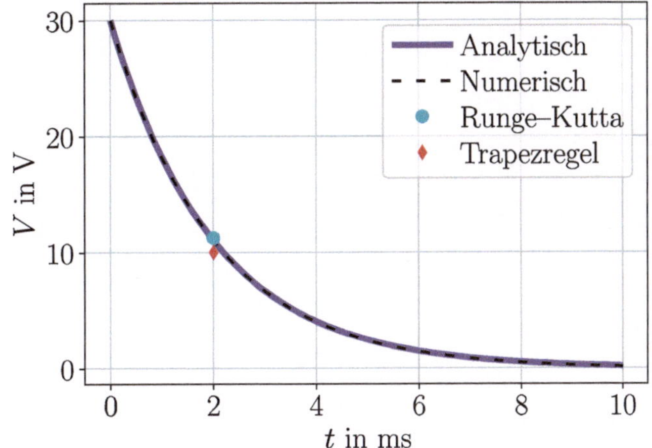

Abb. 14.10 Numerische Lösung zur RC-Schaltung, die Entladung eines Kondensators in $5RC$ Sekunden, mit SciPy und mit Trapezregel so wie Runge–Kutta Methode für die RC Sekunde

Somit ermitteln wir:

$$\begin{aligned} V_1 &= V_0 + \frac{\Delta t}{2}(f(t_0, V_0) + f(t_1, V_1)) \\ &= 30 + \frac{RC}{2}\Big(-\frac{V_0}{RC} - \frac{V_1}{RC}\Big) = 30 - \frac{1}{2}V_0 - \frac{1}{2}V_1 \\ \Big(1 + \frac{1}{2}\Big)V_1 &= 30 - \frac{1}{2}V_0 = 15 \\ V_1 &= \frac{2}{3}15 = 10\,\text{V}. \end{aligned} \tag{14.31}$$

Das Ergebnis mit der Runge–Kutta Methode 4. Ordnung lautet:

$$\begin{aligned} V_{1/2}^{*} &= V_0 + \frac{\Delta t}{2} f(t_0, V_0) \\ &= 30 + \frac{RC}{2}\Big(-\frac{1}{RC}V_0\Big) = 30 - 15 = 15 \\ V_{1/2}^{**} &= V_0 + \frac{\Delta t}{2} f(t_{1/2}, V_{1/2}^{*}) \\ &= 30 + \frac{RC}{2}\Big(-\frac{1}{RC}15\Big) = 22{,}5 \\ V_1^{*} &= V_0 + (\Delta t) f(t_{1/2}, V_{1/2}^{**}) \\ &= 30 + RC\Big(-\frac{1}{RC}22{,}5\Big) = 7{,}5 \\ V_1 &= V_0 + \frac{RC}{6}\Big(f(t_0, V_0) + 2f(t_{1/2}, V_{1/2}^{*}) + 2f(t_{1/2}, V_{1/2}^{**}) + f(t_1, V_1^{*})\Big) \\ &= 30 + \frac{RC}{6}\Big(-\frac{30}{RC} - 2\cdot\frac{15}{RC} - 2\cdot\frac{22{,}5}{RC} - \frac{7{,}5}{RC}\Big) = 11{,}25. \end{aligned} \tag{14.32}$$

Zur Visualisierung werden die ermittelten Lösungen zusammen mit der SciPy (basiert auf der Runge–Kutta Methode) in Abb. 14.10 gezeigt.

Teil III

Computerübungen mit konkreten Anwendungen

Einführung in Python 15

Python ist eine Programmiersprache, die für Ingenieure entwickelt worden ist. Die Ingenieure können vieles, leider zählt das Programmieren oft nicht dazu. Deshalb wurde Python so entwickelt, dass Implementierungen – bezüglich anderer Sprachen wie C++ oder Java – vereinfacht eingebettet werden. Um konkrete Beispiele zu geben, schreiben wir Klassen in Python, ohne einen *constructor* zu definieren. Wir können auch Funktionen definieren, ohne auf die korrekte Schreibweise mit *pointer* zu achten. Somit können Ingenieure relativ intuitiv ziemlich komplexe Algorithmen implementieren. Ähnliche Herangehensweisen sind auch in Matlab, Maple und Mathematica zu finden. Im Vergleich zu den genannten kommerziellen Programmen ist Python sehr effizient und kostenlos. Aus diesen Gründen dominiert Python die Wissenschaft. Es gibt zahlreiche Pakete, die, gesammelt unter dem Namen SciPy, die nützlichen Algorithmen schon implementiert haben und quelloffen zur Verfügung stellen. Programme werden quelloffen weitergegeben und unter GNU Public Lizenzen geschützt, sodass der tatsächliche Code gesehen, benutzt und weiter entwickelt werden kann. Der Code darf nicht verkauft werden, allerdings ist die Benutzung des Codes für Ingenieursleistungen, die zum Gelderwerb dienen, gestattet. Den Code darf man aber nicht als Programm verkaufen, wodurch der geschützt und Wissen weitertransferiert wird. Jeder kann den Code sehen und verbessern, wenn eine Veränderung notwendig sein sollte. Deshalb arbeiten viele an den Paketen wie NumPy *(numerical python)* und SciPy *(scientific python)*, sodass sie viel effizienter als kommerzielle Codes sind.

Grundsätzlich gibt es Python 2 und 3 als unterschiedliche Versionen. Wir nutzen Python 3, obwohl die Codes in Python 2 auch funktionieren. Python 3 hat zusätzliche Funktionalitäten, die wir nicht wirklich benötigen. Python 3 wird weiterhin gepflegt und aufgebaut, weshalb

Elektronisches Zusatzmaterial Die elektronische Version dieses Kapitels (https://www.doi.org/10.1007/978-3-662-61325-2_15) enthält Zusatzmaterial, das berechtigten Benutzern zur Verfügung steht.

B.E. Abali und C. Çakıroğlu, *Numerische Methoden für Ingenieure*,
https://doi.org/10.1007/978-3-662-61325-2_15

die Codes in diesem Buch mit Python 3 implementiert sind. In Abhängigkeit mit dem benutzten Betriebssystem, kann es sein, dass Python unterschiedlich gestartet wird. Wir geben die Erklärung in einem Linux System (Ubuntu), welches genau so in MacOS (auch Linux) und auch unter Ubuntu App in Windows 10 funktionieren sollte.

Um mit Python anzufangen, öffnen wir in der Konsole (Terminal, PowerShell) Python und benutzen es als Taschenrechner.

```
~$ python3
Python 3.6.8
[GCC 8.3.0] on linux
Type "help", "copyright", "credits" or "license" for more
    ↪ information.
>>> 12./5.
2.4
>>> 2. + 4.
6.0
>>> 2**3
8
```

Mit der Schreibweise 2. oder 2.0 geben wir explizit vor, dass die Zahl keine Ganzzahl sondern eine reelle Zahl ist. Im angloamerikanischen Raum wird nämlich statt des Kommas ein Punkt verwendet. Deshalb benutzen wir 2.4 in Python als 2,4. Obwohl Python sich im Allgemeinen korrekt entscheidet, ob Ganzzahlen oder reelle Zahlen gemeint sind, ist es von Vorteil dies ausdrücklich einzugeben. Wir besprechen nun die Fließkommazahlen und mögliche Probleme bei der Darstellung der Zahlen.

Aufgabe Durch NumPy Pakete wie *decimal.Decimal* kann man den tatsächlichen Wert von $0,1$ auf der Konsole zeigen lassen. Wie groß ist die Maschinengenauigkeit?

Lösung Wir lassen Python schreiben, was unter $0,1$ verstanden wird.

```
>>> from decimal import Decimal
>>> Decimal.from_float(0.1)
Decimal('0.1000000000000000055511151231257827021181583404541015625
    ↪ ')
```

Dabei ist *float* die Art und Weise, wie reelle Zahlen gespeichert werden. Zehner- und Binärsysteme sind für ganze Zahlen zuständig. Wenn eine Dezimalzahl wie $0,1$ ins Spiel kommt, wird diese Zahl als Bruchzahl mit einer ganzen Zahl im Zähler und durch eine ganze Zahl im Exponenten auf Basis 2 (Schlüsselwort: Binärsystem) dargestellt. So wird also $0,1$ als $3\,602\,879\,701\,896\,397/2^{55}$ verstanden. Zähler und Potenz im Nenner werden gespeichert, dies ist der Typ *float* in Python. Wir können nun herausfinden, wieviele Kommastellen aufgerundet werden:

```
>>> format(0.1, '.17f')
'0.10000000000000001'
>>> format(0.1, '.18f')
'0.100000000000000006'
>>> format(0.1, '.19f')
'0.1000000000000000056'
```

Somit sehen wir, dass die Maschinengenauigkeit bei 10^{-16} liegt. In Python weisen wir mit dem Gleichheitszeichen „=“ Variablen einen Wert zu. Dabei wird die Variable automatisch deklariert und mit dem Wert im Speicher gespeichert.

```
>>> a = 3.
>>> b = 67.
>>> c = b**a
>>> print('Ergebnis: ', c)
Ergebnis:  300763.0
```

Auch komplexe Zahlen werden durch *j* oder *J* unterstützt und die imaginären und reellen Anteile können mit *imag* und *real* gezeigt werden.

```
>>> a = 1.3 + 2.0j
>>> a
(1.3+2j)
>>> a.real
1.3
>>> a.imag
2.0
```

Dabei haben wir *a* mit einem Gleichheitszeichen als komplexe Zahl definiert. Python hat daraus ein Objekt gemacht, welches zusätzliche Funktionen als Objekte beinhaltet.[1] Hierbei ist *real* ein Objekt, mit der Ausgabe des reellen Anteils des Objekts *a*. Dieses Objekt oder diese Funktion wird mit einem Punkt erreicht. Somit kann ein Objekt mehrere Unterobjekte beinhalten, die man mit *a.unterObjekt.andereFunktion()* aufrufen kann. Den Betrag berechnet man wie folgt:

```
>>> a
(1.3+2j)
>>> abs(a)
2.3853720883753127
>>> ( a.real**2 + a.imag**2 )**0.5
2.3853720883753127
```

[1] Für C, C++, C# oder Java Kenner: In Python gibt es keine Unterscheidung zwischen Klasse und Funtion, alles wird als Objekt beschrieben.

Python ist eine moderne *interpretierte* Programmiersprache. Im Gegensatz zu *kompilierten* Sprachen wie C oder Fortran wird Python von einem Interpreter ausgeführt. Wir schreiben nun die unteren Zeilen in eine Datei:

```
import math
winkel = 45. #Grad
rad = math.pi/180.
print( math.sin(winkel*rad), ' = ', 2**0.5/2.)
```

Dann speichern wir diese Datei als *test.py* und führen sie mit *python* oder *python3* aus.

```
python3 test.py
```

Hier ist *sin()* eine von Python *math* Paketen bekannte Funktion. Wir haben *math* als ein Modul[2] (Modul ist auch ein Objekt) bereitgestellt. Mit *dir()* kann man alle Unterobjekte auflisten. Wir können auch mehrere Objekte (Module) importieren und gleichzeitig benutzen. Wenn wir alle Funktionen von einem Modul bereitstellen wollen:

```
from math import *
print(sqrt(7), ' = ', 7**(1./2.))
```

macht alle Funktionen unter *math* direkt erreichbar, z. B. *math.sqrt()* wird ohne Modulnamen als *sqrt()* aufgerufen. Diese Anwendung ist optimal, wenn man ein einziges Modul benutzt. Wenn mehrere Module mit *from ... import* * importiert werden, überschreiben die letzten aufgerufenen Module die gleichnamigen Funktionen von den vorherigen Modulen. Insbesondere das *matplotlib* Modul werden wir öfter benutzen, um Diagramme herzustellen. Hier ist ein einfaches Beispiel:

```
import numpy as n
import matplotlib.pyplot as pylab
a = n.array([0., 1., 2., 3., 4., 5.])
b = 8.*a
c = 3.*a
pylab.figure(1, figsize=(12,8))
pylab.plot(a, b, 'bo-', label='b', linewidth=3, markersize=12)
pylab.plot(a, c, 'r*-', label='c', linewidth=3, markersize=12)
pylab.legend()
pylab.savefig("linien.pdf")
```

Aufgabe Erzeugen Sie zwei Diagramme mit $\omega = 0.2$ und $\omega = 0.4$ von der folgenden Funktion: $\cos(\omega x)$ für $x \in [0, 100]$. Benutzen Sie dazu *numpy.linspace* oder *numpy.arange* für x. Die Lösung ist der Abb. 15.1 zu entnehmen.

[2]Für C, C++ Kenner: Nameserver oder Klasse ist auch ein Objekt. Informatiker bekommen eine Krise und Ingenieure finden diese Einfachheit genial.

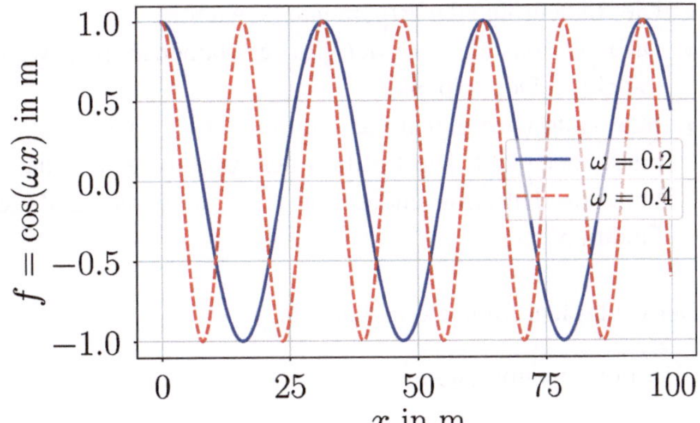

Abb. 15.1 Darstellung der trigonometrischen Funktion $\cos(\omega x)$

Lösung Wir erstellen eine Liste von null bis hundert mit 0,2 Schritten für die x-Achse und benutzen dies zur Erstellung der gegebenen Funktion. Dabei nutzen wir die TeX Schreibweise und die *computer modern* (*cm* im Code) Schrift für eine gute Darstellung der Ergebnisse. Zur Vermeidung von Überlappung der Beschriftung der Achsen benutzen wir eine Trennung mit *pad=15.*

```
import numpy
import matplotlib.pyplot as pylab
pylab.rc('text', usetex=True )
pylab.rc('font', family='serif', serif='cm', size=40 )
pylab.rc('legend', fontsize=30)
pylab.rc(('xtick.major','ytick.major'), pad=15)

x = numpy.arange(0.,100.,0.2)
fig = pylab.figure(1, figsize=(12,8))
pylab.subplots_adjust(bottom=0.18)
pylab.subplots_adjust(left=0.17)
pylab.xlabel(r'$x$ in m')
pylab.ylabel(r'$f=\cos(\omega x)$ in m')
pylab.grid(True)
pylab.plot(x, numpy.cos(0.2*x), 'b-', label=r'$\omega=0.2$',
    linewidth=3)
pylab.plot(x, numpy.cos(0.4*x), 'r--', label=r'$\omega=0.4$',
    linewidth=3)
pylab.legend()
pylab.savefig("kurven.pdf")
```

In Python können wir Funktionen mit dem Befehl *def* definieren. Eine Funktion hat Argumente (Eingaben) und einen Wert (Ausgabe). Überlegen Sie die Eingaben und die Ausgabe der folgenden Funktion:

$$f(x) = x^2 + 5x - 3.$$

Die Implementierung so einer Funktion ist in Python streng geregelt:

- Die Reihenfolge der Argumente ist wichtig.
- Die Funktionsdefinition *def* gibt den Namen und die Argumente an. Die Funktion beginnt mit einem Doppelpunkt.
- Jede Zeile wird gleich viel weit eingerückt. Die Ausgabe *return* kann vorhanden sein, muss aber nicht. Die Position der Ausgabe *return* hat keinen Einfluss darauf, wo die Funktionsdefinition endet. Die letzte eingerückte Zeile ist auch die letzte Zeile der Funktion.

Der Code sieht folgendermaßen aus:

```
import numpy as n

def f(x):
    ersterTerm = x**2.
    zweiterTerm = 5.*x
    dritterTerm = -3.
    return ersterTerm + zweiterTerm + dritterTerm

print('f(2) = 4 + 10 - 3 = ', f(2.))
```

Aufgabe Plotten Sie die Funktion $f(x, y) = \sqrt{x}\sin(y)$ in einem dreidimensionalen Diagramm mit der Benutzung vom Modul *Axes3D* im Bereich $x \in [0, 100]$ und $y \in [0, 360]$. Die Lösung ist der Abb. 15.2 zu entnehmen.

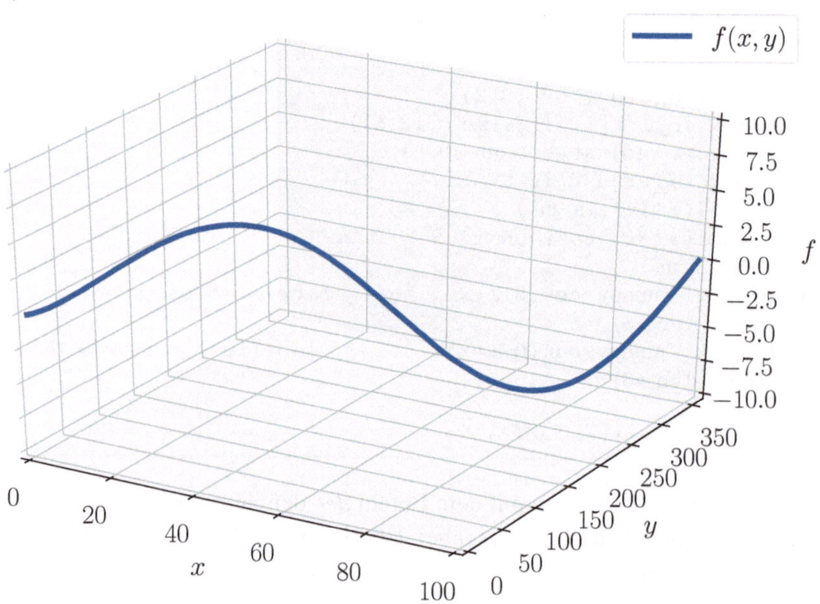

Abb. 15.2 3-D-Plot von $f(x, y) = \sqrt{x}\sin(y)$. Die Veränderliche in x- und y-Achsen erzeugen f, eingetragen auf der z-Achse

Lösung Eine zweidimensionale Vernetzung wird mit *linspace* erstellt und im Diagramm entlang x und y benutzt. In der dritten Dimension entlang z wird die Funktion $f(x, y)$ gezeichnet.

```
import numpy as n

def f(x,y):
    a = x**0.5
    b = n.sin(y*n.pi/180.)
    return a*b

print('Fuer x=1 und y=90 muss f(x,y)=1 sein , Test:', f(1.,90.))

from mpl_toolkits.mplot3d import Axes3D
import matplotlib.pyplot as pylab
pylab.rc('text', usetex=True )
pylab.rc('font', family='serif', serif='cm', size=20 )
pylab.rc('legend', fontsize=20)
pylab.rc(('xtick.major','ytick.major'), pad=10)

x = n.linspace(0.,100.,100)
y = n.linspace(0.,360.,100)

fig = pylab.figure(1, figsize=(12,8))
ax = fig.gca(projection='3d')
ax.plot(x,y,f(x,y),linewidth=4,label=r'$f(x,y)$')
ax.set_xlabel(r'$x$',labelpad=20)
ax.set_xlim(0, 100)
ax.set_ylabel(r'$y$',labelpad=20)
ax.set_ylim(0, 360)
ax.set_zlabel(r'$f$',labelpad=20)
ax.set_zlim(-10, 10)
ax.legend()
pylab.savefig("lab_3D.pdf")
```

In Python sind Listen und Vektoren von großer Bedeutung und wurden sehr flexibel implementiert. Wir fangen mit einer banalen Liste an. Zuerst erstellen wir a und dann greifen wir auf die Komponenten zu. Dabei ist es wichtig zu betrachten, dass Python die erste Komponente mit 0, die zweite Komponente mit 1 und die Dritte mit 2 identifiziert. Und zwar beginnt Python, mit null aufzuzählen. Darüber hinaus kann Python auch rückwärts zählen, z. B. bedeutet *a[-1]* nichts anderes, als die letzte Komponente der Liste. In anderen Programmiersprachen würde man zuerst die Länge der Liste finden – in Python geschieht dies mit *len()* – und dann die Komponente *a[len(a)-1]* befragen.

```
>>> a = [3,5,6]
>>> a
[3, 5, 6]
>>> a[0]
3
>>> a[-2]
5
>>> len(a)
3
```

Auch *string* ist eine Liste:

```
>>> text = "Gedankenexperiment"
>>> text[3]
'a'
>>> text[-1]
't'
>>> text[8:]
'experiment'
>>> text[2:6]
'dank'
>>> text[:8]
'Gedanken'
```

Man kann alle Typen ineinander umwandeln, z. B. *double* zu *integer.* Somit ändert sich auch die mathematische Operation. Addieren von *strings* bedeutet, dass man sie einander anhängt:

```
>>> a=2.3
>>> a+a
4.6
>>> int(a)
2
>>> int(a)+a
4.3
>>> str(a)
'2.3'
>>> str(a)+str(a)
'2.32.3'
```

Aufgabe Benutzen Sie *arange* and *linspace,* um die Liste [0.1, 0.2, 0.3, 0.4] zu erzeugen.

Lösung Die vordefinierten Funktionen erzeugen jeweils eine Liste. Bei *arange* geht dies mit den Angaben: Anfang, Ende, Schrittweite. Bei *linspace* sind die Argumente: Anfang, Ende, Anzahl der Komponenten:

```
>>> from numpy import *
>>> arange(0.1, 0.4, 0.1)
array([ 0.1,  0.2,  0.3,  0.4])
>>> linspace(0.1, 0.4, 4)
array([ 0.1,  0.2,  0.3,  0.4])
```

Diese Funktionen sind aus den *numpy* Paketen und erzeugen einen Vektor *array()* in NumPy, welcher für die numerischen Berechnungen besser geeignet ist. Um dies zu zeigen, generieren wir die gleiche Liste diesmals mittels einer *while* Schleife und dann erzeugen wir aus der Liste *array* wie folgt:

```
>>> k = 0.1
>>> liste=[]
>>> while k < 0.4 :
...     liste.append(k)
...     k += 0.1
...
>>> liste
[0.1, 0.2, 0.30000000000000004]
>>> array(liste)
array([ 0.1,  0.2,  0.3])
```

Somit ist dargestellt, dass die Rundungsfehler in *array()* automatisch „geputzt" werden. Dies ist eine der zahlreichen guten Eigenschaften, weshalb wir bei den Operationen in der linearen Algebra *array()* statt Listen benutzen. Die *for, if, while* Schleifenanweisungen sind gleichnamigen Operationen in anderen Sprachen ähnlich. Wir geben 2 Beispiele für *for* Anweisung, weil diese eine (für C und Java Kenner) unübliche, aber sehr hilfreiche Schleife ist. Erstens benutzen wir sie, um die Komponente einer Liste in der Reihenfolge zu verwenden:

```
>>> Liste = [1, 2, 3, 'Ende']
>>> for i in Liste:
...     if i != 'Ende' : print('Komponente',i)
...
Komponente 1
Komponente 2
Komponente 3
```

Dabei wird über die Liste iteriert und die Komponente in der jeweiligen Iteration *i* genannt. Falls diese Komponente nicht gleich „Ende" ist, wird der Wert ausgeschrieben. Hier ist Folgendes zu beachten: Die Iteration über die Liste wurde automatisch erstellt. In anderen Sprachen muss man die Iteration selbst schreiben. Nun koppeln wir mit *enumerate,* sodass nicht nur die Komponente *i*, sondern auch der dazugehörige Index *k* ausgegeben wird.

```
>>> for k, i in enumerate(Liste) :
...         print('Liste[',k,'] = ',i)
...
Liste[ 0 ] =  1
Liste[ 1 ] =  2
Liste[ 2 ] =  3
Liste[ 3 ] =  Ende
```

Eine *if* Befragung kann man benutzen, um eine Fallunterscheidung treffen zu können.

```
Antwort = str(input("Macht Python SPASS? [Ja oder Nein]  "))
if Antwort=='Ja' :
    print(':)')
    print('Prima!')
else:
    print(':O')
    print('Es wird besser, versprochen!')
```

Binärsystem und Zehnersystem 16

Die gleiche Zahl kann im Binärsystem und Zehnersystem dargestellt werden. Für unser Verständnis benutzen wir das Zehnersystem. Der Rechner wandelt alles in das Binärsystem um. Wir schreiben beispielhaft einen Code zur Umwandlung.

```
zahl10=13
zahl=zahl10
rest=0
binaerListe=[]
while zahl>0:
    rest=zahl%2
    binaerListe=[rest]+binaerListe
    zahl=zahl//2

zahl2 = ''.join(str(e) for e in binaerListe)
print("Die Zahl %d auf Basis 2 ist %s " %(zahl10, zahl2))
```

Die inverse Operation ist auch möglich:

```
zahl10=0
zahl2=1101
binList=str(zahl2)
laenge=len(binList)
for i in range(0,laenge):
    zahl10=zahl10+int(binList[laenge-1-i])*(2**i)
print("Die Zahl im Zehnersystem: %d" % zahl10)
```

Elektronisches Zusatzmaterial Die elektronische Version dieses Kapitels (https://www.doi.org/10.1007/978-3-662-61325-2_16) enthält Zusatzmaterial, das berechtigten Benutzern zur Verfügung steht.

B.E. Abali und C. Çakıroğlu, *Numerische Methoden für Ingenieure*,
https://doi.org/10.1007/978-3-662-61325-2_16

Dabei ist zu beachten, dass die *for* Schleife die Liste vom Ende, d. h. die Zahl von rechts, lesen soll, weil $13 = 1 \cdot 2^0 + 0 \cdot 2^1 + 1 \cdot 2^2 + 1 \cdot 2^3$ ist. Wir können nun die Übung auf Kap. 10 von Python lösen lassen.

```
def konvertiereAufBasis10(x):
    zahl10=0
    binListe=str(x)
    laenge = len(binListe)
    for i in range(0,laenge):
        zahl10=zahl10+int(binListe[laenge-1-i])*(2**i)
    return int(zahl10)

def konvertiereAufBasis2(x):
    rest=0
    zahl10=x
    binListe=[]
    while zahl10>0:
        rest=zahl10%2
        binListe=[rest]+binListe
        zahl10=zahl10//2
    zahl2 = ''.join(str(e) for e in binListe)
    return int(zahl2)

zahl10=233705
zahl2=111001000011101001

if konvertiereAufBasis2(zahl10)==zahl2 and konvertiereAufBasis10(
  ↪ zahl2)==zahl10:
    print("Die Zahl %d im Zehnersystem ist %d im Binaersystem" % (
      ↪ zahl10,zahl2))
```

Gleichungen mit einer Variable

17

Im Allgemeinen wird eine Gleichung mit einer Variable so umgestellt, dass die rechte Seite null wird. Dieses Residuum wird dann mit der adäquaten numerischen Methode gelöst, mit dem Ziel, den numerischen Wert dieser Variable mit dem Residuum gleich null zu berechnen. Die Bestimmung dieser Nullstelle (auf Englisch: *root*) wird mit den vorhandenen SciPy Paketen realisiert. Unter anderem sind die NEWTON–RAPHSON Methode und das Sekantenverfahren schon implementiert. Als erstes Beispiel bestimmen wir die Nullstelle von

$$f(x) = x^3 + 4x^2 - 10 \tag{17.1}$$

wie der Abb. 17.1 zu entnehmen ist. Zuerst importieren wir ein paar Pakete wie *optimize*, *numpy* und *pyplot*. Dann bereiten wir die Einstellungen der Diagramme mit einer anderen Methodik als im letzten Kapitel vor. Beide Herangehensweisen liefern das identische Ergebnis.

```
import numpy as np
from scipy import optimize
from matplotlib import pyplot as plt
from matplotlib import rcParams
rcParams['text.usetex'] = True
rcParams['font.family'] = 'serif'
rcParams['font.serif'] = ['Times']
rcParams['font.size'] = 20
rcParams['legend.fontsize'] =20
```

Elektronisches Zusatzmaterial Die elektronische Version dieses Kapitels (https://www.doi.org/10.1007/978-3-662-61325-2_17) enthält Zusatzmaterial, das berechtigten Benutzern zur Verfügung steht.

B.E. Abali und C. Çakıroğlu, *Numerische Methoden für Ingenieure*,
https://doi.org/10.1007/978-3-662-61325-2_17

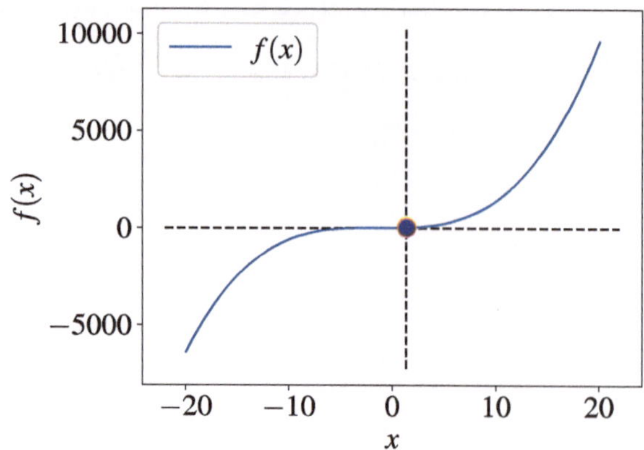

Abb. 17.1 Die Funktion $f(x) = x^3 + 4x^2 - 10$ und die dazugehörige Nullstelle, bestimmt durch die NEWTON–RAPHSON Methode

Die Funktion aus SciPy Paketen ist *root_scalar* unter *optimize.* Für die NEWTON–RAPHSON Methode braucht diese Funktion folgende Eingaben:

```
def f(x):
    return pow(x,3)+4*pow(x,2)-10

def fStrich(x):
    return 3*pow(x,2)+8*x

ergebnis=optimize.root_scalar(f=f,method='newton', fprime=fStrich,
    ↪ x0=-0.8)
x0=ergebnis.root
print(x0)
```

Zuerst werden die Funktion in Gl. (17.1) und ihre Ableitung definiert. Für die NEWTON–RAPHSON Methode brauchen wir die Ableitung und auch einen Startwert; beide werden als Argumente *fprime* und *x0* in *root_scalar* eingegeben. Das Ergebnis lautet $x = 1{,}365$ für die Nullstelle $y = 0$ mit dem Startwert $x_0 = -0{,}8$. Die Visualisierung erfolgt dann über das Rechengebiet $x \in [-20; 20)$, wobei *numpy.linspace* angewandt ist. Für eine bessere Darstellung zeichnen wir auch horizontale und vertikale Linien, in dem von *pyplot* definierten Gebiet.

```
x=np.linspace(-20,20,500)
plt.plot(x,f(x),label=r'$f(x)$')
plt.plot(x0,f(x0), marker='o', markerfacecolor='blue',
         markersize=12)
x_min, x_max = plt.xlim()
y_min, y_max = plt.ylim()
plt.hlines(y=0.0, xmin=x_min, xmax=x_max, colors='k', linestyles='dashed')
plt.vlines(x=x0, ymin=y_min, ymax=y_max, colors='k', linestyles='dashed')
plt.legend()
plt.xlabel(r"$x$")
plt.ylabel(r"$f(x)$")
plt.tight_layout()
plt.show()
```

Falls mehrere Nullstellen existieren, wie dies bei der Funktion $\exp(x) = \cos(x)$ der Fall ist, ist die Nullstelle, die am nächsten zum Startwert ist, das Ergebnis (siehe dazu die Abb. 17.2). Somit ist der Startwert bei der NEWTON–RAPHSON Methode sehr kritisch. Auch bei den anderen Methoden ist dies der Fall, wie wir nun anhand des Sekantenverfahrens dies zeigen. Diese zwei Ergebnisse fangen mit einem unterschiedlichen Intervall zur Sekantenbildung an. Somit findet der Algorithmus verschiedene Ergebnisse. Die Funktion *scipy.optimize.root_scalar* wird als *Nullstelle* beim Importieren umbenannt.

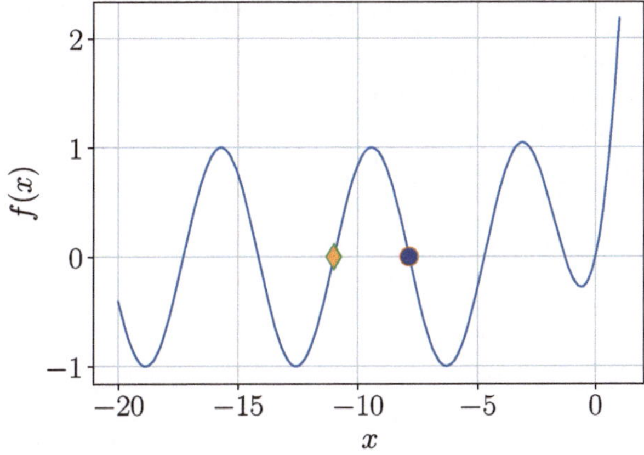

Abb. 17.2 Nullstellen der Funktion $f(x) = \exp(x) - \cos(x)$

```
import numpy as np
import scipy.optimize
from scipy.optimize import root_scalar as Nullstelle
from matplotlib import pyplot as plt
from matplotlib import rcParams
rcParams['text.usetex'] = True
rcParams['font.family'] = 'serif'
rcParams['font.sans-serif'] = ['Arial']
rcParams['font.size'] = 20

def f(x):
    return np.exp(x)-np.cos(x)

ergebnis_1 = Nullstelle(f=f, method='secant', x0=-10.0, x1=-6.0, maxiter=500)
x0_1 = ergebnis_1.root
print(x0_1)

ergebnis_2 = Nullstelle(f=f, method='secant', x0=-15.0, x1=-8.0, maxiter=500)
x0_2 = ergebnis_2.root
print(x0_2)

x=np.linspace(-20,1,500)
plt.plot(x,f(x))
plt.plot(x0_1,f(x0_1), marker='o', markerfacecolor='blue', markersize=12)
plt.plot(x0_2,f(x0_2), marker='d', markerfacecolor='orange', markersize=12)
plt.xlabel(r"$x$")
plt.ylabel(r"$f(x)$")
plt.grid(True)
plt.tight_layout()
```

Interpolation

18

18.1 Schrittweise Linearinterpolation

Vermutlich ist die einfachste Interpolationsmethode eine lineare Interpolation zwischen zwei benachbarten Punkten. Insbesondere bei vielen Datenmengen ist dies eine schnelle Methode, um eine Funktion aus den Datenpunkten zu generieren. Dazu wenden wir *scipy.interpolate.interp1d* Funktion wie in Abb. 18.1 an. Normalerweise kommen die Daten aus einem Experiment oder anderswo her. Für dieses Beispiel allerdings, generieren wir sie aus einer Funktion, $g(x) = 4x^2 - 6x^3$, zwischen $x \in [-8; 8)$.

```
from numpy import *
from scipy import interpolate
import matplotlib.pyplot as pylab
pylab.rc('text', usetex=True)
pylab.rc('font' , family='serif', serif = 'cm', size=20)

def g(x):
    return 4.*x**2 - 6.*x**3

x_p = arange(-8., 8., 1.)
y_p = g(x_p)

for i in range(len(x_p)):
    print("x = %.1f \t | \t y = %.1f " %(x_p[i],y_p[i]) )
```

Elektronisches Zusatzmaterial Die elektronische Version dieses Kapitels (https://www.doi.org/10.1007/978-3-662-61325-2_18) enthält Zusatzmaterial, das berechtigten Benutzern zur Verfügung steht.

B.E. Abali und C. Çakıroğlu, *Numerische Methoden für Ingenieure*,
https://doi.org/10.1007/978-3-662-61325-2_18

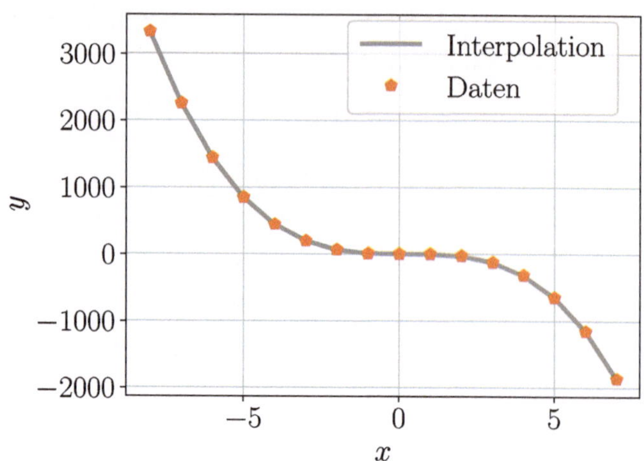

Abb. 18.1 Lineare Interpolation zwischen den vorgegebenen Daten

Dies erzeugt in der Konsole folgende Ausgabe, für die wir in *print()* die Daten *x_p[i], y_p[i]* in der *for* Schleife als „float" mit einer Kommastelle *%.1f* getrennt und einem „tab" *\t* schreiben lassen.

```
x = -8.0    |    y = 3328.0
x = -7.0    |    y = 2254.0
x = -6.0    |    y = 1440.0
x = -5.0    |    y = 850.0
x = -4.0    |    y = 448.0
x = -3.0    |    y = 198.0
x = -2.0    |    y = 64.0
x = -1.0    |    y = 10.0
x = 0.0     |    y = 0.0
x = 1.0     |    y = -2.0
x = 2.0     |    y = -32.0
x = 3.0     |    y = -126.0
x = 4.0     |    y = -320.0
x = 5.0     |    y = -650.0
x = 6.0     |    y = -1152.0
x = 7.0     |    y = -1862.0
```

Diese Daten werden in *interp1d()* benutzt, wobei eine lineare Interpolation gewählt wird.

```
Interp = interpolate.interp1d(x_p, y_p, kind='linear')
```

Somit ist *Interp* eine Funktion, die den linear-interpolierten Wert ausgibt. Für eine farbige Darstellung, benutzen wir Farben aus den 10 Standard-Farben in *matplotlib* und zeigen die Interpolation mit einer feinen Auflösung *x_plot* wie folgt:

```
Farben = ['tab:blue', 'tab:orange', 'tab:green', 'tab:red', 'tab:purple', 'tab:brown', 'tab:pink', 'tab:gray', 'tab:olive', 'tab:cyan']
x_plot = arange(-8., 7., 0.1)

pylab.plot(x_plot, Interp(x_plot), dashes=[2, 0], linewidth=3, color=Farben[7], label=r'Interpolation' )
pylab.plot(x_p, y_p, marker='p', markersize=8, linewidth=0, color=Farben[1], label=r'Daten' )

pylab.xlabel('$x$')
pylab.ylabel('$y$')
pylab.grid(True)
pylab.legend(loc='lower left',bbox_to_anchor=(0.4, 0.7))
pylab.tight_layout()
pylab.savefig('lab_interp_linear.pdf')
```

Aufgabe Zeigen Sie an, wie die Genauigkeit der linearen Interpolation von der Diskretisierung abhängt.

Lösung Wir benutzen wieder eine Funktion, $g(x) = x^2$, um die Datenpunkte zu generieren. Diese Funktion und zwei Interpolationen sind der Abb. 18.2 zu entnehmen. Mit geringer Anzahl der Datenmenge sinkt die Genauigkeit zwischen den Interpolationspunkten. An den Daten, die zur Interpolation benutzt werden, ist die Übereinstimmung exakt. Der Code benutzt die gleiche Funktion mit unterschiedlichen Schrittgrößen, um die Daten zu erzeugen.

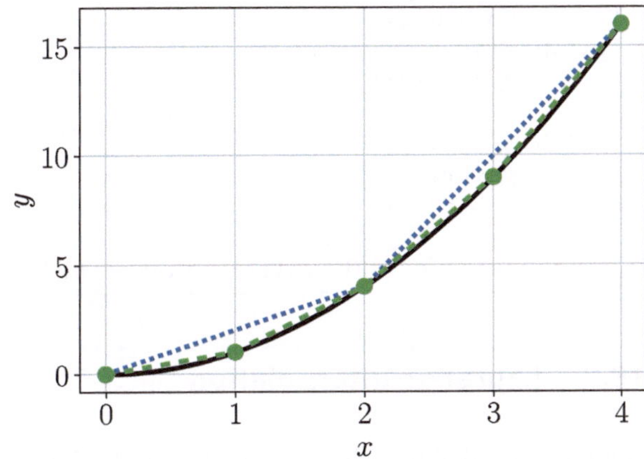

Abb. 18.2 Zwei Interpolationen mit verschiedenen Diskretisierungen zur Darstellung der Genauigkeit

```
from numpy import *
from scipy import interpolate
import matplotlib.pyplot as pylab
pylab.rc('text', usetex=True)
pylab.rc('font' , family='serif', serif = 'cm', size=20)

def g(x):
    return x**2

x1 = arange(0., 4.5, 2.)
y1 = g(x1)
I1 = interpolate.interp1d(x1, y1, kind='linear')

x2 = arange(0., 4.5, 1.)
y2 = g(x2)
I2 = interpolate.interp1d(x2, y2, kind='linear')

Farben = ['tab:blue', 'tab:orange', 'tab:green', 'tab:red', 'tab:purple', 'tab:brown', 'tab:pink', 'tab:gray', 'tab:olive', 'tab:cyan']
x_plot = arange(0., 4., 0.01)

pylab.plot(x_plot, g(x_plot), dashes=[1, 0], linewidth=3, color='black')

pylab.plot(x_plot, I1(x_plot), dashes=[1, 1], linewidth=3, color=Farben[0])
pylab.plot(x1, y1, marker='s', markersize=6, linewidth=0, color=Farben[0])

pylab.plot(x_plot, I2(x_plot), dashes=[2, 2], linewidth=3, color=Farben[2])
pylab.plot(x2, y2, marker='o', markersize=10, linewidth=0, color=Farben[2])

pylab.xlabel('$x$')
pylab.ylabel('$y$')
pylab.grid(True)
pylab.tight_layout()
pylab.savefig('lab_interp_linear2.pdf')
```

18.2 Lagrange Interpolation

Aufgabe Wiederholen Sie die Aufgabe im Abschn. 12.1, indem Sie die LAGRANGE Interpolation zwischen den Punkten aus Tab. 18.1 verwenden. Benutzen Sie nun *scipy.interpolate.lagrange* für diesen Zweck.

Tab. 18.1 Datenmenge für die LAGRANGE Interpolation

x	0,0	1,0	2,0
y	0,0	1,0	8,0

Lösung Wir haben die LAGRANGE Interpolation als

$$p(x) = 3x^2 - 2x, \tag{18.1}$$

festgestellt. Diese Berechnung kann auch von SciPy Paketen übernommen werden.

```
import numpy as np
import matplotlib.pyplot as plt
from scipy.interpolate import lagrange
plt.rc('text', usetex=True)
plt.rc('font' , family='serif', serif = 'cm', size=20)

def p_num(x):
    return 3.*x**2 - 2.*x

x = np.arange(0, 3, 0.1)
xk=np.array([0,1,2])
yk=np.array([0,1,8])
p_scipy = lagrange(xk,yk)
plt.plot(x, p_num(x), dashes=[1, 0], color="black", linewidth=5,
    ↪ label=r'$3x^2-2x$')
plt.plot(x, p_scipy(x),dashes=[5, 2, 2, 2], color="orange",
    ↪ linewidth=2, label=r'SciPy')
plt.plot(xk,yk , marker='o', markersize=8, linewidth=0, color="red
    ↪ ",label='Daten')
plt.xlabel('$x$')
plt.ylabel('$y$')
plt.axis([-1, 3, -1, 10])
plt.legend()
plt.grid(True)
plt.tight_layout()
plt.savefig('lab_interp_linear3.pdf')
```

In Abb. 18.3 sind die Rechnung aus der Aufgabe im Abschn. 12.1 und das SciPy berechnete Polynom zu sehen. Wie erwartet sind die Ergebnisse identisch. Im Hintergrund werden die Koeffizienten mit dem vorgezeigten Weg berechnet.

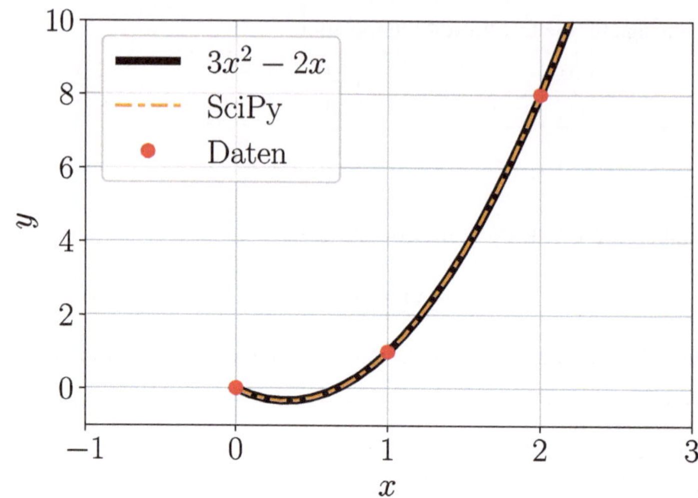

Abb. 18.3 LAGRANGE Interpolationspolynom und die identische Interpolation aus SciPy Paketen

18.3 Splineinterpolation

Wir wollen die Punkte in der Tab. 18.2 mit einer Spline-Funktion aus Gl. (4.18) folgender Art:

$$S_i(x) = a_i + b_i(x - x_i) + c_i(x - x_i)^2 + d_i(x - x_i)^3,$$
$$a_i = y_i\,, \quad b_i = \frac{y_{i+1} - y_i}{\ell_i} - \frac{y''_{i+1} + 2y''_i}{6}\ell_i\,, \quad c_i = \frac{y''_i}{2}\,, \quad d_i = \frac{y''_{i+1} - y''_i}{6\ell_i}. \tag{18.2}$$

interpolieren. Diese kubische Spline-Funktion benutzt y und y'' in den Koeffizienten. Mithilfe der Gl. (4.21)

$$\frac{y_{i+1} - y_i}{\ell_i} - \frac{y''_{i+1} + 2y''_i}{6}\ell_i = \frac{y_i - y_{i-1}}{\ell_{i-1}} + \frac{2y''_i + y''_{i-1}}{6}\ell_{i-1}, \tag{18.3}$$

die wie folgt umgeschrieben wird:

$$6\frac{y_{i+1} - y_i}{\ell_i} - 6\frac{y_i - y_{i-1}}{\ell_{i-1}} = 2(\ell_i + \ell_{i-1})y''_i + \ell_{i-1}y''_{i-1} + \ell_i y''_{i+1}, \tag{18.4}$$

Tab. 18.2 Datenmenge zur Splineinterpolation

x	−3,0	−2,0	−1,0	0,0	1,0	2,0	3,0	4,0
y	0,0	4,0	5,0	1,0	2,0	6,0	3,0	4,0

erhalten wir für N-Punkte aus Tab. 18.2, unter der Vorgabe der homogenen Randbedingungen $y''_0 = y''_N = 0$, durch die Einführung der Notation $f_i = 6\frac{y_{i+1} - y_i}{\ell_i} - 6\frac{y_i - y_{i-1}}{\ell_{i-1}}$, folgende Matrixgleichung:

$$\begin{bmatrix} 2(\ell_0 + \ell_1) & \ell_1 & 0 & \cdots & 0 \\ \ell_1 & 2(\ell_1 + \ell_2) & \ell_2 & \ddots & \vdots \\ 0 & \ell_2 & \ddots & \ddots & 0 \\ \vdots & \ddots & \ddots & \ddots & \ell_{N-2} \\ 0 & \cdots & 0 & \ell_{N-2} & 2(\ell_{N-2} + \ell_{N-1}) \end{bmatrix} \begin{bmatrix} y''_1 \\ \vdots \\ y''_{N-1} \end{bmatrix} = \begin{bmatrix} f_1 \\ \vdots \\ f_{N-1} \end{bmatrix}. \quad (18.5)$$

Daraus werden y'' berechnet und die Koeffizienten für die Spline-Funktion erstellt. Wir initialisieren Vektoren der Länge $N = 7$, weil Python von null aufzuzählen beginnt.

```
import numpy as np
N=7
a=np.zeros(N)
b=np.zeros(N)
c=np.zeros(N)
d=np.zeros(N)
```

Für die Datenmenge aus der Tab. 18.2 und auch für $\ell_i = x_{i+1} - x_i$ Werte benutzen wir eine Schleife:

```
x=[-3.0, -2.0, -1.0, 0.0, 1.0, 2.0, 3.0, 4.0]
y=[0.0, 4.0, 5.0, 1.0, 2.0, 6.0, 3.0, 4.0]
l=np.zeros(N)
for i in range(N):
    l[i]=x[i+1]-x[i]
```

Für die Berechnung der Matrixgleichung definieren wir eine Matrix A der Größe $N - 1 \times N - 1$ und berechnen den Inhalt der Matrix wie folgt:

```
A=np.zeros((N-1, N-1))
for i in range(N-1):
    A[i,i]=2*(l[i]+l[i+1])
    if i<N-2:
        A[i,i+1]=l[i+1]
        A[i+1,i]=l[i+1]
```

Der nächste Schritt ist die Berechnung der rechten Seite der Matrixgleichung und die Lösung dieser Gleichung mit der Funktion *numpy.linalg.solve()*

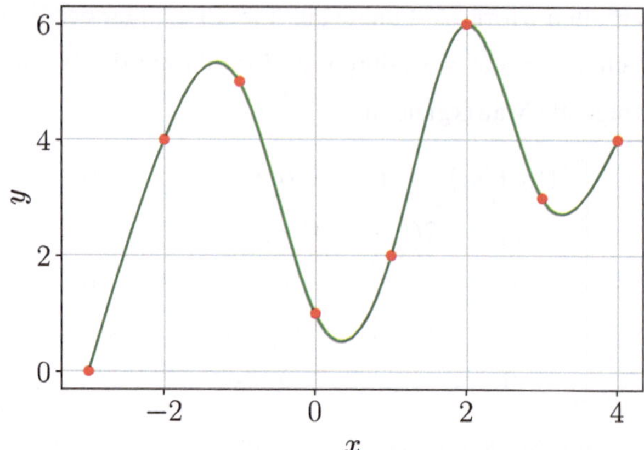

Abb. 18.4 Splineinterpolation durch 8 Punkte

```
f=np.zeros(N-1)
for i in range(N-1):
    f[i]=6*(y[i+2]-y[i+1])/l[i+1]-6*(y[i+1]-y[i])/l[i]
ydd = np.linalg.solve(A, f)
```

Zur Berechnung der Splinefunktion brauchen wir die y'' Werte in allen acht Punkten. Dazu definieren wir einen neuen Vektor *ydd2,* der auch den Randbedingungen genügt.

```
ydd2=np.zeros(N+1)
ydd2[0]=0
ydd2[N]=0
for i in range(N-1):
    ydd2[i+1]=ydd[i]
```

Wir berechnen nun die Koeffizienten a_i, b_i, c_i, d_i

```
for i in range(N):
    a[i]=y[i]
    b[i]=(y[i+1]-y[i])/l[i]-(ydd2[i+1]+2*ydd2[i])*l[i]/6
    c[i]=ydd2[i]/2
    d[i]=(ydd2[i+1]-ydd2[i])/(6*l[i])]
```

Somit ist die Splineinterpolation berechnet worden. Für jeden x-Wert mit $0 \leq x \leq 4$ interpolieren wir den dazugehörigen y-Wert mithilfe einer Funktion *Spline(),* die die Ausgabe der y-Werte zur Eingabe der x-Werte ausrechnet.

```
def Spline(xWert):
    if(xWert<x[0]) or (xWert>x[N]):
        print('x Wert muss zwischen %.2f und %.2f sein!' %(x[0], x[N]))
        return

    for i in range(N):
      if(xWert<=x[i+1]):
          return a[i]+b[i]*(xWert-x[i])+c[i]*pow(xWert-x[i],2)+d[i]*pow(xWert-x[i],3)
```

Das Ergebnis dieser Splineinterpolation ist der Abb. 18.4 zu entnehmen. Wir erstellen die Abbildung wieder mithilfe des Moduls *matplotlib*.

```
import matplotlib.pyplot as pylab

pylab.rc('text', usetex=True)
pylab.rc('font', family='serif', serif = 'cm', size=20)

dt = 0.05
t = np.arange(x[0], x[N]+dt, dt)
s = np.zeros(len(t))

for i in range(len(t)):
  s[i]=Spline(t[i])

pylab.plot(t,s,'g-')

for i in range(N+1):
    pylab.plot(x[i],y[i],'ro')

pylab.xlabel('$x$')
pylab.ylabel('$y$')
pylab.grid(True)
pylab.show()
```

18.4 FFT einer Audiodatei

Die Interpolation einer Kurve mittels der FFT Methode wird für Audiodateien benutzt, um sie in FOURIER Koeffizienten darzustellen. Diese Koeffizienten gehören zu den Frequenzen, sodass man auch die Verteilung der Frequenzen anwendet, um die Aufnahmen zu analysieren. Dazu benutzen wir PyAudio[1] Modul und nehmen über Mikrofon von dem Rechner ein paar Sekunden auf.

```
import pyaudio
import wave

CHUNK = 1024
FORMAT = pyaudio.paInt16
CHANNELS = 2
RATE = 44100
RECORD_SECONDS = 2
WAVE_OUTPUT_FILENAME = "AudioAufnahme.wav"

p = pyaudio.PyAudio()

stream = p.open(format=FORMAT,
                channels=CHANNELS,
                rate=RATE,
                input=True,
                frames_per_buffer=CHUNK)

print("* Aufnahme")

frames = []

for i in range(0, int(RATE / CHUNK * RECORD_SECONDS)):
    data = stream.read(CHUNK)
    frames.append(data)

print("* Stop!")

stream.stop_stream()
stream.close()
p.terminate()

wf = wave.open(WAVE_OUTPUT_FILENAME, 'wb')
wf.setnchannels(CHANNELS)
wf.setsampwidth(p.get_sample_size(FORMAT))
wf.setframerate(RATE)
wf.writeframes(b''.join(frames))
wf.close()
```

Die Aufnahme beginnt mit der Ausführung von Python Datei, im Terminal wird ** Aufnahme* angezeigt. Dabei wenden wir 44.100 Hz als die Anzahl der Aufnahmen in jeder Sekunde. Dies ist auch die Qualität (Auflösung) der Aufnahme. Die obere Schranke ist begrenzt mit

[1]PyAudio https://pypi.org/project/PyAudio ist eine Sammlung der Pakete für Tonaufnahme und Wiedergabe. Zur Installation unter Windows, mit *pip* zuerst *pipwin* und dann über *pipwin* das Modul *pyaudio* installieren.

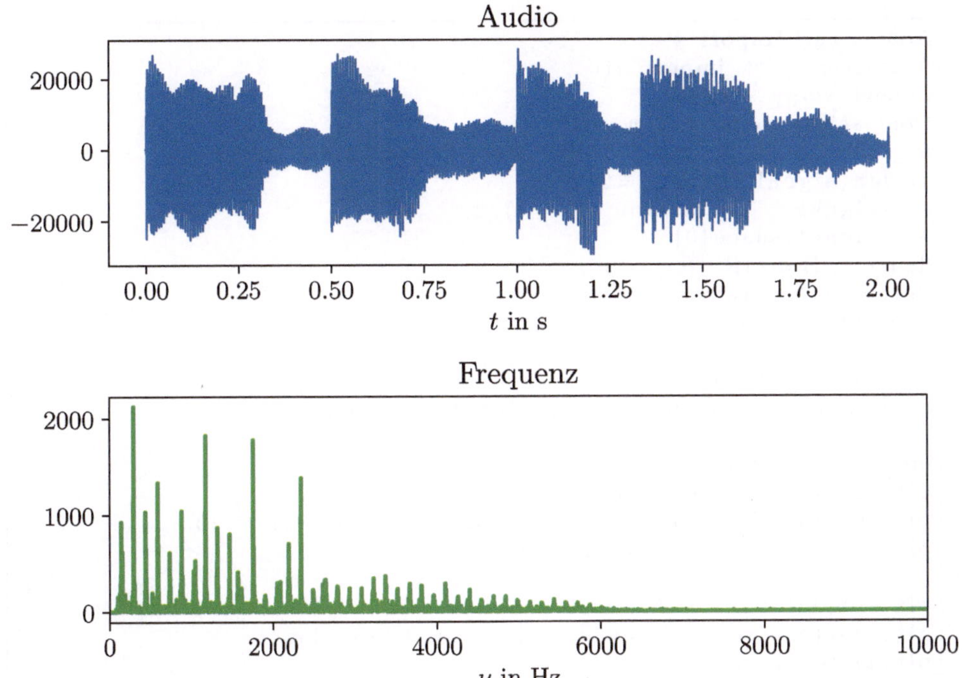

Abb. 18.5 Audiodatei und das Frequenzspektrum anhand der FFT-Analyse

der Fähigkeit der Audiokarte im Rechner. Wir benutzen sogar 2 Kanäle, rechts und links, obwohl wie erwartet die Aufnahme in beiden Kanälen nahezu identisch wird. Die Aufnahme wird als eine *wav* Datei gespeichert. Man kann auch eine existierende Audiodatei benutzen, eine Aufnahme können viele andere Programme mit einer graphischen Oberfläche statt der Python-Umgebung.

Dann wird die aufgenommene oder existierende Datei gelesen und von 2 Kanälen (durch arithmetische Mittelung) auf eins reduziert (von Stereo auf Mono). Für die gesamte Dauer wird dies geplottet. Durch die FFT-Methode werden die Koeffizienten zu dazugehörigen Frequenzen gefunden und auch diese Koeffizienten gegenüber Frequenzen als ein Spektrum in Abb. 18.5 angezeigt.

```
from numpy import *
from numpy.fft import fft
import scipy.fftpack
from scipy.io import wavfile
fs_rate, signal = wavfile.read(WAVE_OUTPUT_FILENAME)
if len(signal.shape)==2:
    signal = signal.sum(axis=1)/2.
N = signal.shape[0]
dauer = float(N)/fs_rate
delt = 1./fs_rate
t = arange(0,dauer,delt)
wav_fft = fft(signal)
anzahl = abs(wav_fft)
freq = scipy.fftpack.fftfreq(signal.size,delt)

import matplotlib.pyplot as plt
plt.rc('text', usetex=True)
plt.rc('font', family='serif', serif = 'cm', size=12)
plt.rc('figure', titlesize='medium')

plt.subplot(2,1,1)
plt.plot(t,signal, linewidth=1, color='tab:blue')
plt.title("Audio")
plt.xlabel(r"$t$ in s")

plt.subplot(2,1,2)
plt.plot(freq[:int(N/2)],2.0/N*anzahl[:N//2], linewidth=2, color='
    ↪ tab:green')
plt.xlim([0,10E3])
plt.title("Frequenz")
plt.xlabel(r"$\nu$ in Hz")

plt.tight_layout()
plt.savefig('lab_interp_fft.pdf')
```

Durch Unterdrückung verschiedener Frequenzen, indem die Koeffizienten nachträglich null gesetzt werden und die Datei gespeichert wird, kann die Größe der Datei verringert werden. In vielen Kompressionsalgorithmen wie *mp3* wird diese Methode für höhere Frequenzen angewandt, weil die meisten Menschen die höheren Frequenzen nicht so gut hören können. Die Musikqualität wird nicht bemerkbar verändert, obwohl die Datengröße reduziert wird. Durch geschickte Änderung der Koeffizienten werden auch Filter angewandt, sodass die Tonalität der Audiodatei verändert wird. Während der Aufnahme können vom Mikrophon einige Frequenzen unterdrückt worden sein, sodass nachträglich die Tonqualität mit verschiedenen Filtern, wie *equalizer,* erhöht wird. Eine andere Anwendung findet beim Telefongespräch statt, bei dem die Hintergrundgeräusche, also die Frequenzen, die wir im normalen Gespräch nicht aussprechen, mit einem Filter gelöscht oder unterdrückt werden. Dabei werden selektiv die Koeffizienten von den unerwünschten Frequenzen verkleinert.

18.5 Übertragungsfunktion

Die Idee der FFT beruht auf einer Transformation einer Funktion in der Zeit (im Zeitbereich) auf einen Frequenzraum (Frequenzbereich), in dem die Darstellung über die Angabe der FOURIER Koeffizienten stattfindet. Insbesondere in der Regelungstechnik werden die Systeme wie elektrische Schaltungen mit mehreren Komponenten, die die Signale bearbeiten, mit einer systembeschreibenden Differenzialgleichung beschrieben. Die Lösung dieser DGL kann selbstverständlich im Zeitbereich gefunden werden. Allerdings ist es auch möglich, mit der Anwendung der LAPLACE Transformation, diese DGL mit den FOURIER Koeffizienten darzustellen und alle Berechnungen – wie Integrieren oder die Ableitung – durch die Koeffizienten mittels Multiplikation und Division zu machen. Deshalb wird die DGL vom Zeitbereich in den Frequenzbereich transformiert. Für ein Eingangssignal kann das Ausgangssignal aufgenommen werden, indem die FOURIER Koeffizienten von diesen Signalen gemessen werden. Die Übertragungsfunktion beschreibt dann den Zusammenhang zwischen dem Eingang- und Ausgangssignal dieses Systems. Insbesondere bei den linearen, dynamischen Systemen ist die Übertragungsfunktion eine sehr effiziente Methode, um die Systeme zu analysieren. Als Beispiel untersuchen wir die Sprungantwort eines Feder-Masse-Dämpfer Systems wie in Abb. 14.7. Wir lösen dieses System mit der DGL:

$$mx^{\bullet\bullet} + cx^{\bullet} + kx = r, \tag{18.6}$$

durch seine Übertragungsfunktion, wobei die rechte Seite r als Eingangssignal und die Verschiebung der Masse x als Ausgangssignal interpretiert werden. Beispielsweise wählen wir $m = 1\,\text{kg}$, $c = 0{,}894\,\text{N s/m}$ und $k = 5\,\text{N/m}$ als Systemgrößen. Die rechte Seite:

$$r(t) = \begin{cases} 0 & \text{falls } x < 0 \\ 1 & \text{sonst } x \geq 0 \end{cases} \tag{18.7}$$

ist eine Sprungfunktion, als ob man mit einem Hammer in die Masse schlägt und somit eine sprungartig aufgebrachte Kraft modelliert. Eine wichtige Bemerkung ist die Zeitunabhängigkeit des Systems; die Parameter hängen nicht von der Zeit ab. Die rechte Seite $r = r(t)$ kann von der Zeit abhängen. Zuerst finden wir die Übertragungsfunktion dieses Systems für beliebige $r(t)$. Dazu brauchen wir folgende LAPLACE Transformation:

$$\mathcal{L}\{m\ddot{x} + c\dot{x} + kx\} = \mathcal{L}\{r(t)\} \tag{18.8}$$

$$ms^2X(s) + csX(s) + kX(s) = R(s) \tag{18.9}$$

Daraus folgt die Übertragungsfunktion

$$H(s) = \frac{X(s)}{R(s)} = \frac{1}{ms^2 + cs + k}. \tag{18.10}$$

Mit dem *scipy.signal* Modul kann die Übertragungsfunktion gelöst und dann in den Zeitbereich transformiert werden. Dazu werden Nenner und Zähler der Übertragungsfunktion als Argumente in *scipy.signal.TransferFunction()* eingegeben. Die Sprungantwort des Systems wird durch *scipy.signal.step2()* geltend gemacht. Dann wird die gleiche Funktion nochmal aufgerufen, um eine bessere Auflösung beim Plotten zu erzielen.

```
import numpy as np
from scipy import signal

m=1; c=0.894; k=52
zaehler =[1]
nenner =[m,c,k]
mfd=signal.TransferFunction(zaehler, nenner)
t,x=signal.step2(mfd)
t,x=signal.step2(mfd,T=np.linspace(0,t[-1],1000))

import matplotlib.pyplot as pylab
pylab.rc('text', usetex=True)
pylab.rc('font', family='serif', serif = 'cm', size=20)
pylab.plot(t,x, dashes=[1, 0], linewidth=2, color='tab:brown')
pylab.xlabel('$t$')
pylab.ylabel('$x$')
pylab.tight_layout()
pylab.savefig('lab_sprungantwort.pdf')
```

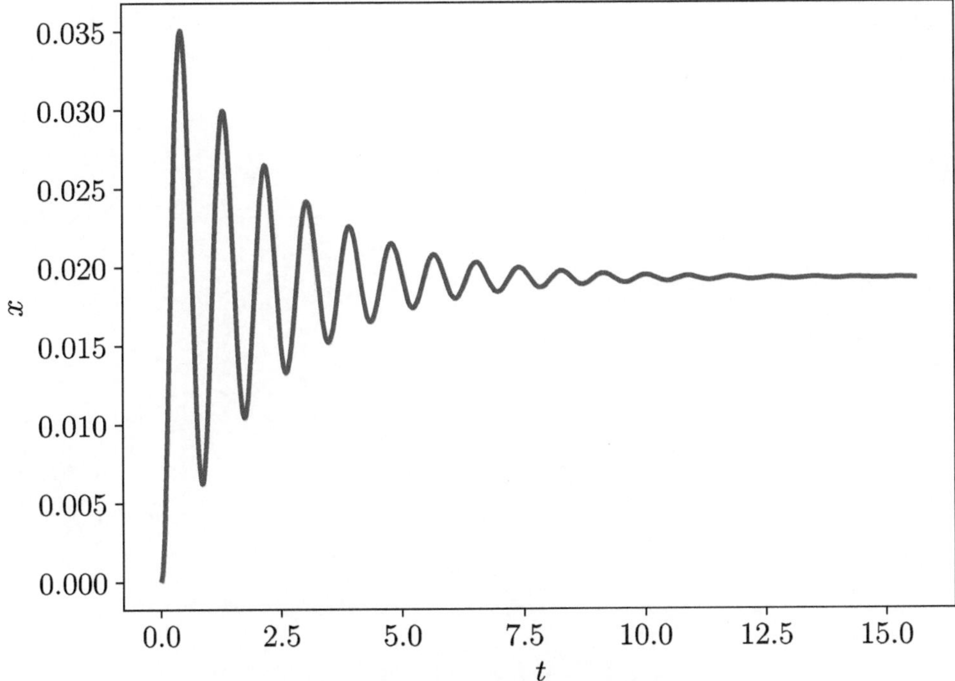

Abb. 18.6 Antwort der Übertragungsfunktion auf die Sprungfunktion im Zeitbereich

Der obere Code erzeugt die abklingende Bewegung der Masse wegen viskoses Dämpfers auf die sprungartige Kraft mit dem Hammer dargestellt in Abb. 18.6. Diese Methode ist in der Regelung der dynamischen Systeme sehr weit verbreitet und erlaubt, das System nur mittels der Parameter m, c, k zu beschreiben. Im Hintergrund werden je nach Typ der Differentialgleichung, das ADAMS Verfahren oder die RUNGE-KUTTA Methode aus *scipy.integrate.odeint* angewandt, die wir im Kap. 21 anwenden werden.

Approximation 19

19.1 Lineare Regression

Bei Daten aus einer Messung ist ein Fit von großem Vorteil, weil die Punkte aufgrund der Messfehler nicht exakt von der Interpolation angegeben werden sollen. Wir zeigen das Beispiel im Abschn. 12.4 mit einem Python Code. Folgende Daten sind gegeben:

t	0	1	2	3	4	5	6	7	8
$f(t)$	8	6	2	1	1,5	1,8	2	1,5	1

Wir suchen die beste Fitkurve. Zuerst implementieren wir eine quadratische Funktion:

$$f(t) = u_0 + u_1 t + u_2 t^2 + u_3 t^3, \tag{19.1}$$

wobei die unbekannten Koeffizienten $\boldsymbol{u} = \{u_0, u_1, u_2\}$ zu bestimmen sind. Wir erstellen die Koeffizientenmatrix und die rechte Seite (aus den Ergebnissen)

$$A_{ij} = \begin{pmatrix} 1 & t_1 & t_1^2 & t_1^3 \\ 1 & t_2 & t_2^2 & t_2^3 \\ \vdots & \vdots & \vdots & \vdots \\ 1 & t_9 & t_9^2 & t_9^3 \end{pmatrix}, \quad b_i = \begin{pmatrix} f(t_1) \\ f(t_2) \\ \vdots \\ f(t_9) \end{pmatrix}, \tag{19.2}$$

Elektronisches Zusatzmaterial Die elektronische Version dieses Kapitels (https://www.doi.org/10.1007/978-3-662-61325-2_19) enthält Zusatzmaterial, das berechtigten Benutzern zur Verfügung steht.

B.E. Abali und C. Çakıroğlu, *Numerische Methoden für Ingenieure*,
https://doi.org/10.1007/978-3-662-61325-2_19

um mit der normalen Gleichung die Unbekannten zu berechnen:

$$\boldsymbol{u} = (\boldsymbol{A}^T\boldsymbol{A})^{-1}\boldsymbol{A}^T\boldsymbol{b}. \tag{19.3}$$

```
from numpy import *
from scipy import interpolate
from numpy.linalg import inv
import matplotlib.pyplot as pylab
pylab.rc('text', usetex=True)
pylab.rc('font' , family='serif', serif = 'cm', size=20)

x_p = [0, 1, 2, 3, 4, 5, 6, 7, 8]
y_p = [8, 6, 2, 1, 1.5, 1.8, 2, 1.5, 1]

m= len(x_p)
A = zeros([m, 4])
b = zeros(m)

for i, x in enumerate(x_p):
    A[i] = [1, x, x**2, x**3]
    b[i] = y_p[i]

AA = dot(A.T, A)
Ab = dot(A.T, b)
u1 = dot(inv(AA), Ab)
err = sum((dot(A, u1) - b)**2)
print(u1,err)

def fit1(x):
    return u1[0] + u1[1]*x + u1[2]*x**2 + u1[3]*x**3
```

In analoger Weise finden wir auch ein Fitpolynom fünften Grades:

$$f(t) = u_0 + u_1 t + u_2 t^2 + u_3 t^3 + u_4 t^4 + u_5 t^5, \tag{19.4}$$

mit folgender Erweiterung:

```
A = zeros([m, 6])
b = zeros(m)

for i, x in enumerate(x_p):
    A[i] = [1, x, x**2, x**3, x**4, x**5]
    b[i] = y_p[i]

AA = dot(A.T, A)
Ab = dot(A.T, b)
u2 = dot(inv(AA), Ab)
err = sum((dot(A, u2) - b)**2)
print(u2,err)

def fit2(x):
    return u2[0] + u2[1]*x + u2[2]*x**2 + u2[3]*x**3 + u2[4]*x**4
        ↪ + u2[5]*x**5
```

Um die Unterschiede visuell zu betrachten, sind beide im gleichen Diagramm in Abb. 12.9 aufgezeichnet worden.

```
Farben = ['tab:blue', 'tab:orange', 'tab:green', 'tab:red', 'tab:
    ↪ purple', 'tab:brown', 'tab:pink', 'tab:gray', 'tab:olive', '
    ↪ tab:cyan']

x_plot = arange(0, 8.5, 0.1)
pylab.plot(x_plot, fit1(x_plot), dashes=[2, 0], linewidth=3, color
    ↪ =Farben[7], label=r'Fit $f_1$' )
pylab.plot(x_plot, fit2(x_plot), dashes=[3, 3], linewidth=3, color
    ↪ =Farben[4], label=r'Fit $f_2$' )
pylab.plot(x_p, y_p, marker='p', markersize=8, linewidth=0, color=
    ↪ Farben[1], label=r'Daten' )

pylab.xlabel('$t$')
pylab.ylabel('$f$')
pylab.grid(True)
pylab.legend(loc='lower left',bbox_to_anchor=(0.62, 0.58))
pylab.tight_layout()
pylab.savefig('ue_fit_03.pdf')
```

Wir betonen, dass die lineare Regression die Parameter (Koeffizienten) in nichtlinearen Polynomfunktionen bestimmen lässt. Wir erstellen künstlich eine Datenmenge in Abb. 19.2 mit Benutzung einer statistischen Verteilungsfunktion – diese sogenannte GAUSSsche Verteilung wird auch die Normalverteilung genannt. Aus der gegebenen Funktion:

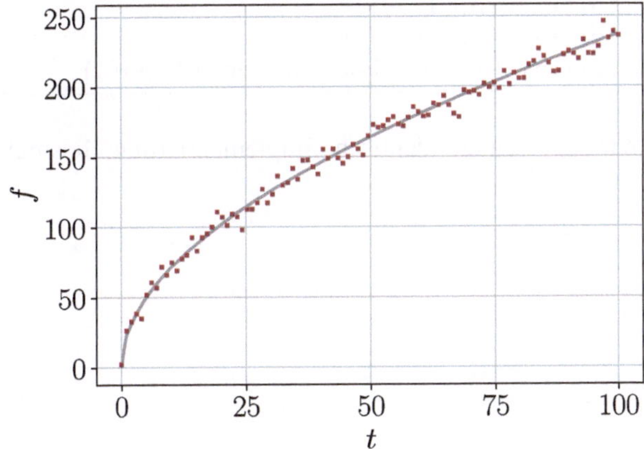

Abb. 19.1 Erstellung einer Datenmenge repräsentativ zu einer Messung, die kontinuierliche Kurve ist die Funktion, aus der die Punkte generiert wurden

$$f = u_0\sqrt{x} + u_1 x, \tag{19.5}$$

werden 100 Punkte generiert, die von der gegebenen Funktion mit den Parametern $u_0 = 22$ und $u_1 = 0{,}17$ abweichen. Diese Abweichungen sind zufällig bezüglich der Normalverteilung der Varianz $\sigma = 0{,}05$ erstellt.

```
from numpy import *
from scipy import interpolate
from numpy.linalg import inv
import matplotlib.pyplot as pylab
pylab.rc('text', usetex=True)
pylab.rc('font' , family='serif', serif = 'cm', size=20)

sig = 0.05
anzahl = 100
t = linspace(0, 100, anzahl)

def fit(u,x):
    return u[0]*x**(1./2.) + u[1]*x

korrekt = fit([22., 0.17], t)
fehler = korrekt.max()-korrekt.min()
data = korrekt + random.normal(0., sig*fehler/2., anzahl)

pylab.plot(t, korrekt, dashes=[2, 0], linewidth=2, color='gray' )
pylab.plot(t, data, marker='s', markersize=2, linewidth=0, color='brown', label='Data' )
pylab.xlabel('$t$')
pylab.ylabel('$f$')
pylab.grid(True)
pylab.tight_layout()
pylab.savefig('lab_lin_reg_01.pdf')
```

Wir benutzen die identische Implementierung, diesmal für die Wurzelfunktion.

```
A = zeros([anzahl, 2])
b = zeros(anzahl)

for i in range(anzahl):
    A[i] = [t[i]**(1./2.), t[i]]
    b[i] = data[i]

AA = dot(A.T, A)
Ab = dot(A.T, b)
u = dot(inv(AA), Ab)
print(u)

pylab.clf()
pylab.plot(t, fit(u, t), dashes=[5, 1], linewidth=2, color='blue',
    ↪ label='Fit' )
pylab.plot(t, data, marker='s', markersize=2, linewidth=0, color='
    ↪ brown', label='Data' )
pylab.xlabel('$t$')
pylab.ylabel('$f$')
pylab.grid(True)
pylab.legend(loc='lower left',bbox_to_anchor=(0.6, 0.0))
pylab.tight_layout()
pylab.savefig('lab_lin_reg_02.pdf')
```

Der Algorithmus findet 22,287 und 0,130. Da wir wissen, dass die tatsächlichen Werte 22 und 0,17 waren, könnte man denken, dass die inverse Analyse nicht sehr erfolgreich gewesen war. In der Tat haben wir eine starke Streuung aufsummiert und die Daten manipuliert, sodass die fiktive Datenmenge realistisch aussieht. Eine Quantifizierung des Fehlers wäre aber nicht fair. Da die Streuung der Daten relativ groß ist, können wir die Güte der Approximation nur qualitativ in Abb. 19.1 betrachten. Das Ergebnis ist zufriedenstellend. Wir wiederholen, dass die lineare Regression auf Basis der Minimierung der Fehlerquadrate erstellt wurde. Deshalb ist die Fitfunktion die beste Wahl im Sinne der Minimierung der Fehlerquadrate (Engl.: *least square*). Darüber hinaus ist dieses Ergebnis eindeutig und in ein paar Sekunden zu berechnen. Die einzige Bedingung ist, dass die unbekannten Parameter in additiver aber nicht in multiplikativer Weise auftreten.

19.2 Nichtlineare Regression

Wenn wir folgende Funktion zum Fitten der experimentellen Ergebnisse betrachten:

$$f = u_0 t^{u_1}, \tag{19.6}$$

erkennen wir, dass hier die lineare Regression nicht angewandt werden kann. Die Koeffizientenmatrix können wir nicht aufstellen, weil die unbekannten Parameter u_0 und u_1 in

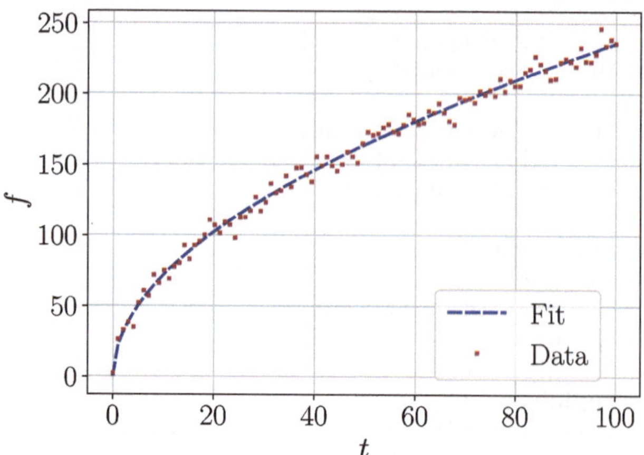

Abb. 19.2 Fit mit linearer Regression durch Minimierung der Fehlerquadrate

multiplikativer Weise auftreten. Deswegen ist das Ergebnis nicht eindeutig. Ein einfaches Beispiel ist $u_0 \cdot u_1 = 6$; eine Lösung wäre $u_0 = 2$, $u_1 = 3$, und eine andere Lösung wäre $u_0 = 1{,}5$ und $u_1 = 4$. Die Methode zur Bestimmung der Parameter basiert wieder auf der Minimierung der Fehlerquadrate. Allerdings können wir dieses System nicht direkt mit der normalen Funktion lösen, weil eine eindeutige Lösung nicht existiert. Verschiedene Methoden werden mit iterativen Lösungsalgorithmen benutzt, um dieses System zu lösen. Neben zahlreichen Methoden ist die Effizienteste das LEVENBERG-MARQUARDT Verfahren, welches in *scipy.optimize.leastsq()* implementiert ist. Wir generieren wieder Daten mit einer Normalverteilung, die zur obigen Funktion mit $\boldsymbol{u} = \{11; 0{,}27\}$ gehören. Dann benutzen wir die nichtlineare Regression mit den Anfangswerten $\boldsymbol{u} = \{1{,}0; 0{,}1\}$ und bekommen $\boldsymbol{u} = \{10{,}903; 0{,}272\}$. Das Ergebnis kann in Abb. 19.3 ausgewertet werden. Dabei ist der folgende Code implementiert worden.

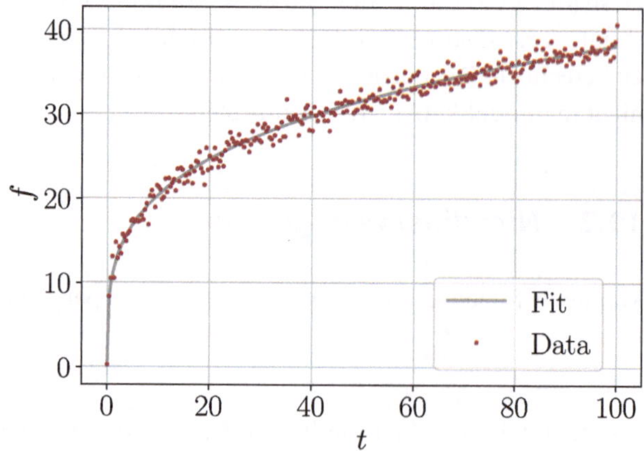

Abb. 19.3 Künstlich erstellte Datenmenge und die Fitkurve aus nichtlinearer Regression

```
from numpy import *
from scipy import interpolate
from scipy import optimize
from numpy.linalg import inv
import matplotlib.pyplot as pylab
pylab.rc('text', usetex=True)
pylab.rc('font' , family='serif', serif = 'cm', size=20)

sig = 0.05
anzahl = 300
t = linspace(0, 100, anzahl)

def fit(u,x):
    return u[0]*x**u[1]

korrekt = fit([11., 0.27], t)
fehler = korrekt.max()-korrekt.min()
data = korrekt + random.normal(0., sig*fehler/2., anzahl)

def residuum(param):
    return data - fit(param, t)

anfangswerte = [1., 0.1]
ergebnis = optimize.leastsq(residuum, anfangswerte)
u = ergebnis[0]
print(u)

pylab.xlabel('$t$')
pylab.ylabel('$f$')
pylab.grid(True)
pylab.plot(t, fit(u, t), dashes=[1, 0], linewidth=2, color='gray',
    ↪ label='Fit' )
pylab.plot(t, data, marker='o', markersize=2, linewidth=0, color='
    ↪ brown', label='Data' )
pylab.legend(loc='lower left',bbox_to_anchor=(0.6, 0.0))
pylab.tight_layout()
pylab.savefig('lab_nonlin_reg.pdf')
```

Die Methode funktioniert, wenn die Anfangswerte passend ausgewählt werden können. In dem oberen Beispiel kann man die Anfangswerte $\boldsymbol{u} = \{-10; 100\}$ wählen und erkennen, dass das Ergebnis falsch ist. Immerhin hat man ein Ergebnis bekommen. Die Anfangswerte können sogar dazu führen, dass die iterative Methode sehr lange dauert und auch nicht konvergiert. Die Anzahl der Parameter und auch die Fitfunktion kann ein Minimierungsproblem erzeugen, welches nicht nur viele Lösungen hat, sondern welche auch sehr nah zueinander sind. Man nennt das ein lokales Minimum der Anfangswerte. Wenn mehrere Anfangswerte ausprobiert und die Fehler miteinander verglichen werden, kann man eventuell das globale Minimum finden, bei dem die Parameter die beste Lösung sind.

```
from numpy import *
from scipy import interpolate
from scipy import optimize
from numpy.linalg import inv
import matplotlib.pyplot as pylab
pylab.rc('text', usetex=True)
pylab.rc('font' , family='serif', serif = 'cm', size=20)

sig = 0.05
anzahl = 300
t = linspace(0, 100, anzahl)

def fit(u,x):
    return u[0]*x**u[1]

korrekt = fit([11., 0.27], t)
fehler = korrekt.max()-korrekt.min()
data = korrekt + random.normal(0., sig*fehler/2., anzahl)

def residuum(param):
    return data - fit(param, t)

awGebiet = [arange(-5000,5000,1) , arange(-50,50,1)]
anfangswerte = zeros(2)
versuche = 0
fehlerMin = inf

while versuche < 1000:
    anfangswerte[0] = awGebiet[0][random.random_integers(0,len(
        ↪ awGebiet[0])-1)]
    anfangswerte[1] = awGebiet[1][random.random_integers(0,len(
        ↪ awGebiet[1])-1)]
    ergebnis = optimize.leastsq(residuum, anfangswerte)
    u = ergebnis[0]
    fehler = sum(residuum(u)**2, axis=0)
    if fehler < fehlerMin:
        besteParameter = u
        fehlerMin = fehler
        print('Die Parameter: ',u,' Fehler: ',fehler,'
            ↪ Versuchsnummer: ',versuche)
    versuche += 1
```

Dieser Code wählt stochastisch (zufällig) Anfangswerte aus dem Gebiet $[-5000; 5000)$ für den ersten Parameter und aus $[-50; 50)$ für den zweiten Parameter. Wenn der zweite Parameter negativ ist und $t = 0$ ausgewertet wird, erzeugt SciPy eine Warnung. Allerdings ist die Implementierung sehr stabil und findet nach ein paar Versuchen das globale Minimum. Insgesamt läuft der Code 1000 Mal und vergleicht die Fehler miteinander.

```
RuntimeWarning: divide by zero encountered in power return u[0]*x**u[1]
Die Parameter: [4.97483660e-13 4.39999999e+01] Fehler: 9.612612337831411e+151 Versuchsnummer: 2
Die Parameter: [3.93205553e-11 2.09999999e+01] Fehler: 1.1541970727424599e+64 Versuchsnummer: 8
Die Parameter: [1.23158067e-11 1.30000000e+01] Fehler: 1.7566436880903037e+31 Versuchsnummer: 10
Die Parameter: [-4.15834203e-13 8.00000000e+00] Fehler: 323506679.0693854 Versuchsnummer: 25
Die Parameter: [10.92784564 0.27101054] Fehler: 280.73785484556856 Versuchsnummer: 28
Die Parameter: [10.92784561 0.27101055] Fehler: 280.7378548455685 Versuchsnummer: 36
RuntimeWarning: divide by zero encountered in reciprocal return u[0]*x**u[1]
Die Parameter: [10.92784563 0.27101054] Fehler: 280.73785484556845 Versuchsnummer: 145
Die Parameter: [10.92784564 0.27101054] Fehler: 280.7378548455684 Versuchsnummer: 396
```

Der Fehler wird minimiert, trotzdem scheint die Zahl 280,7, recht groß zu sein. Dies ist die Summe der Fehlerquadrate für 300 Messwerte. Wir finden $\sqrt{280{,}738}/300 = 0{,}056$, was unter der Bemerkung der Varianz 0,05 nur noch einem Fehler von 0,6 % entspricht.

19.3 Neuronales Netz für Wettervorhersage

Künstliche Intelligenz (KI) anhand eines neuronalen Netzes erstellen wir mithilfe der quelloffenen Pakete von TensorFlow[1] und SciKit-Learn[2]. In dem Jargon von KI, lösen wir ein Klassifizierungs-Beispiel. Es soll untersucht werden, ob es regnet oder nicht. Dazu definieren wir Wetter mit und ohne Regen als zwei sich gegenseitig ausschließende Zustände. Ein neuronales Netz mit 4 Eingabeknoten, 64 versteckten Knoten und 2 Ausgabeknoten wird aufgebaut. Die Ausgabeknoten sind Regen und kein Regen, die gesamte Wahrscheinlichkeit von beiden ist 1. Der Code entscheidet für oder gegen den Regen, für den Zustand größer als 0,5. Somit ist dies eine Klassifizierung und wird in Schrift-, Sprachen- und Bilderkennung mit Maschinellem Lernen (ML) benutzt. Wir trainieren das Modell mit den fiktiven Daten von 24 Tagen, wobei die Eingabeparameter als (relative) Feuchtigkeit, Windgeschwindigkeit in km/h, Temperatur in °C und Luftdruck in mbar ausgewählt wurden. Die Daten sammeln

[1] TensorFlow https://tensorflow.org ist eine freie und quelloffene Sammlung der Programme für Daten und Differential-Programmierung, unter anderem auch für Maschinelles Lernen (ML).

[2] SciKit-Learn https://scikit-learn.org ist eine Sammlung von Python Modulen für Maschinelles Lernen (ML) und Datenerfassung.

Tab. 19.1 Historischen Daten für Maschinelles Lernen, um Gewichte berechnen zu lassen

Feuchtigkeit	Wind in km/h	Temperatur in °C	Druck in mbar	Regen
0,15	5	15	1003	0
0,11	7	16	1004	0
0,40	16	14	1006	0
0,65	21	10	1010	1
0,62	15	9	1009	1
0,10	3	18	1005	0
0,18	5	17	1006	0
0,21	7	14	1007	0
0,72	25	12	1008	1
0,30	8	12	1007	0
0,25	6	10	1004	0
0,55	16	7	1010	1
0,28	12	9	1004	0
0,15	9	10	1003	0
0,11	4	6	1003	0
0,77	8	5	1009	1
0,81	12	11	1010	1
0,67	21	5	1009	1
0,12	8	6	1005	0
0,16	20	10	1004	0
0,22	14	12	1003	0
0,32	14	11	1002	0
0,28	12	11	1003	0
0,09	5	16	1002	0

wir in Tab. 19.1. Mehr Daten, d. h. verschiedene Faktoren über längere Zeiträume, ergeben bessere Ergebnisse.

Zuerst importieren wir *tensorflow* und die dazugehörige *keras* Bibliothek, sowie *numpy* und die *minmax_scale* Funktion für die Skalierung von Daten aus der *scikit-learn* Bibliothek. Die Normierung spielt eine wichtige Rolle, da die Eingaben sonst unterschiedliche Gewichte zur Lösung haben würden. Man kann zum Beispiel den Druck in bar, Pa, oder mbar angeben, wobei die Feuchtigkeit keine Einheit hat. Ohne Normierung würde Druck in verschiedenen Einheiten, zu einem größeren Fehler bei der Abweichung führen. Darüber hinaus erzeugen Variablen mit Unterschieden in den Größenordnungen numerische Probleme, wie einen sehr großen Beitrag zur Aktivierungsfunktion oder eine verzögerte Konvergenz der Methode.

```
import tensorflow as tf
from tensorflow import keras
import numpy as np
from sklearn.preprocessing import minmax_scale
```

Die historischen (täglichen) Daten werden als *train* in einer 24 × 4 Matrix angegeben. Die Ausgaben sind unter *labels* als Vektor gesammelt, indem wir für einen regnerischen Tag 1, d. h. normiert, eingetragen haben.

```
train=np.array([[0.15,5,15,1003],[0.11,7,16,1004],
    ↪ [0.4,16,14,1006],[0.65,21,10,1010],
    ↪ [0.62,15,9,1009],[0.1,3,18,1005],
    ↪ [0.18,5,17,1006],[0.21,7,14,1007],
    ↪ [0.72,25,12,1008],[0.3,8,12,1007],
    ↪ [0.25,6,10,1004],[0.55,16,7,1010],
    ↪ [0.28,12,9,1004],[0.15,9,10,1003],
    ↪ [0.11,4,6,1003],[0.77,8,5,1009],
    ↪ [0.81,12,11,1010],[0.67,21,5,1009],
    ↪ [0.12,8,6,1005],[0.16,20,10,1004],
    ↪ [0.22,14,12,1003],[0.32,14,11,1002],
    ↪ [0.28,12,11,1003],[0.09,5,16,1002]])
train_scaled=minmax_scale(train)
labels=np.array([0,0,0,1,1,0,0,0,1,0,0,1,
    ↪ 0,0,0,1,1,1,0,0,0,0,0,0])
```

Wir definieren das neuronale Netz entsprechend der Abb. 4.6 mit einer Lage zur Eingabe mit 4 Knoten, verbunden zu den 64 versteckten Knoten mit Sigmoid-Aktivierungsfunktion. Die versteckte Schicht ist dann verbunden mit den genannten 2 Ausgaben, wobei wir die Ausgabe des ersten Ausgabe-Neurons als „kein Regen" Wahrscheinlichkeit und die Ausgabe des Zweiten als „Regen" Wahrscheinlichkeit benutzen.

```
model = keras.Sequential([
    keras.layers.Dense(64, activation='sigmoid', input_shape=[4]),
    keras.layers.Dense(2, activation='sigmoid')
])
```

Bevor wir das Modell trainieren, normieren wir die Werte in der 24 × 4 Matrix *train* durch die *minmax_scale* Funktion von null bis eins. Danach trainieren wir das Modell mit der Matrix *train*, um die Gewichte zu berechnen. Das ist die Stufe, wenn die Maschine lernt. Wenn die Gewichte berechnet sind, ist Künstliche Intelligenz (KI) entstanden, welche Einschätzungen liefern kann.

```
model.compile(optimizer='adam', loss='
    ↪ sparse_categorical_crossentropy', metrics=['accuracy'])
model.fit(train_scaled, labels, epochs=100)
```

Dabei wird das iterative ADAMS Verfahren benutzt, um die Minimierungsaufgabe zu lösen. Bei der Regression ist die Minimierung von der Summe der Fehlerquadrate gelöst worden. Hier wird die Minimierung von der Summe der logarithmischen Fehler erzielt, was in der Statistik als Entropie bezeichnet wird. Insgesamt wird die Berechnung der Gewichte 100 Mal erneuert. Dies ist ein iteratives Verfahren, weshalb man hoffen könnte, dass mehr Iterationen bessere Ergebnisse liefern. Allerdings gibt es keinen mathematischen Beweis dafür. Die Erfahrung zeigt, dass diese Erwartung einer realistischen Aussage über ein sehr komplexes System (Wettervorhersage) mit nur 4 Eingabedaten nicht einfach zu erfüllen ist. Anders ausgedrückt, das System ist nicht wohl definiert, sodass die Anzahl *epochs* durch Testdaten bestimmt wird. Somit ist das Netz bereit, Aussagen zu treffen. Eine zusätzliche Menge von Wetterdaten aus der Tab. 19.2 benutzen wir nun, um zu testen, wie hoch die Erfolgsquote der KI ist.

```
test=np.array([[0.3,23,7,1008], [0.2,11,11,1007],
    ↪ [0.1,7,12,1009], [0.7,28,9,1011], [0.8,17,9,1011]])
merged=np.concatenate((train, test),axis=0)
merged_scaled=minmax_scale(merged)
test_scaled=merged_scaled[24:29,0:4]
predictions = model.predict(test_scaled)
print(predictions)
```

Dabei soll die Testmatrix *test* auch normiert werden. Wir fügen *test* mit *train* zusammen und skalieren die gesamte Matrix. Die Ausgabe lautet, dass an allen Tagen die erste Ausgabe größer als die zweite Ausgabe ist. Folglich: an allen 5 Tagen regnet es nicht.

```
[[0.23812994 0.13356781]
 [0.2727368  0.10162488]
 [0.2740991  0.09913671]
 [0.20153448 0.18311906]
 [0.20771287 0.17717317]]
```

Diese Ausgabe ändert sich jedes Mal, wenn der Code erneut aufgerufen wird. Die Lösungsmethode ist iterativ und das System ist nicht wohl definiert, sodass es konvergiert. Wenn

Tab. 19.2 Die Daten zur Validierung von Maschinelles Lernen

Feuchtigkeit	Wind in km/h	Temperatur in °C	Druck in mbar	Regen
0,3	23	7	1008	0
0,2	11	11	1007	0
0,1	7	12	1009	0
0,7	28	9	1011	0
0,8	17	9	1011	1

wir nun die Vorhersage mit den korrekten Werten aus der Tab. 19.2 vergleichen, sehen wir, dass wir einen Tag von fünf „schimpfen“ werden: die Erfolgsquote ist 80 %. Deshalb wird oft die Wahrscheinlichkeit angegeben. Wenn man die Zahlen vergleicht, sieht man, dass am letzten Tag die erste Ausgabe nur leicht größer als die zweite Zeile ist.

```
labelsTest=np.array([0,0,0,0,1])
test_loss, test_acc = model.evaluate(test_scaled, labelsTest,
    ↪ verbose=2)
print('Genauigkeit der Vorhersage:', test_acc)
```

Eine erhöhte Anzahl von Daten verbessert die Vorhersage. Große Firmen wie Google, Amazon, Facebook oder Netflix versuchen anhand der Daten herauszufinden, was wir suchen, sagen, mögen oder wen wir kennen.

[illegible]

Numerische Integration und Differentiation 20

Die Funktion *scipy.integrate* bietet verschiedene Methoden zur numerischen Integration (Engl.: *quadrature*). Alle dieser Methoden basieren auf der NEWTON–COTES und GAUSSschen Quadratur wie in Kap. 5. Die Implementierungen sind teilweise sehr effizient, wir wenden sie direkt an.

Für das folgende, bestimmte Integral:

$$I = \int_1^\infty \frac{1}{x^2}\,\mathrm{d}x \tag{20.1}$$

benutzen wir *quad,* um das Ergebnis zu berechnen:

```
import scipy.integrate
import numpy as np
f= lambda x: 1/(x**2)
I = scipy.integrate.quad(f, 1, np.inf)
print('Ergebnis: ', I)
```

Dabei haben wir die Funktionsdefinition in einer Zeile mit *lambda* geschrieben. Diese Anwendung ist identisch mit:

```
import scipy.integrate
import numpy as np
def f(x):
    return 1/(x**2)
I = scipy.integrate.quad(f, 1, np.inf)
print('Ergebnis: ', I)
```

Elektronisches Zusatzmaterial Die elektronische Version dieses Kapitels (https://www.doi.org/10.1007/978-3-662-61325-2_20) enthält Zusatzmaterial, das berechtigten Benutzern zur Verfügung steht.

B.E. Abali und C. Çakıroğlu, *Numerische Methoden für Ingenieure,*
https://doi.org/10.1007/978-3-662-61325-2_20

Im Hintergrund verändert Python *def* Anweisung mit *lambda.* Deshalb soll das Python-spezifische Wort *lambda* nicht überschrieben werden, sonst funktioniert *def* nicht mehr. Eine Warnung diesbezüglich gibt Python nicht, d. h. *lambda* kann überschrieben werden, sollte aber besser nicht. Die Berechnung liefert die Ausgabe

```
Ergebnis:  (1.0, 1.1102230246251565e-14)
```

wobei der erste Eintrag das Ergebnis der Integration, und der zweite Eintrag die Genauigkeit der numerischen Berechnung bedeuten. Im Hintergrund wird die GAUSSsche Quadratur angewandt, wobei die Anzahl der GAUSS Punkte erhöht und somit auch die Genauigkeit berechnet wurde. Wir können auch die Anzahl der GAUSS Punkte selbst bestimmen, indem wir *scipy.integrate.fixed_quad* benutzen. Für die Integration der Funktion vierter Ordnung,

$$\int_0^1 x^4 \,\mathrm{d}x = \frac{x^5}{5}\bigg|_0^1 = 0{,}2, \tag{20.2}$$

sollen drei GAUSS Punkte ausreichend sein. Im Allgemeinen kann man mit n GAUSS Punkten, das Polynom der Ordnung $n + 1$ exakt bis auf die numerischen Fehler integrieren. Wir überprüfen dies:

```
from scipy import integrate
f = lambda x: x**4
I = integrate.fixed_quad(f, 0.0, 1.0, n=1)
print('1 GAUSS Punkt',I[0])
I = integrate.fixed_quad(f, 0.0, 1.0, n=2)
print('2 GAUSS Punkte',I[0])
I = integrate.fixed_quad(f, 0.0, 1.0, n=3)
print('3 GAUSS Punkte',I[0])
```

und erhalten

```
1 GAUSS Punkt 0.0625
2 GAUSS Punkte 0.19444444444444445
3 GAUSS Punkte 0.20000000000000004
```

Die analytische Berechnung der Integration kann man auch vom Rechner machen lassen. Dies heißt „symbolische" Berechnung, in welcher die Regeln zur Integration von SymPy *(symbolic python)* angewandt werden.

```
import sympy
x = sympy.symbols('x')
I_sym = sympy.integrate( x**4, x)
I_num = sympy.lambdify('x', I_sym)
print( I_num(1.0) - I_num(0.0) )
```

Dabei wird x als Symbol deklariert, sodass in der Funktion bei der Integration keine numerischen Werte benutzt werden. Danach wird die symbolische Funktion in eine Python Funktion, wie mit *lambda* zu definieren ist, umgewandelt. Somit werden die obere Grenze und die untere Grenze ausgewertet.

Für höhere Dimensionen enthält *scipy.integrate* auch Funktionen zur mehrfachen Integration. Als Beispiel nehmen wir die folgende Funktion in Betracht:

$$\begin{aligned} I &= \int_{\hat{x}=0}^{\hat{x}=2} \int_{\hat{y}=0}^{\hat{y}=\hat{x}/2} \hat{x}\hat{y}^2 \, d\hat{y} \, d\hat{x} = \int_{\hat{x}=0}^{\hat{x}=2} d\hat{x} \left(\frac{\hat{x}\hat{y}^3}{3} \right) \Bigg|_{\hat{y}=0}^{\hat{y}=\hat{x}/2} \\ &= \int_{\hat{x}=0}^{\hat{x}=2} d\hat{x} \frac{\hat{x}\hat{x}^3}{3 \cdot 2^3} = \frac{\hat{x}^5}{5 \cdot 3 \cdot 2^3} \Bigg|_{\hat{x}=0}^{\hat{x}=2} = \frac{4}{5 \cdot 3} = 0{,}2\bar{6}. \end{aligned} \tag{20.3}$$

Dabei ist zu beachten, dass die infinitesimalen Elemente multiplikativ sind und die Reihenfolge beliebig gewählt werden darf. Integrale beinhalten die Grenzen; wir schreiben die Intergrationsvariablen explizit aus. Somit ist die Beschreibung eindeutig, und wir integrieren zuerst über y und dann über x. In der numerischen Implementierung benutzen wir die Integrationsvariablen nicht, deshalb ist die Reihenfolge der Argumente wichtig, um zu deklarieren, dass zuerst über y und dann über x zu integrieren ist. Im folgenden Code zur Doppelintegration:

```
from scipy.integrate import dblquad
def funk(y,x):
    return x * y**2
def yGrenze1(x):
    return 0
def yGrenze2(x):
    return x/2

Ergebnis = dblquad(funk, 0,2, yGrenze1, yGrenze2)
print(Ergebnis)
```

benutzen wir bei der Definition der Funktion $f(x, y) = xy^2$ die Reihenfolge der Argumente als *funk(y, x)*. Die *dblquad* Funktion ist so entwickelt, dass hier y vor x in Klammern auftritt und die Reihenfolge der Integration dadurch vorgegeben ist. Allerdings sind die Grenzen zuerst als die Konstanten (für x) und dann als die Funktionen in y in Abhängigkeit von x angegeben. Sogar für dreidimensionale Integrale gibt es eine Implementierung als *tplquad.* Darüber hinaus kann man die *nquad* zur numerischen Integration n-facher Integrale anwenden. Als Beispiel berechnen wir das folgende dreifache Integral:

$$I = \iiint\limits_{x=0 \;\; y=3x/2 \;\; z=0}^{x=2 \;\; y=3 \;\; z=5x/2} dz \, dy \, dx \tag{20.4}$$

mit beiden Funktionen

```
from scipy.integrate import tplquad
def funk(z,y,x):
    #Die Reihenfolge der Variablen beachten.
    return 1

def yGrenze1(x):
    return 3*x/2
def yGrenze2(x):
    return 3

def zGrenze1(x,y):
    return 0
def zGrenze2(x,y):
    return 5*x/2

ergebnis=tplquad(funk,0,2, yGrenze1,yGrenze2, zGrenze1,zGrenze2)
print(ergebnis)
```

In der *tplquad* Methode werden die Grenzen in y-Richtung als Funktionen der Variable x definiert, während die Grenzen in z-Richtung als Funktionen von x und y definiert werden. Die Ausgabe dieser Methode ist (5.000000000000001, 5.551115123125784e-14). Der Python Code für die *nquad* Methode ist wie folgt:

```
from scipy import integrate
def integrand(z, y, x):
    return 1

def zGrenzen(y,x):
    return [0,5*x/2]

def yGrenzen(x):
    return [3*x/2, 3]

def xGrenzen():
    return [0,2]

Ergebnis=integrate.nquad(integrand, [zGrenzen,yGrenzen,xGrenzen])
print(Ergebnis)
```

In dieser Methode werden die Integrationsgrenzen als eine Liste in eckigen Klammern in die *nquad* Methode, in der gleichen Reihenfolge der Integration „von innen nach außen“, eingetragen. Bei der Definition der Funktion *integrand* muss man auch darauf achten, dass die Variablen in den Klammern in der Reihenfolge der Integration von innen nach außen eingetragen werden.

Weitere Methoden wie die NEWTON–COTES Quadraturverfahren, nämlich die Trapezregel und KEPPLERsche oder SIMPSONsche Regel sind ebenfalls vorhanden. Die Funktion der Trapezregel ist unter *scipy.integrate.trapz* implementiert. Als Eingabevariablen nimmt die Trapezregel die Werte des Integrands an bestimmten Stellen als Liste auf. Als Beispiel berechnen wir folgendes Integral:

$$I = \int_0^1 \sin(\sqrt{x})\,\mathrm{d}x, \tag{20.5}$$

indem wir den Definitionsbereich des Integrals in vier äquidistanten Teilen angeben.

```
from scipy import integrate
import numpy as np

def f(x):
    return np.sin(np.sqrt(x))

x=np.linspace(0,1,5)
Ergebnis=integrate.trapz(f(x),x)
print(Ergebnis)
```

In analoger Weise ist die SIMPSONsche Regel unter *scipy.integrate.simps* zu finden. Diese Funktion nimmt die gleichen Eingabevariablen wie die Trapezregel.

```
from scipy import integrate
import numpy as np
def f(x): return np.sin(np.sqrt(x))
x = np.linspace(0,1,5)
print( integrate.simps(f(x),x) )
```

Aufgabe Welche Methode der beiden Verfahren (Trapezregel und SIMPSONsche Regel) liefert ein genaueres Ergebnis?

Lösung Beide Verfahren sind NEWTON–COTES Quadraturen mit LAGRANGE Polynomen, wobei die Trapezregel mit Linearen und die SIMPSONsche Regel mit Quadratischen ist. Dadurch wird die Genauigkeit des Ergebnisses mit der SIMPSONschen Regel bei gleicher Anzahl der Stützstellen größer.

Zur numerischen Ableitung ist die Dreipunkt-Mittelpunkt Formel durch die Methode *scipy.misc.derivative* anzuwenden. Die Eingabevariablen für diese Methode sind

1. die Funktion, die abgeleitet wird;
2. der Punkt, an dem die Ableitung ausgewertet wird;
3. die Schrittweite.

Als Beispiel nehmen wir die erste Ableitung von $f(x) = 4x^3$ an der Stelle $x = 1$; dies wäre analytisch:

$$f'(x) = 12x^2 \quad f'(x = 1) = 12. \tag{20.6}$$

Der folgende Code benutzt die Schrittweite 10^{-6}.

```
from scipy.misc import derivative
def f(x):
    return 4*x**3
dfdx=derivative(f, 1.0, dx=1e-6)
print(dfdx)
```

Differentialgleichungen 21

Nahezu alle ingenieurwissenschaftlichen Systeme werden mit Differentialgleichungen beschrieben. Zur Lösung dieser Differentialgleichungen gibt es viele Möglichkeiten. Es gibt keine einzige Methode, die alle Differentialgleichungen lösen kann, es gibt aber Funktionen wie *scipy.integrate.ode*, die versuchen, die allerbeste Methode zu detektieren. Die in den vorherigen Kapiteln besprochenen Methoden, wie die ADAMS und RUNGE-KUTTA Verfahren, sind schon in SciPy vorhanden. Insbesondere die Wahl der Schrittweite ist durch erfolgreiche Algorithmen automatisiert. Mathematiker beschreiben die Methoden, Informatiker stellen die Programme dazu bereit, die Ingenieure haben die Aufgabe reale Beispiele zu lösen. Im Folgenden lösen wir Beispiele.

21.1 Anfangswertproblem

Wir betrachten eine gewöhnliche Differentialgleichung erster Ordnung der Funktion $y = y(t)$ in der Zeit t wie folgt:

$$\frac{\mathrm{d}y}{\mathrm{d}t} = \sin(t) + \frac{1}{y}, \tag{21.1}$$

mit der gegebenen Anfangsbedingung $y(t = 0) = 1$. Wir definieren die Funktion und wenden *solve_ivp* zur Lösung des Anfangwertproblems (Engl.: *initial value problem*) an.

Elektronisches Zusatzmaterial Die elektronische Version dieses Kapitels (https://www.doi.org/10.1007/978-3-662-61325-2_21) enthält Zusatzmaterial, das berechtigten Benutzern zur Verfügung steht.

B.E. Abali und C. Çakıroğlu, *Numerische Methoden für Ingenieure*,
https://doi.org/10.1007/978-3-662-61325-2_21

```
from scipy.integrate import solve_ivp
import numpy as np

def fun(t, y):
    dydt = [np.sin(t)+1/y]
    return dydt

t_auswerte = np.linspace(0, 20, 200)
ergebnis = solve_ivp(fun, t_span=[0, 20], y0=[1.0], t_eval=
   ↪ t_auswerte)
```

Die Funktion *solve_ivp* beinhaltet als erstes Argument die Differentialgleichung (DGL) erster Ordnung, die durch Integration zur Lösung $y(t)$ führt. Wenn die Differentialgleichung zweiter Ordnung ist, können wir daraus zwei Differentialgleichungen erster Ordnung machen. Deshalb gibt die Implementierung *fun* als erstes Argument in *solve_ivp* für eine DGL n-ter Ordnung einen n-dimensionalen Vektor zurück. In diesem Vektor beschreibt der erste Eintrag die erste Ableitung der unbekannten Funktion und der n-te Eintrag die n-te Ableitung. Falls wir, wie eben, eine DGL erster Ordnung haben, wird trotzdem eine Python-Liste mit einem Beitrag angegeben, sodass die Funktion *solve_ivp* über sie iterieren kann. Dabei ist Folgendes zu beachten; die Reihenfolge der Argumente wird als Variable t und Funktion $y(t)$ wie folgt (t, y) gewählt. Das zweite Argument *t_span* enthält die Anfangs- und Endpunkte des Zeitintervalls als Python-Liste. Das dritte Argument *y0* ist für die Anfangswerte $y(t = 0)$ zuständig. Wir geben dies wieder als eine Liste an, obwohl dies für eine DGL überflüssig erscheint. Der obere Code berechnet y im Intervall $t \in [0, 20]$. Während der Berechnung wird die Schrittweite automatisch reguliert; allerdings wird die Lösung an den vorgegebenen Stellen *t_auswerte* angegeben. Diese können ausgeschrieben werden.

```
for i in range(len(ergebnis.t)):
    t = ergebnis.t[i]
    y = ergebnis.y[0][i]
    print('Zeit=%.2f \t | \t y=%.5f ' %(t,y) )
```

Die Ergebnisse der ersten DGL *ergebnis.y[0]* und falls es eine zweite DGL gäbe, die Ergebnisse der zweiten DGL *ergebnis.y[1]* sind im Objekt *ergebnis* gespeichert. Die Lösung $y(t)$ in Abb. 21.1 wird wie folgt erstellt.

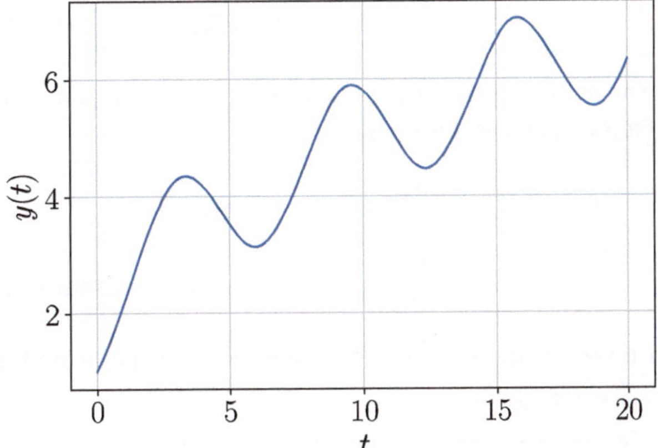

Abb. 21.1 Lösung des Anfangwertproblems y über die Zeit t

```
import matplotlib.pyplot as plt
plt.rc('text', usetex=True)
plt.rc('font' , family='serif', serif = 'cm', size=20)
yplot = ergebnis.y[0]
plt.plot(t_auswerte, yplot)
plt.xlabel("$t$")
plt.ylabel("$y(t)$")
plt.grid(True)
plt.tight_layout()
plt.show()
```

21.2 Feder-Dämpfer System

Ein technisches System kann vereinfacht und mit einem reduzierten Modell simuliert werden. Ein Presslufthammer oder Stoßdämpfer sind als Beispiele für ein Feder-Dämpfer System genannt worden, siehe die schematische Darstellung in Abb. 14.7. Die dazugehörige Differentialgleichung:

$$\frac{\mathrm{d}^2 x}{\mathrm{d}t^2} + 0{,}894 \frac{\mathrm{d}x}{\mathrm{d}t} + 5x = 2{,}5 \sin(t) \ , \tag{21.2}$$

ist zweiter Ordnung in der Zeit. Es gibt eine rechte Seite ohne x oder Ableitungen von x; deshalb ist sie eine inhomogene DGL. Wir brauchen zwei Anfangsbedingungen:

$$x(t=0)=0{,}2\,\mathrm{m}\,, \quad \frac{\mathrm{d}x}{\mathrm{d}t}(t=0)=0{,}5\,\mathrm{m/s} \tag{21.3}$$

Zur numerischen Lösung schreiben wir diese „eine“ DGL „zweiter“ Ordnung als „zwei“ DGLen „erster“ Ordnung um:

$$\begin{aligned} \frac{\mathrm{d}x}{\mathrm{d}t} &= v\,, \quad x(t=0)=0{,}2,\\ \frac{\mathrm{d}v}{\mathrm{d}t} &= -\,0{,}894v-5x+2{,}5\sin(t)\,, \quad v(t=0)=0{,}5. \end{aligned} \tag{21.4}$$

Entsprechend werden die Funktionen angepasst und mit gleichem Algorithmus, nämlich *solve_ivp,* gelöst.

```python
from scipy.integrate import solve_ivp
import numpy as np

def fun(t, x):
    dxdt = [x[1], -0.894*x[1]-5*x[0]+2.5*np.sin(t)]
    return dxdt

t_auswerte = np.linspace(0, 10, 200)
ergebnis= solve_ivp(fun, t_span=[0, 10], y0=[0.2,0.5], t_eval=t_auswerte)

import matplotlib.pyplot as plt
plt.rc('text', usetex=True)
plt.rc('font', family='serif', serif = 'cm', size=20)

ax1 = plt.subplot(212)
ax1.set_xlabel("$t$ in s")
ax1.set_ylabel("$x$ in m")
ax1.plot(t_auswerte, ergebnis.y[0])
ax1.grid(True)

ax2 = plt.subplot(211, sharex=ax1)
ax2.set_ylabel("$v$ in m/s")
ax2.plot(t_auswerte, ergebnis.y[1])
ax2.grid(True)

plt.setp(ax2.get_xticklabels(), visible=False)
plt.tight_layout()
```

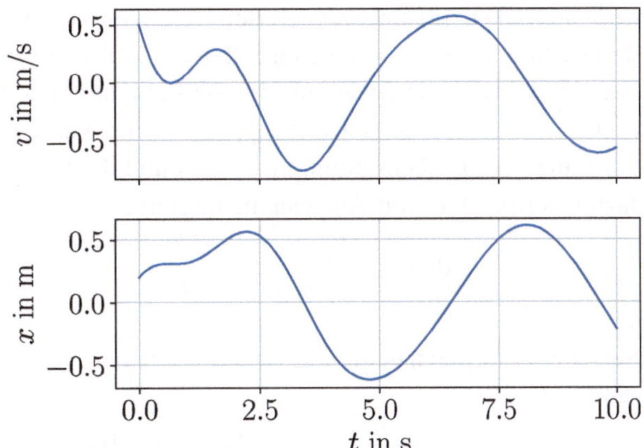

Abb. 21.2 Bewegung und Geschwindigkeit als Lösung des Anfangwertproblems zweiter Ordnung

Dazu ist die Lösung und ihre Ableitung in Abb. 21.2 zu sehen. Ohne Eingabe der Methode wird *method='RK45'* die Runge–Kutta 4. Ordnung angewandt. Andere Möglichkeiten sind

- *method='BDF'* für rückwärts Euler
- *method='RK23'* für Runge–Kutta 2. Ordnung
- *method='Radau'* für Runge–Kutta 5. Ordnung
- *method= 'DOP853'* für Runge–Kutta 8. Ordnung
- *method='LSODA'* für Adams–Moulton

welche wie folgt benutzt werden.

```
ergebnis= solve_ivp(fun, t_span=[0, 10],  y0=[0.2,0.5], t_eval=
    ↪ t_auswerte, method='LSODA')
```

21.3 1-D Deformation eines Biegebalkens

Randwertprobleme (Engl.: *boundary value problem*) im eindimensionalen Raum sind gewöhnliche Differentialgleichungen und können mit der Funktion *solve_bvp* gelöst werden. Als Beispiel nehmen wir die Biegeliniedifferentialgleichung in Betracht. In Mechanik wird ein Balken mit einer reduzierten DGL simuliert. In Abb. 21.3 ist ein gelenkig gelagerter Balken unter konstanter Linieankraft $q = 150\,\text{kN/m}$ zu sehen. Die folgende Differentialgleichung beschreibt die Biegelinie des Balkens, nämlich die Auslenkung w aus der Gleichgewichtslage x, wenn keine Kräfte appliziert sind. Diese Lage ist auch in Abb. 21.3 dargestellt. Die Länge des Balkens beträgt $L = 3\,\text{m}$ und die Biegesteifigkeit $EI = 25\,000\,\text{kN}\,\text{m}^2$. Die dazugehörige DGL mit den Randbedingungen ist:

$$\frac{\mathrm{d}^2 w}{\mathrm{d}x^2} = \frac{1}{2EI}(qx^2 - qLx)\,, \quad w(x=0) = w(x=L) = 0. \tag{21.5}$$

Nach dem Einsetzen der numerischen Werte bekommen wir folgende Differentialgleichung zu lösen:

$$\frac{\mathrm{d}^2 w}{\mathrm{d}x^2} = 0{,}003x^2 - 0{,}009x\,, \quad w(0) = w(3) = 0, \tag{21.6}$$

Wir importieren die notwendigen Pakete.

```
from scipy.integrate import solve_bvp
import numpy as np
```

Dann fangen wir mit der Diskretisierung im 1-D-Raum, und zwar die x-Richtung, an. Die Länge des Balkens wird mit 200 Knoten diskretisiert.

```
x = np.linspace(0, 3, 200)
```

Wir schreiben die Biegeliniendifferentialgleichung zweiter Ordnung als zwei DGLen erster Ordnung wie folgt:

$$\begin{aligned}\frac{\mathrm{d}w}{\mathrm{d}x} &= \theta,\\ \frac{\mathrm{d}\theta}{\mathrm{d}x} &= 0{,}003x^2 - 0{,}009x.\end{aligned} \tag{21.7}$$

Diese sind die Feldgleichungen (DGLen) für die Variablen $\boldsymbol{y} = \{w, \theta\}$. In jedem der 200 Punkte der Diskretisierung suchen wir den $\boldsymbol{y}$-Vektor. Diese Werte schreiben wir in einer Matrix der Größe 2×200, nennen sie $\boldsymbol{Y}$ und initialisieren sie mit null, weil die homogenen Anfangsbedingung, d. h. keine Auslenkung $w = 0\ \forall x$ und deshalb auch keine erster Ableitung $\theta = 0\ \forall x$, die Matrix $\boldsymbol{Y} = 0$ für alle x-Werte verschwinden lässt.

```
Y = np.zeros((2, x.size))
```

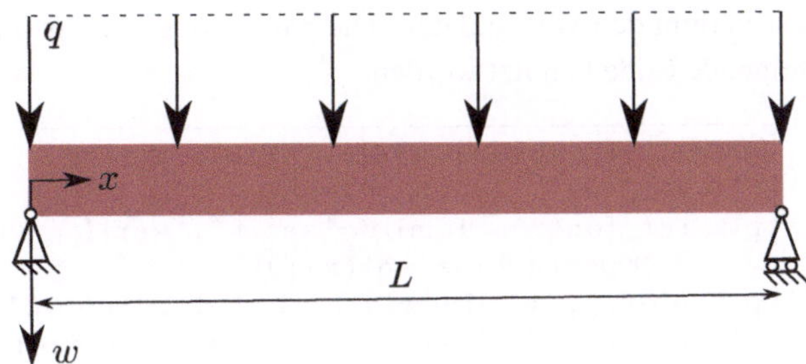

Abb. 21.3 Gelenkig gelagerter Balken unter konstanter Linienkraft

Zum Lösen der DGL wird *solve_bvp* mit 4 Argumenten aufgerufen.

```
ergebnis=solve_bvp(fun, bc, x, Y)
```

Dabei bedeutet *fun* die Feldfunktionen beider Variablen. Die Randbedingungen (Engl.: *boundary conditions*) sind mit *bc* angegeben. Beide Funktionen nehmen die ***Y*** Matrix als Eingabevariable auf. Diese Funktionen werden wie folgt definiert:

```
def fun(x, y):
    return np.vstack((y[1], 0.003*pow(x,2)-0.009*x))
def bc(ya, yb):
    return np.array([ya[0], yb[0]])
```

Die *fun* Funktion gibt einen 2×1 Vektor zurück, der sich auf die ersten beiden Zeilen der Gl. (21.7) bezieht. In der *bc* Funktion ist *ya* ein Vektor zur Beschreibung der Randbedingungen am linken Ende des Balkens $x = 0$. Somit ist *ya[0]* der Wert für $y_1 = w(x = 0)$ und *ya[1]* der Wert für $y_2 = \theta(x = 0)$. In diesem Beispiel sind diese Randbedingungen null. Wenn z. B. die Auslenkung am linken Rand $y_a = w(x = 0) = d$ ist, sollten wir dies im Code als *ya[0]-d* implementieren. Analog benutzen wir *yb* für die beiden Randbedingungen am rechten Rand $\mathbf{y}(x = 3)$.

Die Funktion *ergebnis.sol(x)* gibt eine Matrix mit den Lösungen zurück. Die erste Zeile dieser Matrix *ergebnis.sol(x)[0]* enthält die y_1 Werte und die zweite Zeile hat die y_2 Werte an allen Knoten. Falls wir die maximale Verschiebung des Balkens suchen, bekommen wir diesen Wert durch die *max* Funktion:

```
max(ergebnis.sol(x)[0])
```

Dies ergibt den Wert 6,3 mm. Die ganze Biegelinie ist in Abb. 21.4 zu sehen. Dabei ist der folgende Code benutzt worden.

```
import matplotlib.pyplot as plt
plt.rc('text', usetex=True)
plt.rc('font', family='serif', serif = 'cm', size=20)
w = -1000*ergebnis.sol(x)[0]
plt.plot(x, w, linewidth=3, color='brown')
plt.plot(x, Y[0], dashes=[3, 3], linewidth=3, color='gray')
plt.xlabel(r"$x$ in m")
plt.ylabel(r"$w$ in mm")
plt.tight_layout()
plt.show()
```

Als nächstes Beispiel lösen wir nun wieder die Balkenbiegung, diesmal mit anderen Randbedingungen, wie in Abb. 21.5 dargestellt. Die dazugehörige Feldgleichung ist eine DGL vierter Ordnung:

$$\frac{\mathrm{d}^4 w}{\mathrm{d}x^4} = \frac{q}{EI} \; , \quad w(x=0) = w(x=L) = w'(x=0) = w'(x=L) = 0, \tag{21.8}$$

wieder mit der Länge von $L = 3\,\mathrm{m}$, Steifigkeit von $EI = 25\,000\,\mathrm{kN\,m^2}$, Linienkraft von $q = 150\,\mathrm{kN/m}$. Diesmal haben wir die zusätzliche Randbedingung, dass die erste Ableitung der Auslenkung an beiden Enden auch noch null sein soll. Nach dem Einsetzen der numerischen Werte erhalten wir

$$w^{(IV)} = 0{,}006 \; , \quad w(0) = w(3) = w'(0) = w'(3) = 0. \tag{21.9}$$

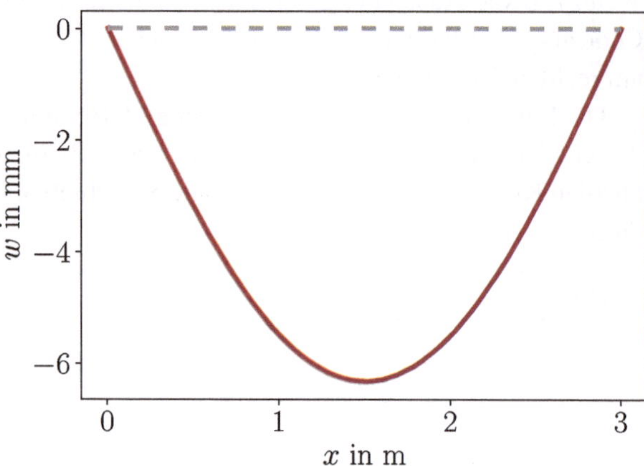

Abb. 21.4 Biegelinie des gelenkig gelagerten Balkens, die Einheiten der Achsen sind so gewählt, dass man die Auslenkung erkennen kann

Die DGL ist vierter Ordnung. Deshalb erzeugen wir 4 Feldgleichungen erster Ordnung, wobei die letzte der tatsächlichen DGL entspricht:

$$w' = \theta\ , \quad \theta' = m\ , \quad m' = s\ , \quad s' = 0{,}006. \tag{21.10}$$

Somit ist der Code wie folgt umzuschreiben.

```
from scipy.integrate import solve_bvp
import numpy as np

x=np.linspace(0,3,200)
Y = np.zeros((4, x.size))
#Y[0]=3

def fun(x, y):
    y4Strich=0.006*np.ones_like(y[3])
    return np.vstack((y[1], y[2], y[3], y4Strich))

def bc(ya, yb):
    return np.array([ya[0], ya[1], yb[0],  yb[1]])

ergebnis= solve_bvp(fun, bc, x, Y)
print(max(ergebnis.sol(x)[0]))

import matplotlib.pyplot as plt
plt.rc('text', usetex=True)
plt.rc('font' , family='serif', serif = 'cm', size=20)

w = -1000*ergebnis.sol(x)[0]
plt.plot(x, w, linewidth=3, color='brown')
plt.plot(x, Y[0], dashes=[3, 3], linewidth=3, color='gray')
plt.xlabel(r"$x$ in m")
plt.ylabel(r"$w$ in mm")
plt.tight_layout()
plt.show()
```

Bei der Implementierung der *fun* Funktion haben wir die *numpy.ones_like* gebraucht, weil alle Eingaben zu *vstack* die gleiche Länge haben sollen. In diesem Fall gibt *ones_like* einen Vektor mit eins der Länge wie *y[3]* zurück. Die maximale Verschiebung aus der Anfangslage wird durch *max(ergebnis.sol(x)[0])* als 1,27 mm berechnet, dies ist viel geringer als im vorigen Beispiel, weil diesmal die Ränder fest eingemauert sind. Die Biegelinie ist der Abb. 21.6 zu entnehmen. Insbesondere die Krümmung an den Rändern sind zu beachten. Die maximale Auslenkung aus der analytischen Berechnung kann für dieses Standardbeispiel in einem technischen Handbuch gefunden werden, diese beträgt

$$w_{\max} = \frac{qL^4}{384EI} = 1{,}27\,\mathrm{mm}. \tag{21.11}$$

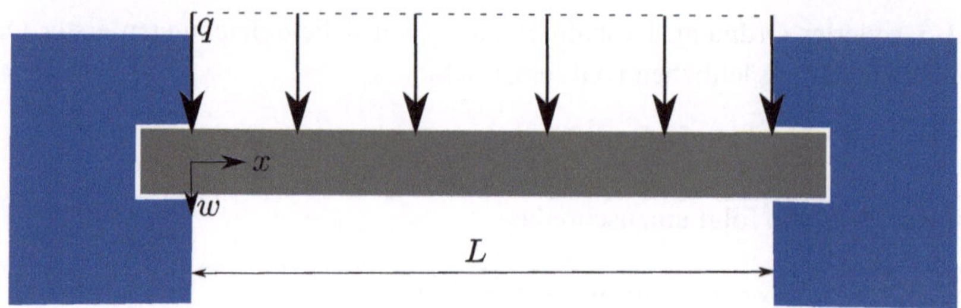

Abb. 21.5 Beidseitig fest eingespannter Träger unter gleichmäßig verteilter Belastung

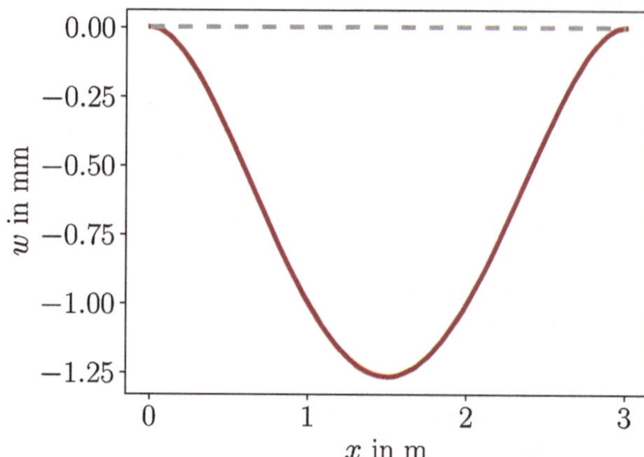

Abb. 21.6 Biegelinie des beidseitig eingespannten Trägers

21.4 2-D elektrisches Feld im Kondensator

Für Randwertprobleme im zwei- oder dreidimensionalen Raum benötigen wir die Finite-Elemente-Methode. Als Beispiel berechnen wir das elektrische Feld in einem Kondensator. In elektronischen Geräten sind zahlreiche Kondensatoren zu finden. Im Allgemeinen sind sie passive Komponenten, die elektrische Ladung speichern. Zwei elektrisch leitende Platten werden mit einem Isolator getrennt. Keramikkondensatoren oder Kunststoff-Folienkondensatoren sind typische Kondensatoren. Wir simulieren das elektrische Feld in einem 2-D-Kondensator, indem wir die dazugehörige Differentialgleichung des elektrischen Potentials ϕ in V(olt) lösen:

$$\varepsilon_0 \varepsilon_r \frac{\partial^2 \phi}{\partial x_i \partial x_i} = 0, \tag{21.12}$$

wobei ε_0 und ε_r Konstanten sind. Über wiederholte Indizes summieren wir eins bis zwei auf, d. h.

$$\frac{\partial^2 \phi}{\partial x_i \partial x_i} = \frac{\partial^2 \phi}{\partial x_1^2} + \frac{\partial^2 \phi}{\partial x_2^2}. \tag{21.13}$$

Wir benutzen dabei mm als Längeneinheit, V als elektrisches Potential und mA für den Strom. Die universelle Konstante $\varepsilon_0 = 8{,}85 \times 10^{-12}$ mA s/(V mm) ist für alle Materialien (sogar auch ohne Materialien, d. h. im Vakuum) festgesetzt und der Materialkoeffizient $\varepsilon_r = 4$ ist die relative, dielektrische Konstante. In analoger Weise, wie im Abschn. 7.4, können wir die schwache Form im Rechengebiet Ω erreichen:

$$\int_\Omega \varepsilon_0 \varepsilon_r \frac{\partial \phi}{\partial x_i} \frac{\partial \delta\phi}{\partial x_i} \, \mathrm{d}V = 0, \tag{21.14}$$

wobei an den Rändern $\partial\Omega$ der Wert des elektrischen Potentials vorgegeben wird. Die gesamte Berechnung wird mithilfe der FEniCS[1] Pakete durchgeführt. Wenn FEniCS installiert ist, erreichen wir die Pakete in Python mit dem Modul *dolfin*. Das Rechengebiet ist ein Rechteck 20 mm × 2 mm mit der Raumdiskretisierung z. B. 500 × 50 der Dimension zwei im 2-D-Raum.

```
from dolfin import *
from ufl import indices

laenge,hoehe = 20.0,2.0
mesh=RectangleMesh(Point(0.0,0.0), Point(laenge,hoehe), 500, 50)
D = 2
```

Mit der Deklaration von i und j als Indizes, wird die EINSTEINsche Summationskonvention angewandt, sodass über (doppelt) wiederholte Indizes aufsummiert wird. Die Konstanten werden festgelegt. Der Typ der Elemente wird als linear angegeben.

```
i, j = indices(2)
eps_0 = 8.85E-12 #in mA s/(V mm)
eps_r = 4.0

scalar_element = FiniteElement('P', mesh.ufl_cell(), 1)
vector_element = VectorElement('P', mesh.ufl_cell(), 1)
Space = FunctionSpace(mesh, scalar_element)
dV = Measure('dx', domain=mesh, metadata={'quadrature_degree': 2})
```

Für die Integration ist das infinitesimale Volumen $\mathrm{d}V$ angelegt, wir betonen, dass es sich hier um einen 2-D-Raum handelt. Somit ist $\mathrm{d}V = \mathrm{d}x\,\mathrm{d}y$. Für die Integration werden zwei GAUSS Punkte angewandt. Die Namen für die Ansatzfunktion *TrialFunction()* und Testfunktion *TestFunction()* sind über das *dolfin* Modul vorgeschriebene Objekte. Die Matrizen werden

[1]FEniCS https://fenicsproject.org ist eine populäre quelloffene Plattform für numerische Berechnungen.

mit *assemble* erstellt, wir wollen $\boldsymbol{Ka} = \boldsymbol{R}$ lösen, wobei hier die rechte Seite $\boldsymbol{R}$ null ist und die Koeffizientenmatrix $\boldsymbol{K}$ über das Gebiet erstellt wird.

```
phi = TrialFunction(Space)
del_phi = TestFunction(Space)
K = assemble(eps_0*eps_r*phi.dx(i)*del_phi.dx(i)*dV)
R = assemble(Constant(0.0)*del_phi*dV)
```

Wir geben oben und unten das elektrische Potential ϕ vor. In einem typischen elektronischen Gerät wird 3,3 V benutzt, weshalb wir einen Kondensator simulieren, der an einem Ende geerdet und am anderen Ende mit dem Potential aufgeladen ist, sodass Energie gespeichert wird. Seitlich nehmen wir an, dass kein Strom fließt, weil die dielektrische Platte ein Isolator ist.

```
platte1 = CompiledSubDomain('near(x[1],0)')
platte2 = CompiledSubDomain('near(x[1],h)',h=hoehe)
bcs = []
bcs.append(DirichletBC(Space,0.0,platte1))
bcs.append(DirichletBC(Space,3.3,platte2))
for bc in bcs: bc.apply(K,R)
```

Das System wird mit einer direkten Methode *mumps* (basiert auf der LU Zerlegung, siehe Kap. 8) gelöst und die Lösung wird in einen Vektor *phi.vector()* gespeichert, den wir wiederum benutzen, um das elektrische Feld zu berechnen. Das elektrische Feld ist ein Vektor.

```
phi = Function(Space)
solve(K, phi.vector(), R, 'mumps')
E = project(-grad(phi), FunctionSpace(mesh, vector_element))
```

Beide Felder, nämlich ϕ und $\boldsymbol{E}$ werden ausgeschrieben. Dabei benutzen wir *pvd,* welche eine ParaView[2] Datei ist.

```
file_phi = File("lab_fem_Phi.pvd")
file_phi << phi
file_E = File("lab_fem_E.pvd")
file_E << E
```

Die Lösung kann der Abb. 21.7 entnommen werden, die lineare Verteilung des elektrischen Potentials erzeugt ein konstantes, elektrisches Feld, welches exemplarisch in der Mitte als Pfeile dargestellt wurde. Die Energie ist gespeichert und kann vom Kondensator wieder gewonnen werden, wobei die Richtung der Pfeile die gewollte Stromrichtung zeigen. Hierbei ist zu beachten, dass der Kondensator, im Gegensatz zu einem Akku, nur eine sehr kleine

---

[2] ParaView https://paraview.org ist eine quelloffene Plattform für interaktive, wissenschaftliche Visualisierung.

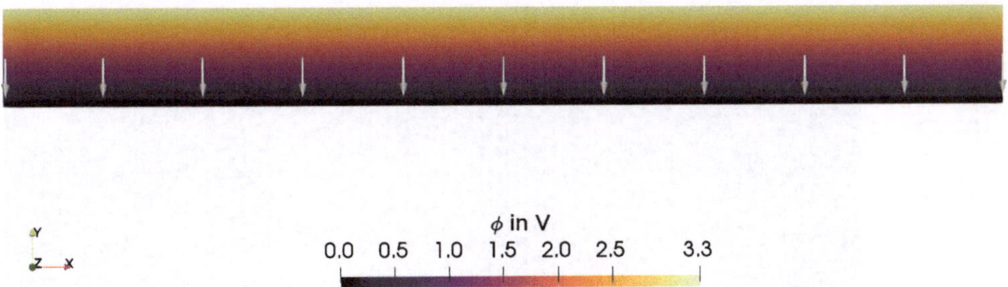

Abb. 21.7 Die Lösung, das elektrische Potential ϕ in V dargestellt als Farbenverteilung und das konstante elektrische Feld $\boldsymbol{E}$ in V/mm als Pfeile, in ParaView

Menge an Energie speichern kann. Er kann allerdings sehr hohe Leistungen erreichen, welche ein Akku wegen der Wärmeerzeugung nie erzielen könnte. Deshalb wird der Kondensator in mehreren Bereichen der Elektronik angewendet, unter anderem, als Frequenzumrichter, Netzteilglätter und Digitalschaltungenstützer.

21.5 3-D Temperaturverteilung auf der Hauptplatte im Smartphone

Elektronische Endgeräte wie Smartphones oder Tablets brauchen, im Gegensatz zu Laptops, keine aktive Kühlung. Der entscheidende Grund ist die Wärmeerzeugung des Chips im Smartphone. Die meist benutzten Chips basieren auf der ARM-Technologie,[3] wobei in einer Größe von ca. 3 mm × 3 mm tausende von Schaltungen dicht eingebettet sind (Engl.: *integrated chip, IC*). Die elektrischen Signale erzeugen sogenannte JOULEsche Wärme; die Temperatur steigt. Wir erkennen, dass ein Smartphone bei Benutzung wärmer wird. Immerhin ist eine aktive Kühlung, wie ein Lüfter, nicht eingebaut, weil die Wärmeerzeugung relativ gering ist. Diese Chips sind nämlich schwächer als Computer-Prozessoren. Die Wärmeproduktion ist heutzutage die wichtigste Barriere beim Erreichen höherer Taktungen, d. h. Prozessorgeschwindigkeiten. Hier lösen wir ein stationäres Beispiel für einen realistischen Fall. Die Hauptplatte im Smartphone der Größe 60 mm × 140 mm mit einer Standarddicke von 1,6 mm wurde in FreeCAD[4] mit ein paar Komponenten modelliert, siehe Abb. 21.8. In der Realität sind hunderte solcher elektronischen Komponenten auf einer Leiterplatte zu finden. Allerdings sind viele Komponenten passiv, wie Transistoren, Kondensatoren, Dioden und Widerstände. Die Wärmererzeugung der passiven Komponenten ist vernachlässigbar. Die aktive Komponente ist der ARM-Chip und erzeugt laut Datenblatt bei einem normalen Konsum 1400 mW Wärme. Die Größe ist $6 \times 6 \times 2$ mm und somit ist die Wärmeproduktionsdichte $1400/(6 \cdot 6 \cdot 2)$ mW/(mm^3). Um dieses System zu modellieren, benutzen wir die dazugehörige Differentialgleichung der Wärmeleitung mit dem FOURIER

[3] *Advanced RISC (reduced instruction set computing architectures) Machine.*

[4] FreeCAD https://freecadweb.org ist ein frei verfügbares und quelloffenes 3-D CAD Programm.

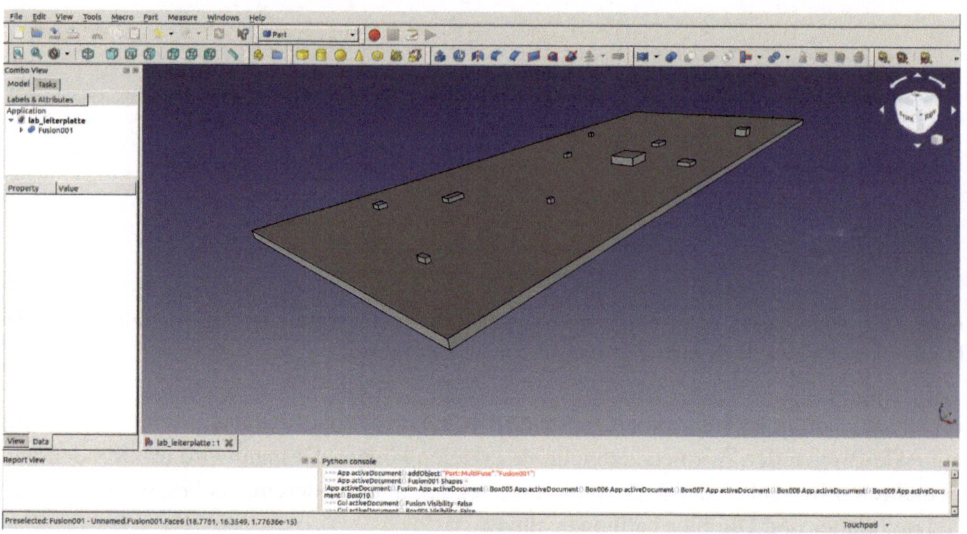

Abb. 21.8 Die Modellgeometrie für eine Leiterplatte mit mehreren passiven und einer aktiven Komponente (ARM-Chip), erstellt in FreeCAD mit einer modernen graphischen Oberfläche frei verfügbar in allen Betriebssystemen

Gesetz durch die Wärmeleitungskonstante κ für den Wärmefluss wie folgt:

$$\kappa \frac{\partial^2 T}{\partial x_i \partial x_i} + W = 0 \tag{21.15}$$

wobei W die Wärmeproduktionsdichte ist. Über wiederholte Indizes summieren wir eins bis drei auf:

$$\frac{\partial^2 T}{\partial x_i \partial x_i} = \frac{\partial^2 T}{\partial x_1^2} + \frac{\partial^2 T}{\partial x_2^2} + \frac{\partial^2 T}{\partial x_3^2}. \tag{21.16}$$

Die drei Raumrichtungen x, y, z sind $x_i = \{x_1, x_2, x_3\}$ und die Umformulierung in die schwache Form wie im Abschn. 7.4 generiert:

$$\int_\Omega \kappa \frac{\partial T}{\partial x_i} \frac{\partial \delta T}{\partial x_i} \,\mathrm{d}V - \int_{\Omega_{\mathrm{Ch}}} W \delta T \,\mathrm{d}V + \int_{\partial\Omega} h(T - T_{\mathrm{Um}}) \delta T \,\mathrm{d}A = 0. \tag{21.17}$$

Das Rechengebiet Ω inkludiert alle Komponenten und die Leiterplatte. Über die Ränder des Gebiets $\partial\Omega$ wird Wärme mit der Umgebung ausgetauscht. Wenn die Temperatur T auf der Oberfläche höher als die Umgebungstemperatur T_{Um} ist, fließt Wärme hinaus aus dem Gebiet in die Richtung der Flächennormale. Dieser konvektive Austausch wird mit einem linearen Zusammenhang durch den Wärmeübergangskoeffizienten $h = 50\,\mathrm{W/(m^2\,K)}$, unter der Annahme, dass der Wärmeaustausch eine freie Konvektion (keine aktive Kühlung) ist, modelliert. Mit einem Ventilator kann der Austausch vergrößert werden, sodass h größer wird. Für die Wärmeleitfähigkeit wählen wir den Parameter $\kappa = 0{,}81\,\mathrm{W/(m\,K)}$ vom nicht-

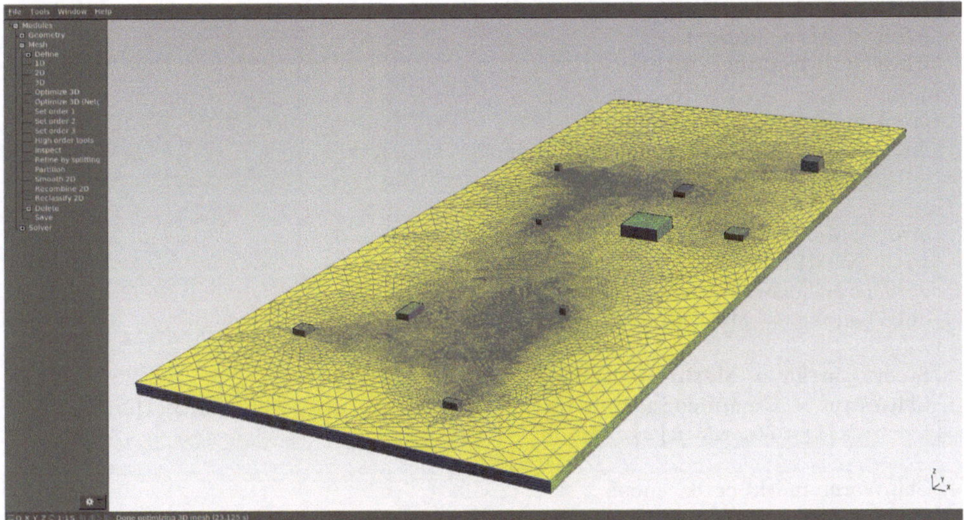

Abb. 21.9 Vernetzung für die Raumdiskretisierung in Gmsh

leitenden Epoxid, welches als Basismaterial für die Leiterplatte und auch für die Form von IC benutzt wird. Die Raumdiskretisierung von dem Modell wurde in Gmsh[5] erzeugt und ist der Abb. 21.9 zu entnehmen. Die Vernetzung von Gmsh wird in FEniCS umgewandelt. Dabei soll *meshio* Paket vorhanden sein.[6]

```
import meshio
msh = meshio.read("lab_fem_geo.msh")
meshio.write("lab_fem_mesh.xdmf",
             meshio.Mesh(
                 points=msh.points,
                 cells={"tetra": msh.cells["tetra"]},
                 cell_data={"tetra": {"name_to_read": msh.
                    ↪ cell_data["tetra"]["gmsh:physical"] }}
))
```

Dann kann diese *xml* Datei von FEniCS benutzt werden. Ab der FreeCAD Version 0.18 gibt es auch Gmsh als Vernetzer und Datei-Export als *xml* für FEniCS. Das Randwertproblem im 3-D-Raum kann wie folgt gelöst werden.

[5]Gmsh https://gmsh.info ist ein frei verfügbarer Finite-Elemente Vernetzungsgenerator.

[6]Zusätzliche Python Pakete können mit Pip https://pip.pypa.io installiert werden.

```
from dolfin import *
from ufl import indices

mesh = Mesh()
with XDMFFile("lab_fem_mesh.xdmf") as infile:
    infile.read(mesh)

mvc = MeshValueCollection("size_t", mesh, 3)
with XDMFFile("lab_fem_mesh.xdmf") as infile:
    infile.read(mvc, "name_to_read")
cells_mesh = MeshFunction('size_t', mesh, mvc)

facets_mesh = MeshFunction('size_t', mesh, 2)
ChipWarm = CompiledSubDomain('x[0]>35. && x[0]<41. && x[1]>70. &&
    ↪ x[1]<76. && x[2] > 1.6')

ChipWarm.mark(cells_mesh, 3)
ChipVol = 6.*6.*2.

i, j = indices(2)
kappa=0.81 # (N mm)/(s mm K) = 0.81 W/(m K)
h=50E-3 # (N mm)/(s mm2 K) = 50 W/(m2 K)
T_umgebung=300.0 # K

scalar_element = FiniteElement('P', mesh.ufl_cell(), 1)
Space = FunctionSpace(mesh, scalar_element)
dA = Measure('ds', domain=mesh, subdomain_data=facets_mesh,
    ↪ metadata={'quadrature_degree': 2})
dV = Measure('dx', domain=mesh, subdomain_data=cells_mesh,
    ↪ metadata={'quadrature_degree': 2})

Leistung = 1400./ChipVol # mW/mm3

T = TrialFunction(Space)
del_T = TestFunction(Space)
Form = kappa*T.dx(i)*del_T.dx(i)*dV - Leistung*del_T*dV(3) + h*(T-
    ↪ T_umgebung)*del_T*dA

left=lhs(Form)
right=rhs(Form)

A = assemble(left)
b = assemble(right)
T = Function(Space)
solve(A, T.vector(), b, 'mumps')

file_T = File("lab_fem_Temperatur.pvd")
file_T << T
```

Dabei haben wir einen direkten Löser *mumps* angewandt. Die folgenden direkten (**D**) und iterativen (**I**) Löser, die wir in Kap. 8 beschrieben haben, sind in FEniCS vorhanden:

I: *bicgstab – Biconjugate gradient stabilized*
I: *cg – Conjugate gradient*
I: *gmres – Generalized minimal residual*
I: *minres – Minimal residual*
D: *mumps – Multifrontal massively parallel sparse*
D: *petsc – PETSc lower upper*
I: *richardson – Richardson*
D: *superlu – Super lower upper*
I: *tfqmr – Transpose-free quasi-minimal residual*
D: *umfpack – Unsymmetric multifrontal sparse lower upper*

Die Lösung ist per ParaView-Datei (pvd) gespeichert und in Abb. 21.10 dargestellt. Bei einer normalen Benutzung ist die maximale Temperatur geringer als 50 °C. Bei extensiver Nutzung erhöht sich die maximale Temperatur, allerdings wird durch ständige Temperaturkontrolle dieser Anstieg unter Kontrolle gehalten. Je nach Typ des Chips, sind Maximalwerte bis 80 °C keine Seltenheit. Wenn das Smartphone zu heiß wird, reduziert der Chip die Geschwindigkeit, was wir bei der Nutzung in Form einer verlängerten Reaktionszeit „spüren“.

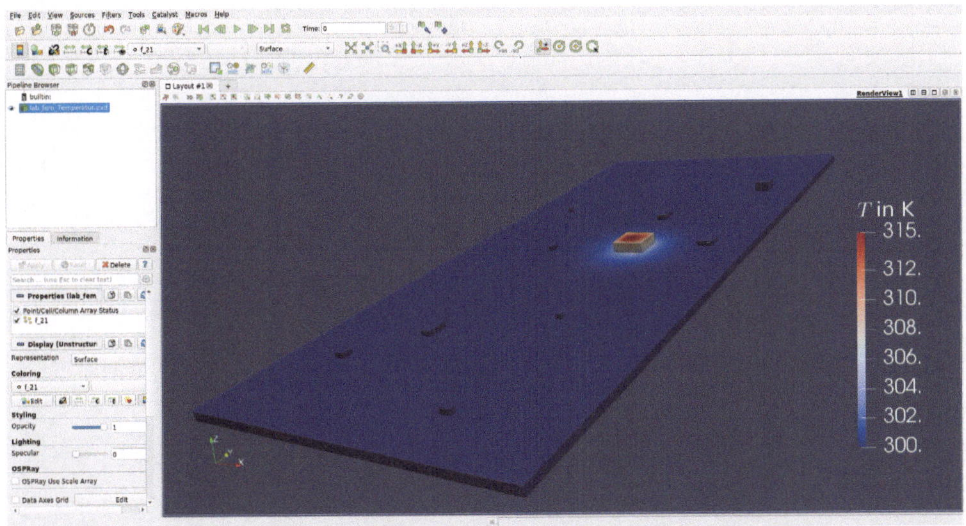

Abb. 21.10 Temperaturverteilung auf einer Leiterplatte mit einem ARM-Chip ohne aktive Kühlung bei konstanter Raumtemperatur von 300 K

Weiterführende Literatur

Die mathematischen Modelle physikalischer Systeme aus Mechanik, Thermodynamik und Elektromagnetismus können mit der Finite-Elemente-Methode gelöst werden. Dieses Buch mit allen oben aufgeführten Beispielen ist nur ein „Häppchen“ der vielen ingenieurwissenschaftlichen Probleme, die eine Expertise in der Modellierung und Implementierung benötigen. Für weitere Beispiele, empfehlen wir:

H. Altenbach und A. Öchsner (Hrsg.). Encyclopedia of Continuum Mechanics. Springer Nature, Berlin, Heidelberg, 2020. ISBN: 978-3-662-55770-9

T. I. Zohdi. A Finite Element Primer for Beginners. The Basics. Springer Nature, Cham, 2018. ISBN: 978-3-319-70427-2

H. P. Langtangen und A. Logg. Solving PDEs in Python: The FEniCS Tutorial I. Vol. 1. Springer Nature, Cham, 2016. ISBN: 978-3-319-52461-0

B. E. Abali. Computational Reality, Solving Nonlinear and Coupled Problems in Continuum Mechanics. Vol. 55. Advanced Structured Materials. Springer Nature, Singapore, 2017. ISBN: 978-981-10-2443-6

B.E. Abali und C. Çakıroğlu, *Numerische Methoden für Ingenieure*,
https://doi.org/10.1007/978-3-662-61325-2

Die mathematischen Modelle physikalischer Systeme aus Mechanik, Thermodynamik und Elektromagnetismus [illegible]

[illegible] Berlin, Heidelberg, 2010. ISBN 978-3-[illegible]

[illegible] A Finite Element Primer for Beginners: The Basics. SpringerBriefs [illegible] ISBN 978-[illegible]

H. P. Langtangen und A. Logg. Solving PDEs in Python: The FEniCS Tutorial I. Vol. 3. Springer [illegible] ISBN 978-[illegible]

[illegible] Computational [illegible] Solving [illegible] and Contact Problems [illegible] Advanced Structured Materials [illegible] ISBN 978-[illegible]

[illegible]
https://doi.org/10.1007/978-3-662-61324-5